国家林业和草原局普通高等教育"十三五"规划教材

仪器分析实验

高　爽　白靖文　主编

中国林业出版社

内 容 简 介

《仪器分析实验》是国家林业和草原局"十三五"规划教材，在吸取近年来国内外优秀教材特点的基础上，结合学科前沿、生产实践及我国高等农林院校的专业特色编写而成。本书全面系统地阐述了各类分析仪器的原理、结构、分析方法及相关实验指导等内容，实现了现代化信息技术与传统课程知识体系的深度融合，使学生有效掌握各类分析仪器的理论知识和实践操作。本书可作为农林牧、生物工程、生物制药、食品科学与工程、资源与环境、动物科学等专业的教材，也可供相关专业的大专院校师生和科研人员参考使用。

图书在版编目(CIP)数据

仪器分析实验 / 高爽，白靖文主编 . —北京：中
国林业出版社，2021.5
国家林业和草原局普通高等教育"十三五"规划教材
ISBN 978-7-5219-1117-6

Ⅰ. ①仪… Ⅱ. ①高… ②白… Ⅲ. ①仪器分析-实验-高等学校-教材 Ⅳ. ①O657-33

中国版本图书馆 CIP 数据核字(2021)第 060423 号

中国林业出版社教育分社

策划、责任编辑：高红岩　　　　　　　责任校对：苏　梅
电　　话：(010)83143554　　　　　　传　　真：(010)83143516

出版发行　中国林业出版社(100009　北京市西城区德内大街刘海胡同 7 号)
　　　　　　E-mail：jiaocaipublic@163.com　电话：(010)83143500
　　　　　　http://www.forestry.gov.cn/lycb.html
经　　销　新华书店
印　　刷　三河市祥达印刷包装有限公司
版　　次　2021 年 5 月第 1 版
印　　次　2021 年 5 月第 1 次印刷
开　　本　787mm×1092mm　1/16
印　　张　14
字　　数　340 千字
定　　价　33.00 元

《仪器分析实验》
编写人员

主　　编　高　爽　白靖文

副 主 编　王宇昕　李金梅　王　霆　邹月利

编写人员　(按姓氏笔画排序)

王　多　王　晶　王　霆　王宇昕

王俊涛　白靖文　巩　霞　邹月利

李金梅　高　爽　鲁冰冰

前　言

　　"仪器分析实验"课程注重培养学生的动手能力及发现问题、分析问题、解决问题的能力，努力贯彻以学生为本，实现知识、能力、素质协调发展的实验教育理念和教学观念。本书共六章，在仪器分析实验基本要求部分简述了仪器分析实验的基本要求、实验报告和实验数据处理及仪器设备的维护与保养等相关知识；常规仪器简介部分涵盖各类仪器分析的基本原理、仪器结构及分析方法(含紫外-可见分光光度计、荧光分析仪器、发射光谱分析仪器、原子吸收分光光度计、红外吸收光谱仪、电极和测量仪器、恒电流库仑仪、极谱仪、气相色谱仪、高效液相色谱仪、离子交换色谱、核磁共振波谱、色谱-质谱联用仪、流动注射分析仪、X射线光谱仪等)；考虑到受学时或各校办学特点的限制，本书在实验的选择上力求满足农林院校各专业使用分析仪器的需求，将全部40个实验分为光学分析(含紫外-可见、分子荧光、原子发射、原子吸收、红外吸收)、电化学分析(含电位、电导、库仑、伏安)、色谱分析(含气相色谱、液相色谱)和其他仪器分析共四部分实验内容。各章节均扼要介绍本章实验涉及的基本原理、相关仪器，定性和定量方法，每个精选的实验内容包含分析对象及样品处理过程、仪器操作方法、相关计算公式、实验注意事项及课后思考题。本书在成为体系完整的实验教材同时，还可作为农学、动物科学、食品科学、环境科学、生物科学、环境、水产等各专业的参考资料使用，也可供相关科技人员参考。

　　本书是在中国林业出版社的组织下，由东北农业大学、内蒙古农业大学、东北林业大学和黑龙江八一农垦大学四所院校编写而成。参加本书编写的有东北农业大学的白靖文(1.1和1.2)，邹月利(1.3)，鲁冰冰(2.1、2.9、3.1和5.1)，王宇昕(2.2、2.3、3.2和3.3)，王多(2.4、2.5、3.4和3.5)，高爽(2.10和5.2)，王晶(附录)；东北林业大学的王霆(2.7、2.8、4.3和4.4)；内蒙古农业大学的李金梅(2.6和4.1)，巩霞(2.11、4.2和6.1)；黑龙江八一农垦大学的王俊涛(6.2)。全书最后由主编通读定稿。

　　限于编者的水平，缺点与欠妥之处在所难免。衷心欢迎读者给予批评指正，不胜感谢。

编　者

2020 年 10 月

目　录

第1章 仪器分析实验基本要求

仪器分析实验是仪器分析理论课的重要补充，是把仪器分析的基本理论和原理与实际结合，牢固基本操作实验基础，运用仪器分析的方法和手段解决科学问题，培养创新能力，将化学学科与相关学科交叉共融，开启创新思维的过程。在教师指导下，学生以分析仪器为工具，获得所需物质的时间与空间方面组成、含量、性质及结构等信息的实践教学活动。通过仪器分析实验，使学生加深对有关仪器分析方法基本理论和原理的理解，掌握仪器分析实验的基本知识和操作技能，学生会正确使用分析仪器，合理地选择实验条件，正确处理数据和表达实验结果，培养学生严谨求是的科学态度、敢于科技创新和独立工作的能力。

1.1 仪器分析实验的基本要求

仪器分析实验室是开展仪器分析实验教学与科研的重要场所，进入仪器分析实验室必须学习并严格遵守化学实验中心学生守则、易制毒药品管理制度、化学试剂存放使用管理制度、高压容器安全使用管理制度及大型仪器使用管理制度等各种规章制度。

1.1.1 进入仪器分析实验室的基本要求

① 进入实验室前，必须进行化学实验安全知识学习，具备开展化学实验基本安全防护意识。

② 严禁在实验室内大声喧哗、打闹，保持实验室整洁和安静，不得携带饮料和食品进入，更不能在实验室内饮食。

③ 提前 10 min 进入实验室，首先检查玻璃仪器是否完好，如有破损应及时报告指导教师并联系实验室管理人员进行更换。

④ 实验期间注意节约原料、药品和一次性消耗器材，发生水、电灾害时应及时切断水源或电源，轻微事故及时处理并立即报告指导教师和实验室管理人员，严重灾害时应拨打报警电话，寻求救援。

⑤ 严格按照仪器设备使用操作规程进行实验，精密、贵重的仪器必须经指导教师同意后方可使用。

⑥ 使用者必须听从指导教师和仪器管理人员的安排和管理，爱护仪器，不得擅自拆卸仪器部件。由于使用者不当操作造成的仪器损坏，后果和损失由使用者承担。

⑦ 遵照实验室环保要求，将实验废液、废渣等倒入指定容器中，不得将其倒入下

水道或随意丢弃，产生易挥发有毒气体的实验应在通风柜中进行。

⑧ 实验结束后，应按操作规程对大型仪器进行管路清洗，刷洗用过的实验玻璃器皿，打扫实验室卫生，进行水、电、门、窗等安全检查，经实验室管理人员检查签字后方可离开。

1.1.2 仪器使用的基本要求

① 实验开始前课下准备阶段，须认真阅读仪器分析实验教材和参考资料，掌握本次实验即将用到的分析方法和仪器工作基本原理，仪器主要部件的功能、操作程序和注意事项。

② 实验过程中，认真阅读仪器操作说明书，在教师指导下学会仪器正确使用方法，勤学好问。未经教师允许不得随意开动或关闭仪器、拆卸仪器零部件，不得随意旋转仪器按钮、改变仪器工作参数等。详细了解仪器的性能，防止损坏仪器或发生安全事故。

③ 要细心观察实验现象并记录实验条件及分析测试的原始数据。学会选择最佳实验条件，分析数据结果误差和测试条件选择之间关系，积极思考、勤于动手，培养良好的实验习惯和严谨的科学作风。

④ 爱护仪器设备，不能把被测样品或标准溶液等试剂随意摆放到仪器表面，也不能把实验教材和实验报告等杂物堆放到仪器上，应保持仪器表面整洁和干净。如仪器开启后需通风或补充蒸馏水，应及时开启通风设备或补足蒸馏水。如药品或试剂不慎洒落到仪器表面，应及时清理干净，以防仪器腐蚀和沾污。

⑤ 仪器一般需要在特定环境工作，承接仪器实验台面、仪器水平校准、工作电压等应符合仪器正常工作条件，不能随意搬动和拆卸仪器，如必须更换灯丝等配件应由专业人员操作。

⑥ 实验前应检查仪器，并填写仪器使用记录，若实验过程中发现仪器工作异常，应及时报告指导教师并联系实验室管理人员。

⑦ 每次实验结束，应将所用仪器复原，对需用溶剂清洗管路的仪器，应在实验结束前留足充分时间按操作规程用冲洗溶剂进样，保证仪器下次工作正常。

1.1.3 仪器分析实验的操作规程

仪器分析实验操作应首先做好预习；在实验过程中结合预习成果熟悉仪器工作原理、方法和步骤，爱护仪器，严格按照正确、正规操作进行实验，注意实验安全；遵守实验室各种规章制度，培养良好的科研习惯和严谨的科研素养。

1.1.3.1 课前预习

实验前应准备一本预习报告本，认真预习，并做好预习报告。报告格式应包括：实验目的、实验原理、操作步骤、主要的仪器和试剂以及实验中的注意事项等简明扼要的内容。

预习时，针对实验原理部分，应结合理论知识相关内容，广泛查阅参考资料，真正做到实践与理论融会贯通。针对实验过程中首次接触的实验仪器或操作技术，应广泛查阅实验教材或参考资料中相关的操作方法和技术，了解这些操作的规范要求，保证实验中操作的规范化。

预习是做好实验的前提和保证，预习工作可以归纳为看、查、写三个部分。

看：认真阅读实验教材、有关参考书及参考文献。根据实验教材和文献资料明确实验目的，掌握实验原理及相关计算公式；熟悉实验内容、主要操作步骤及数据的处理方法；提出注意事项，合理安排实验时间，使实验有序、高效地进行；预习(或复习)仪器的基本操作和使用。

查：查阅手册和有关资料，并列出实验中出现的化合物的性能和物理常数。

写：在看和查的基础上，认真写好预习报告。

1.1.3.2　爱护仪器

要爱护仪器设备，对初次接触的仪器(尤其是大型分析仪器)，应在了解其基本原理的基础上，仔细阅读仪器的仪器说明书与操作规程，认真听指导教师对仪器工作原理、仪器操作及使用注意事项的讲解，实验过程中服从指导教师的安排。未经指导教师允许不可私自开关仪器设备，随意旋动旋钮，改变量程参数等操作，以防仪器损坏。

1.1.3.3　注意安全

严格遵守实验室安全规则，熟悉并掌握常见事故的处理方法，熟悉灭火器使用及存放位置，清楚安全门及安全通道位置，根据实验需要佩戴护目镜、口罩及手套，如需通风的实验，应开启通风装置。保持室内整洁，保证实验台面干净、整齐，火柴梗、废纸等杂物丢入垃圾筐。

1.1.3.4　遵守纪律

严格遵守实验纪律，不缺席、不早退，实验结束应由指导教师在实验报告签字后方可离开。每次实验应提前 10 min 进入实验室，检查仪器是否破损，为开始实验做好准备。实验过程中，应认真操作、仔细观察、勤于动手、积极思考，不做与实验无关的事(玩手机、计算机、iPad 等)，保持室内安静，不要高声谈笑，不要随意走动，禁止在实验室嬉戏打闹。

1.1.3.5　严谨实验

① 认真听取实验前的课堂讲解，积极回答老师提出的问题。进一步明确实验原理、操作要点、注意事项，仔细观察老师的操作示范，保证基本操作规范化。

② 按拟定的实验步骤操作，既要勇敢又要细心，仔细观察实验现象，认真操作每个步骤，准确记录原始数据。每个测定指标至少平行操作 3 次。有意识地培养高效、严谨、有序的工作习惯。

③ 观察到的现象和数据要及时和准确地记录在实验报告本上，做到边实验、边思考、边记录。不得用铅笔记录，原始数据不得涂改或用橡皮擦拭，如有记错可在原数据上划一横杠，再在旁边写上正确值。

④ 实验中要勤于思考,仔细分析。如发现实验现象或测定数据与理论推测不符,应尊重实验事实,认真分析并查找原因,也可以通过对照实验、空白实验或征得指导教师同意后自行设计实验来核对。

⑤ 实验结束后,应立即把所用的玻璃仪器洗净,仪器复原,填好使用记录,清理好实验台面。将记录实验数据的实验报告交给老师检查,确定实验数据是否合格,经指导教师签字后方可离开实验室。

⑥ 值日生应认真打扫实验室卫生并由实验室管理人员检查是否合格,合格后关好水、电、门、窗,方可离开实验室。

1.2　实验报告和实验数据处理

结束实验操作、获得实验数据仅完成了实验的一个部分,更重要的是对实验数据进行整理和分析,把感性认识提高到理性认识。通过仪器分析实验不仅要学会仪器的原理,掌握各种仪器实际操作方法,还要对分析方法适用性及准确度和精密度进行评判,依据实验结果进行数据分析与讨论,完成实验报告。

1.2.1　评价分析方法和分析结果的基本指标

一个好的分析方法应该具有良好的检测能力,易获得可靠的测定结果,有广泛的适用性。此外,操作方法应尽可能简便。检测能力用检出限表征,测定结果的可靠性用准确度和精密度表示,准确度用相对误差衡量,精密度以相对平均偏差、标准偏差或变异系数表征,适用性用标准曲线的线性范围和抗干扰能力来衡量。一个好的分析结果应随机误差小,又没有系统误差。

1.2.2　实验报告书写要求

实验报告书写应简明扼要,图表清晰。实验报告的内容包括实验名称、完成日期、实验目的、方法原理、仪器名称及型号、主要仪器的工作参数、实验步骤、实验数据或图谱、实验中出现的现象、实验数据处理和结果分析与讨论等。认真写好实验报告是提高实验能力,收获知识成果的一个重要环节。书写实验报告应做到:

① 认真、独立完成报告,不能同组人互相抄袭,导致实验报告雷同。
② 应对实验数据进行处理(包括计算、作图等),得出分析测定结果。
③ 将平行样的测定值之间或测定值与理论值之间进行比较,分析误差。
④ 对实验中出现的问题进行讨论,提出自己的见解,对实验提出改进方案。

1.2.3　实验数据处理

在对实验数据进行计算和处理时,会遇到有效数字位数确定及修约和运算等如何保留有效数字的问题。有效数字(significant figure)是指实际工作中所能测量到的有实际意义的数字。它包括从仪器上准确读出的数字和最后一位估计数字。例如，由分析天平称得试样质量为 0.467 2 g，这里 0.467 是准确数字，2 是估计数字，有一定的误差。有效数字位数与所用仪器的精度直接有关，保留正确的有效数字是仪器分析实验记录和处理数据所必须的。

1.2.3.1 有效数字位数确定

① 数字"0"有两种意义。它作为普通数字用，就是有效数字，而作为定位时则不是有效数字。例如，10.10 mg，两个"0"都是测量所得数字，都是有效数字。这个有效数字有四位。若以"g"为单位，则写成 0.010 10 g，此时，前面的两个"0"只起定位作用，不是有效数字，后面的两个"0"是有效数字，此数仍为四位有效数字。

② 常数，如 $\sqrt{2}$、ln5、π……，以及分数、倍数等非测量数字，其有效数字为无限多位，计算时可不予考虑。

③ pH、pK_a、pK_b、lgK、pM 等对数值，其尾数部分为有效数字。首数部分只表示真数的方次，不是有效数字。例如，HAc 的 $pK_a = 4.74$，为两位有效数字，化为 $K_a = 1.8\times10^{-5}$ 也是两位有效数字。

④ 单位变换时，有效数字位数不能变。例如，质量为 25.0 g，为三位有效数字。若以 mg 为单位，则应表示为 2.50×10^4 mg，若表示为 25 000 mg，就会被误解为五位有效数字。

⑤ 当首位数字大于等于 8 时，有效数字可以多算一位，如 9.31 的有效数字位数可认为是四位。

1.2.3.2 有效数字的修约

对分析数据进行处理时，必须合理地保留有效数字，舍弃多余的尾数，这个过程叫作有效数字的修约。其修约规则是"四舍六入，过五进位，恰五留双"。具体做法是：拟保留 n 位有效数字，当第 $n+1$ 位的数字≤4 时则舍弃；当第 $n+1$ 位的数字≥6 时则进位；当第 $n+1$ 位的数字为 5 而后面还有不为零的任何数即超过 5 时，则进位；当第 $n+1$ 位的数字等于 5 时而后面为零(即恰好为 5)时，若"5"前面为偶数(包括零)则舍，为奇数则入，即奇入偶舍。

1.2.3.3 有效数字计算

（1）加减法运算

根据加法中误差传递规律，主要由绝对误差最大的数据决定，计算结果的小数点后有效位数与小数点后位数最少的数字的位数相同。例如，求 0.123 5，15.34，2.455 及 11.375 89 的和，则以小数点后位数最少的 15.34 为根据，计算结果进行小数点后两位有效数字保留。

（2）乘除法运算

乘除运算中，积或商的相对误差的大小，主要由相对误差最大的数据决定。所以，计算结果的有效位数应与数据中有效位数最少的数据相同。例如下式运算：

$$\frac{0.032\ 5 \times 5.103 \times 60.06}{139.8}$$

各数的相对误差分别为：

0.032 5　　　$\dfrac{\pm 0.000\ 1}{0.032\ 5} \times 100 = \pm 0.3\%$

5.103　　　$\dfrac{\pm 0.001}{5.103} \times 100 = \pm 0.02\%$

60.06　　　$\dfrac{\pm 0.01}{60.06} \times 100 = \pm 0.02\%$

139.8　　　$\dfrac{\pm 0.1}{139.8} \times 100 = \pm 0.07\%$

可见，四个数中相对误差最大即准确度最低的是 0.032 5，它是三位有效数字，因此运算结果也应取三位有效数字 0.071 3。

在进行有效数字运算时，应注意：进行数值的开方和乘方时，应保留原来的有效数字的位数；由于误差或偏差的有效数字一般只有一到二位，故在计算误差或偏差时，只取一位，最多取二位有效数字；借助计算器作连续运算时，不必对每一步的计算结果进行修约，但应根据对准确度的要求，正确表达最后结果的有效数字。

1.3　仪器设备的维护与保养

随着检测精度的不断提升、检测要求的不断提高，大量分析仪器进入了实验室。如何最大程度地使用好、维护好、管理好这些检测仪器与设备，使检测结果科学、准确、可靠、及时，并且尽可能提高分析仪器的利用率，保证仪器处于最佳工作状态，提高仪器的使用效率，就成为实验室一项重要的工作内容。

1.3.1　建立科学合理的管理制度

化学实验中心分析仪器种类和数量繁多，管理工作量大且复杂。要保持这些仪器处于良好的运行状态，必须建立科学合理的管理制度，有专职仪器管理人员操作使用、保养和维护，才能确保仪器设备的正常运转。仪器管理员要加深对分析仪器工作原理及操作规程的学习了解，负责分析仪器的使用管理、值日生的安排，定期做好分析仪器的外部清洁和维护工作，检查分析仪器日常运行状况。通过不定期巡查使用情况，督促使用者严格按照操作规程使用分析仪器，认真填写使用记录，养成良好的实验习惯。并要求使用者严格按照仪器使用要求购买耗材，不得损坏分析仪器。另外，让使用者也部分参与分析仪器使用和管理工作，可以督促使用者从自身做起，认真正确使用仪器，遵守和执行各项使用和管理制度，使仪器处于最佳工作状态，延长仪器的使用寿命，提高使用效率。

要进一步提高实验中心的分析仪器设备使用效率和管理水平，实现科学化和规范化的管理模式，需要从多个方面着手，建立完善的仪器设备管理制度和管理体系。

1.3.1.1　分析仪器使用制度

① 使用实验中心分析仪器设备前都要进行网上预约，详细填写使用目的和使用期限，经分析仪器管理人员批准后方可使用。首次使用分析仪器的人员不可以单独操作和使用，要在指导教师或者管理人员的陪同下方可操作。

② 实验中心根据具体情况安排分析仪器的使用，分析仪器管理人员对使用者进行上机培训，详细讲解该仪器如何使用及使用过程中的注意事项，经培训考试合格后方可进行预约使用。

③ 使用者在上机操作前到仪器管理员处取钥匙，使用后及时送还，如果不及时送还或者自行配钥匙者后果自负。

④ 分析仪器使用人员未经允许不可带外来人员使用大型仪器，一经发现，取消其使用大型仪器资格并处以罚金。

⑤ 使用者在使用大型仪器过程中，要认真填写使用记录，准确记录实验内容及相关实验信息。

⑥ 使用者在使用过程中出现问题要及时和管理人员联系，及时解决问题。使用者要爱护仪器，不得擅自拆卸仪器部件。既要充分发挥仪器的使用效率，又要避免仪器疲劳。

⑦ 使用者必须听从仪器管理人员的安排和管理，由于使用者操作不当造成的仪器损坏，一切后果和损失由使用者承担。

⑧ 使用者在每次使用大型仪器后，需打扫该实验室卫生，然后通知仪器管理人员，经检查合格后方可离开。

⑨ 使用者必须严格遵守分析仪器使用制度，服从仪器管理人员的安排，对不遵守操作规程且不听劝告者，管理人员有权责令其停止实验，对违章操作造成事故者，严肃追究责任。

通过制定使用规范，对实验中心的分析仪器的正常使用、科学管理和提高利用率等方面，具有非常重要的理论和实际意义。

1.3.1.2　实现网上预约，提高管理水平

传统的分析仪器预约制度大多数采用口头、短信、电话等预约的方式。由于这些预约形式存在诸多问题，经常出现使用时间冲突、仪器过度疲劳等现象，从而给使用者和仪器管理者带来不便，同时也给仪器设备带来极大的危害。利用现代多媒体网络技术及通信手段，建立网络联动机制，时刻保持沟通，也可以缓解仪器管理人员数量不足，同时使仪器管理在层次上细化，职责更加分明。为了保证分析仪器的使用有序进行，可以开通网上预约平台，使用者通过访问 Internet 网络登记预约并实现与管理员和其他使用者日程共享，合理安排分析仪器的操作使用时间。

通过分析仪器网上预约平台，用户可以查看近期每台仪器的预约详细情况，当点击具体的仪器名称可以查询所有用户对该仪器的预约详细信息。管理人员可以查看用户对每台仪器的预约详细情况，及时在后台进行审核批复，也可以随时查看每台大型仪器的

使用预约记录，并随时监控仪器预约使用状况。大型仪器预约系统具有管理高效化、使用方便、界面友好、安全性高、便于管理、实用性强等特点。网络预约平台的使用大大节省了使用者的时间及仪器管理人员对仪器使用情况的安排时间。

分析仪器设备网上预约平台的使用，可以使分析仪器设备的管理水平得到质的飞跃，将实验室分析仪器设备的管理和使用纳入规范、有序、高效的运行轨道。这种方便、快捷、自主、灵活的预约方式不仅会受到广大使用者的欢迎和好评，也能使分析仪器设备的管理水平和使用效率得到显著提高。

1.3.1.3 建立人员培训制度

为了强化学生的动手操作技能，高校实验中心的分析仪器通常全面对教师和学生开放使用。由于使用者普遍缺乏复杂精密分析仪器使用经验，上机测试前必须进行适当的理论培训和操作培训。只有经过培训且考核合格的师生才具有自行使用分析仪器的资格，对于未经过培训或者已经培训但考核不合格的师生，管理人员有权取消其一段时间内分析仪器使用预约资格。培训中要使使用者克服两种倾向：一是认为仪器太贵重，不敢轻易下手；二是认为仪器简单，只需按几个键就行，不需要专业理论知识和相关基础知识。针对这些情况，仪器管理人员既要详细介绍仪器的结构、功能、性能和作用，又要介绍样本的准备、常见故障、自己操作仪器的经验和体会，使使用者打消胆怯的心理，认真操作好仪器，使仪器发挥其最佳性能。

另外，实验中心对分析仪器管理人员也要进行不定期的技能培训、补充新知识、学习新技术，以提高分析仪器管理人员自身素质。作为分析仪器管理人员不仅要能够独立管理、操作分析仪器，而且要能够正确地指导、培训学生；不仅要对分析仪器的构造、基本原理、操作步骤和维护保养有深入的了解和掌握，而且要对相关的学科知识有充分和系统的储备。通过参加分析仪器厂商举办的大型仪器培训活动和仪器仪表学会举办的各种仪器培训会议，可以学到很多分析仪器使用和日常维护等知识，对分析仪器出现的异常情况，基本能够独立或者在工程师的指导下迅速找到故障原因，并及时解决。通过与使用者进行良好的沟通，经常了解测试样品信息，既可以帮助使用者寻找更好的检测方法，也可以提高管理人员的操作水平。

1.3.2 分析仪器日常使用要求

（1）正确使用

操作人员应认真阅读仪器操作说明书，熟悉仪器性能，掌握正确的使用方法。要严格按照操作规程开、关仪器，使仪器始终保持在良好运行状态。要重视配套设备和设施的使用及维护检查，如电热水器与电源、水源系统的配套使用等，避免仪器在工作状态发生断电、断水情况。

（2）环境要求

精密分析仪器对环境有很高的要求。首先要有一个整洁的实验室，若仪器或周围环境积满了灰尘，一旦灰尘进入仪器的光路系统，必然会影响仪器的灵敏度。灰尘还常常会造成零部件间的接触不良或电气绝缘性能变差而影响到仪器的正常使用。因此，清洁工作看似普通，却是仪器维护保养中的一件不可或缺的重要工作。

　　环境的温、湿度对仪器的影响很大。由于电子元器件特别是集成电路要求在合适的温度范围内工作，因此，为保证仪器的精度并延长其使用寿命，应让仪器始终处于符合要求的环境温度中。仪器对于环境湿度的要求也应给予足够的重视，潮湿的环境极易造成器件的生锈以致损坏，造成故障，还容易使仪器的绝缘性能变差，产生不安全的因素。平时可以利用空调机的去湿功能来控制实验室的湿度，必要时应专门配备去湿机。对仪器内放置的干燥剂一定要定期检查，一旦失效要及时更换。

　　值得一提的另一点是仪器的防腐蚀问题。分析仪器是与化学物质打交道的，常易造成化学物品残留在仪器上的情况。此外，许多挥发性的化学物质一旦接近精密仪器，就可能对仪器产生腐蚀作用。时间长了，无形之中就会损坏某些零部件。所以，要维护好仪器就应该做到每次使用完毕及时做好清洁维护工作，不让化学物品残留在仪器上，有些化学溶剂肉眼不易察觉，但会侵蚀印刷线路板，必须引起注意。要确保精密仪器远离腐蚀源，平时应注意做好环境监察工作。防震也是仪器对环境的基本要求之一。精密仪器应安放在坚实稳固的实验台或基座上。

　　（3）电源要求

　　精密仪器对电源的要求较高，电源稳定对于分析仪器的精度和稳定性极为重要。虽然分析仪器一般自身都具有电源稳压功能，但还是应保证供电电源的电压稳定和具有正确良好的接地等。为防止分析仪器、计算机在工作中突然停电而造成损坏或数据丢失，建议配用高可靠性的 UPS 电源，这样既可改善电源性能又能在非正常停电时做到安全关机。

　　（4）定期通电

　　在仪器较长期的停用期间，维护保养工作同样重要。这期间应做到每周 1~2 次开机通电，既防潮又能使仪器始终保持在工作状态，不至于在长期停机后仪器的性能指标发生明显的变化。例如，天平、分光光度计等停用时应经常接通电源并更换干燥剂。

　　（5）定期校验

　　分析仪器用于测试和检验样品，是分析人员的主要工具，它能起到人眼无法起到的作用，仪器所提供的数据，用于生产控制、供应、销售等环节，检测结果必须准确可靠。要做到这一点，除了正确的分析方法外，仪器本身符合要求也是必要的前提。因此，应当按照国家计量检定规程或仪器说明书提供的方法和标准对仪器定期进行自行校验和委托有资质单位校验，使仪器始终处于计量受控状态，保证测量值的准确可靠。需要出具检验报告的仪器则应按《中华人民共和国计量法》规定实行强检。例如，天平、干燥箱、马弗炉、地磅等每年委托当地技术监督局校验一次，日常则需要进行温度及砝码的校验等。

　　（6）做好记录

　　做好仪器的维护保养记录。内容包括仪器状态、开机或维修时间、操作维修人员、工作内容及其他值得记录备查的内容。这样为维护保养工作和掌握某些需定期更换的零部件的使用情况提供充分的数据，有助于辨别是正常消耗还是故障，为日后购买和报废申请提供依据。

1.3.3　分析仪器日常维护

分析仪器的维护分为定期维护和日常维护，目的都是排查出故障隐患，可以及时采取预防措施，避免故障的发生。

定期维护是固定期限对大型重点设备的彻底维护保养。此项工作一般由维修人员与仪器管理人员共同完成，主要工作是对仪器各单元内部元件的工作状态进行检查和优化，各操作参数进行核对校准，并检查各易损件是否完好，对不良和可疑元件进行更换，以及仪器内部积尘的清扫等。

日常维护是每天对仪器设备的维护检查，包括每班的点检和每日的巡检。每台仪器的工作要求不尽相同，所以对每台仪器的点检内容、项目也不相同，仪器管理人员应严格按照点检卡对所用仪器逐项进行仔细检查。现将所有仪器的共有部分进行简单介绍。

1.3.3.1　电路系统

目前所使用的仪器设备，其要求供电电压有 220 V、200 V 和 110 V 等几种，所以在供电电源和仪器之间一般都有稳压电源或变压器。几乎所有的稳压电源都有电压指示，日常要注意的是其输出电压是否正常，如有异常，不要开机使用，并立刻通知维修人员。

所有的仪器设备都要求有良好可靠的接地。可靠的接地线路，不但可以有效避免漏电对人身和设备的损害，而且可以屏蔽外界电磁场对仪器的干扰，使仪器分析数据更稳定。接地的检查由维修人员定期进行，主要检查各联结点是否牢固可靠，并定期测量接地电阻。

仪器内部各特定电压、电流部分：主要是仪器工作中某一部分所特殊要求的特定电压、电流，如 X 射线荧光光谱仪射线管的工作电压、电流；原子发射光谱仪（ICP）功率管的 V_p 高压和 I_p 电流；碳硫仪振荡管的板流等。

这一部分一般都有报警装置或检控仪表，在日常检查中，注意观察各监测仪表所示是否正常，指示是否有波动，有无报警等。

1.3.3.2　风路系统

冷却、散热用风路：主要是指仪器机箱上安装的各散热风扇和冷却系统上的散热风扇。其主要作用是增加空气循环，降低温度，以避免仪器内元件或单元（如电源）温度过高引发仪器故障。检查时主要观察风扇运转是否正常，有报警装置的注意其有无报警。

恒温循环用风路：仪器内部有些部位是要求恒温的，如 ICP 的光室。这些部位都有恒温装置，其工作一般是由一个加热元件提供热量，依靠风扇使热量均匀散开，并有温控系统来监测并控制加热元件的工作与否，以实现恒温，如果风扇损坏，则会使整个环境温度不均，影响分析结果的稳定。一般都设有温度显示或温度报警，在检查时要注意有无温度报警，温度是否在指定范围之内。

抽排风设施：抽排风的作用是强制冷却和排除有毒有害尾气，要求安装抽风的设备有 ICP 分析仪和原子吸收分析仪。抽排风设施也是每天必须检查的，主要看其工作是否正常，有无异常声音等。

1.3.3.3　水路系统

仪器中的循环水主要起冷却作用。各仪器的水冷却系统设计不尽相同。

①　X 射线荧光光谱仪和定氧仪的冷却水有内冷却水和外冷却水之分，内冷却水是去离子水，用于冷却带电的高温元件(如 X 射线管和定氧仪的炉头等)，外冷却水一般是自来水，用于冷却内冷却水。

②　ICP 分析仪的冷却水只有内冷却水，其内冷却水的降温靠的是风扇。

③　原子吸收分析仪需冷却的部位不带电，所以是直接用自来水冷却。有的冷却系统设有检控报警装置(如 X 射线荧光光谱仪)，这就方便日常检查，只要检查各监控装置是否正常，有无报警即可。

有些仪器水箱基本上设计在内部，外部没有明显的监测装置(如 ICP 分析仪和定氧仪)，这就需要专责人和维修人员定期检查水量是否减少，如少应及时按配方、按需补充。

1.3.3.4　气路系统

检测分析仪器的用气主要有分析用气、动力用气和光室用气三类。

(1) 分析用气

分析气回路一般都有压力表或流量计以方便监控流量大小。在每日的检查中，要注意其各参数值是否正常，有无堵塞或泄露。

分析气的纯度有一定的要求，可以直接使用超过纯度要求的气体，也可以加装气体净化机以提纯气体浓度。为了降低杂质限量，一般在气路中设计有除水、二氧化碳等的过滤试剂。使用人员在点检中应注意，净化机工作是否正常，各试剂管中的试剂是否失效，如试剂短期内就失效，说明气源不纯，要及时向相关采购部门反映，更换气源。使用空气压缩机的仪器设备(如原子吸收的分析用气是乙炔和空气的混合气体)，在日常应注意空气压缩机工作是否正常，乙炔有无泄露，空气与乙炔的比例是否合适，以防发生危险。

(2) 动力用气

动力气的作用是为仪器的某些动作提供动力，如光路中快门的开闭，炉头的升降等。有些仪器的动力气用的也是分析气，如光电直读分析仪、ICP 分析仪等。而有的仪器则是单独的动力用气系统，如电子拉力实验机、定氧仪、碳硫仪等。动力用气回路一般都有压力表，单独使用的动力气对纯度要求不是很高，我们所要注意的是其压力值是否正常，如不正常则直接影响其动作的到位，密封是否良好。

(3) 光室用气

精密的分析仪器其光路系统要求在特定的氛围中工作，不同的仪器采取的措施也不相同，如：

①　ICP 分析在测定 190 nm 以下的元素谱线时，由于空气对其干扰严重，必须进行光室驱气(将光室中的空气驱净)，才能得到稳定准确的数据。

② 光电直读光谱仪为了保证一光室的纯净，是预先抽真空，再充入高纯氮气，并且在工作过程中，始终由循环气泵不停地将一光室中的氮气抽出，经净化管过滤后，重新注入一光室，以此来保证一光室环境的纯净。

③ X射线荧光光谱仪则是在分析时，将整个光路系统抽真空，当真空度达到要求，即光路中的空气分子对分析的干扰可忽略不计时，才开始检测计数。

对这些系统，主要检查驱气流量是否正常，净化管是否失效，循环泵工作是否正常，真空泵抽真空能力是否良好，即真空度下降速度是否减慢等。

1.3.3.5　计算机控制系统

现在的仪器，其操作控制全部是由计算机来完成的。计算机部分随时代的发展也有所提高，但仍然有些是老型号，最早的还有单板机。这些计算机控制系统有些已是超期服役，一旦有问题，备用件很难找到。

这要求在日常使用中要小心，并要定期对分析方法、程序等重要数据做备份，另外，这些计算机不要兼做它用，操作中误删程序或染上病毒，会导致程序无法运行或者数据损坏，相当难处理。

1.3.3.6　辅助设备

为了保证仪器的正常工作，每台仪器都按需配有不同的辅助设备，如气体净化机、除湿机、抽风、空调和稳压电源等，这些辅助设备工作是否正常，也会直接或间接地影响仪器的正常分析。应注意检查：气体净化机催化加热、再生加热的炉温是否正常，抽风的风量是否减小、震动是否变大，除湿机的水是否满了，空调制冷量是否满足要求等。

1.3.3.7　易损件及备品备件

在日常的工作中，应经常检查易损元件和消耗品的好坏，如发现损坏应及时更换，这样才能保证仪器始终在一个最优化的状态下工作。专责人应经常检查此类备品备件的数量，保证有一定的储备，如缺少应及时提前购买。

1.3.4　分析仪器保养维修工作

分析仪器的保养是实验室管理工作的重要组成部分，搞好分析仪器的保养不仅是为了能及时处理分析仪器在使用过程中所出现的异常技术问题，更关系到分析仪器的完好率、使用率和实验成功率。以下列出几种分析仪器的日常保养、常见故障及维修。

1.3.4.1　紫外-可见分光光度计

（1）日常保养

仪器用完后需要对样品室详细检查，观察有无溢出溶液，对样品室做到经常擦拭，避免废液腐蚀光路系统或者相关部件；同时防尘罩在使用完后及时盖好，可将硅胶袋放于样品室和光源室内便于防潮，在仪器开机时需要及时取出。对于分析仪器日常使用的键盘和液晶显示屏做好相应的防腐蚀、划伤、潮湿、灰尘等。若仪器长期不使用，需要对环境的温、湿度进行调节并定期更换硅胶。

（2）常见故障判别

仪器存在故障时需要将主机电源关闭，并按照相关步骤逐步进行检查。将仪器的电源接通，然后观察钨灯有无亮起；观察仪器的波长是否在允许范围之间，操作是否在正确的状态，并检查试样室盖有无关好；检查样品槽的位置是否存放正确；若仪器波长显示为 580 nm，需要将试样室盖子打开，使用白纸与光路聚焦位置对准，若见到的光斑呈现深绿或红时，仪器波长此时已出现偏移现象；接通电源后的仪器处于自检状态，仪器的显示屏显示为自检状态，若显示器显示为"546""100.0"时，说明仪器处于测试状态。

（3）更换与调整卤钨灯

卤钨灯在仪器中属于易损构件，因此在损坏之后需要及时更换。卤钨灯更换时需要将电源关闭，安装新卤钨灯时需要戴上手套，避免光束窗口部留下指纹，降低透光效果；拔出旧灯泡后，戴上手套在灯座底部小心地插入新灯泡，灯丝中心与灯座底部保持合适距离；调整灯架时需要将电源接通，待仪器自检完成后，将钨灯和灯架位置进行移动，从仪器后面观察移动到入射狭缝上成像且处于可见区。

（4）更换与调整氘灯

氘灯作为仪器的紫外区光源，也属于易损构件，更换时需要切断电源并戴上手套。首先将仪器外壳打开，使用螺丝刀松开氘灯的三根引线，从灯室底座将氘灯卸下，将新氘灯安装好，在灯室座上原位固定氘灯，并按照原来的接法将三根引线接入。灯丝引线为两根颜色相同的线，阳极引线则为不同色的线。然后进行调整，以光孔对室内球面反射镜为准，显示屏上读取的 T 值稳定时，将螺钉固定并拧紧。

1.3.4.2　PHS-25 型 pH 计(包括离子计)

pH 计、离子计在使用过程中要做好电极的维护工作及电极插头的保养工作，不使用时应插上短路插头，以确保仪器能正常工作，平时使用时出现的故障主要在以下三个方面：

（1）显示器指针晃动原因分析及故障排除方法

显示器指针晃动一般多是因为 pH（0~7）和（7~14）量程转换开关频繁使用，造成量程转换开关动片和静片接触不良，可更换量程转换开关，排除故障。

（2）定位器能调 pH 6.86，但不能调 pH 4.00 原因分析及故障排除方法

一般是电极失效，应更换电极。

（3）定位器(斜率器)不起作用原因分析及故障排除方法

定位器(斜率器)不起作用原因可能是定位器旋钮损坏，可拆下定位器旋钮，重新旋紧，或更换定位器。

1.3.4.3　气相色谱仪

（1）常见故障排除

气相色谱仪较复杂，在检查故障时常使用排除法，如基线出现噪声大且持续性抖动

情况，先断开放大器信号输入线，然后对基线的具体情况进行观察和分析，若恢复正常则故障部位不在处理机与放大器上，应当在温度控制与气路部分；若还是异常，则故障部位在处理机与放大器上。

（2）基线噪声大产生原因

空气与氢气过少或过多。空气过少会使燃烧不全，导致收集极与喷口等位置出现污染、结碳情况，导致基线噪声大；进口压力不足会使气源不稳定，基线出现噪声；色谱柱炉温太高，加快固定液的流失；净化器失去作用，增加基流，加大噪声；色谱柱受到污染进而影响到进样器；FID 污染。以上问题可采用将气体流量调节到合适量，将进样器充分清理，必要时则给予更换，并对 FID 进行清洗等解决方法。

1.3.4.4 高效液相色谱仪

（1）高效液相色谱仪紫外检测池的清洗

可以在不接柱子的情况下，用 100% 异丙醇冲洗整个流路。如果还不行，改为用 10% 或 5% 的稀硝酸冲洗，时间 45~60 min；最后用去离子水冲洗干净。

紫外检测池也可以拆卸下来清洗。先拆除连接检测池的相关管路，旋松上下两个固定螺钉就可以将检测池拆下来。然后，用螺丝刀小心将检测池两侧的流通池固定螺栓拆下，放置旁边。用木质牙签小心将透镜取出清洗，注意透镜不要使用超声清洗，可用棉棒蘸异丙醇轻轻擦拭干净。将透镜下方的塑料垫圈取出，将剩余部分的流通池放入烧杯，用异丙醇超声清洗后烘干。更换新的塑料垫圈，小心将透镜装回原处，注意方向不要装反，拧上流通池两侧的固定螺栓，不要拧过紧，以防止将透镜压碎。将流通池装回原位，连接好管路，开机后进入菜单进行波长校正。

（2）高效液相色谱柱的维护

可以使用预柱保护分析柱，定期清洗或者更换新的柱芯，防止色谱柱压力过高而导致仪器损坏；大多数反相色谱柱的 pH 稳定范围是 2.0~9.0，所使用的流动相尽量不超过该色谱柱的 pH 承受范围；避免流动相组成和极性的剧烈变化，以免影响色谱柱分离效果；流动相使用前必须经过滤、脱气处理；如果使用极性或离子性的缓冲溶液作流动相，在实验结束后将柱子冲洗干净，并保存在甲醇溶液中。

综上所述，在分析仪器的使用、维护、校准和维修等工作中，最为重要的就是使用和维护，只有维修人员与各专责人以及各位操作人员都精心对待，才能把仪器的故障率降至最低，从而配合分析仪器实验室圆满完成各项检测任务，为实验室的全面发展打下更加坚实的基础。

第2章 常规仪器简介

仪器分析是指依据物质的物理性质或物理化学性质，采用特殊仪器，进行定性分析、定量分析或结构分析的分析法。仪器分析可以分为：光学分析法（发射光谱法和吸收光谱法等）、电化学分析法（电位分析法、电导分析法、库仑分析法、极谱分析法等）、色谱分析法（气相色谱法、高效液相色谱法等）和质谱分析法等。常用的仪器有：紫外-可见分光光度计、红外分光光度计、电位计、电导仪、库仑计、极谱仪、气相色谱仪、高效液相色谱仪和质谱仪等。

2.1 紫外-可见分光光度计

用于测量和记录待测物质对紫外光、可见光的吸光度及紫外-可见吸收光谱，并进行定性、定量以及结构分析的仪器，称为紫外-可见吸收光谱仪或紫外-可见分光光度计。紫外-可见分光光度计（简称分光光度计）虽然型号众多，但是基本结构相似，都由光源、单色器、吸收池、检测器和显示系统五大部分组成，其基本结构如图 2-1 所示。

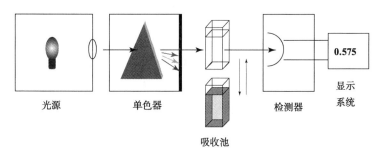

图 2-1　紫外-可见分光光度计结构示意

2.1.1 光源

光源的作用是提供符合要求的入射光。入射光是具有良好的稳定性、足够的光强度，且在使用范围内波长可调的单色光。因此，光源应在分光光度计使用波长范围内提供连续的光谱。光源发出的光强度应足够大，稳定性好，且有较长的使用寿命。为了保证光源有稳定的发光强度，仪器一般配套稳压电源供电。分光光度计的光源按照其发射的辐射光性质分为可见光光源和紫外光源。

（1）可见光光源

可见光光源主要为热辐射光源，如钨丝灯和卤钨灯等。钨丝灯是最常用的一种连续光源，可发射波长范围为 325~2 500 nm，既可作为可见光源，又可作为近红外光源。可见分光光度计主要使用其波长为 320~1 000 nm 范围的光。卤钨灯是在钨丝灯中加入适量卤化物或者卤素制成的光源，灯泡为石英制成，特点是具有较长的寿命和较高的发光效率，目前在很多分光光度计上开始使用，如 722 型分光光度计等。

（2）紫外光源

紫外光源多为气体放电光源，如氢灯、氘灯、氙灯等。分光光度计使用较多的是氢灯和其同位素氘灯，使用波长范围为 185~375 nm。氘灯和氢灯的光谱分布相同，但是氘灯的光强度却比氢灯大 2~5 倍，使用寿命也长，因此应用更为普遍。新型的紫外光源是具有高强度和高单色性的激光，目前正在商品化开发中。

2.1.2 单色器

单色器的作用是将光源发出的连续光谱分解成单一波长的单色光，是分光光度计的核心部分。分光光度计的主要光学特性和工作特性主要由单色器决定。

单色器主要由入射狭缝、准光镜、色散原件、聚焦镜和出射狭缝构成。狭缝和透镜主要用来控制光的方向，调节光的强度以获取所需的单色光。狭缝对单色器的分辨率有重要影响，对单色光的纯度在一定范围内起着调节的作用。色散原件是关键部件，主要有棱镜或者反射光栅，或是二者的组合，它能将连续光谱色散成单色光。棱镜由玻璃或石英制成。玻璃棱镜用于 350~3 200 nm 波长范围，它吸收紫外光而不能用于紫外分光光度分析。石英棱镜用于 185~400 nm 波长范围，它可用于紫外−可见分光光度计中作分光元件。复合光通过棱镜时，由于棱镜材料的折射率不同而产生折射，折射率与入射光的波长有关。当复合光通过棱镜的两个界面发生两次折射后，根据折射定律，波长小的偏向角大，波长大的偏向角小，故能将复合光色散成不同波长的单色光。光栅单色器上是在高度抛光的表面（如铝）上刻有许多根平行线槽而成。一般为 300~2 000 条/mm，甚至更多。光谱仪中多采用平面闪耀光栅，即当复合光照射到光栅上时，光栅的每条刻线都产生衍射作用，而每条刻线所衍射的光又会互相干涉而产生干涉条纹。光栅正是利用不同波长的入射光产生的干涉条纹的衍射角不同，波长大的衍射角大，波长小的衍射角小，从而使复合光色散成按波长顺序排列的单色光。光栅和棱镜单色器的结构如图 2-2 所示。

2.1.3 吸收池

吸收池又叫比色皿，是用于盛装待测溶液和决定液层厚度的器件。材质分石英和玻璃两类。石英池可用于紫外−可见区的测量，玻璃池只用于可见区。按其用途不同，可以制成不同形状和尺寸的吸收池。一般分光光度计都配有不同厚度的吸收池，有 0.5、1.0、2.0、3.0、5.0 cm 等规格供选择使用。一般商品吸收池的光程精度不是很高，即

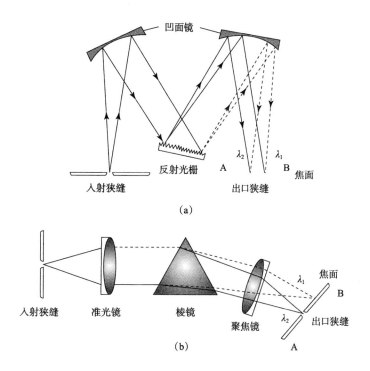

图 2-2　光栅(a)和棱镜(b)单色器结构

使是同一个厂出品的同规格吸收池也存在差异，不一定能够完全互换使用，所以，吸收池需经过检验配套方可出售，使用时不能随意混淆其配套关系。

2.1.4　检测器

检测器是一种光电转换元件，其作用是将透过吸收池的光信号强度转变成可测量的电信号强度，便于进行测量。要求灵敏度高，响应时间短，噪声水平低且有良好的稳定性。在过去的光电比色计和低档的分光光度计中常用硒光电池。现在，常用的检测器有：光电管、光电倍增管和光电二极管阵列。

（1）光电管

光电管是一个真空或充有少量惰性气体的二极管。阳极为一金属丝，阴极为半圆柱形的金属片，内表面涂有光敏物质。根据光敏材料的不同，光电管分为紫敏和红敏两种。前者是镍阴极涂有锑和铯，适用波长范围为 200~625 nm；后者阴极表面涂有银和氧化铯，适用波长范围为 625~1 000 nm。与光电池比较，它具有灵敏度高、光敏范围广、不易疲劳等优点。

（2）光电倍增管

光电倍增管是利用二次电子发射放大光电流的一种真空光敏器件。它由一个光电发射阴极、一个阳极以及若干级倍增极所组成。图 2-3 是光电倍增管的结构和原理示意。当阴极受到光撞击时，发出光电子。阴极释放的一次光电子再撞击倍增极，就可产生增加了若干倍的二次光电子。这些电子再与下一级倍增极撞击，电子数依次倍增。经过

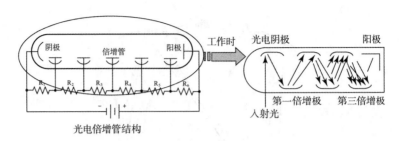

图 2-3　光电倍增管示意

9~16 极倍增，最后一次倍增极上产生的光电子可以比最初阴极放出的光电子多约 10^6 倍，最高可达 10^9 倍。最后倍增了的光电子射向阳极形成电流。阳极电流与入射光强度及光电倍增管的增益成正比，改变光电倍增管的工作电压，可改变其增益。光电流通过光电倍增管的负载电阻 R，即可变成电压信号，送入放大器进一步放大。

（3）光电二极管阵列

光电二极管阵列检测器是紫外-可见光度检测器的一个重要进展。光电二极管阵列检测器，表示为 photo-diode array（PDA）；photo-diode array detector（PDAD）或 diode array detector（DAD），它是 20 世纪 80 年代出现的一种光学多通道检测器。它是在晶体硅上紧密排列一系列光电二极管，每个二极管相当于一个单色器的出口狭缝，对应接受光谱上 1 nm 谱带宽的单色光。二极管的数目越多（35~1 024 支），仪器的分辨率越高。这类检测器用光电二极管阵列作检测元件，阵列由一系列光电二极管组成，各自测量一窄段的光谱。通常单色器的光含有全部的吸收信息，在阵列上同时被检测，并用电子学方法及计算机技术对二极管阵列快速扫描采集数据，由于扫描速度非常快，可以得到三维光谱图。

2.1.5　信号显示系统

信号显示系统的作用是放大信号并以适当方式记录下来。常用的信号显示装置有直读检流计、电位调节指零装置、自动记录和数字显示装置等。现在通用的是自动记录和数字显示装置，采用计算机处理软件进行数据记录和处理。

2.1.6　紫外-可见分光光度计的工作原理

按光学系统不同，紫外-可见分光光度计可分为单波长与双波长分光光度计、单光束与双光束分光光度计。

（1）单波长单光束紫外-可见分光光度计

单波长单光束紫外-可见分光光度计的基本结构如图 2-4 所示。光源发出的混合光经单色器分光，其获得的单色光通过参比（或空白）吸收池后，照射在检测器上转换为电信号，并调节由读出装置显示的吸光度为 0 或透射比为 100%，然后将装有被测试液的吸收池置于光路中，最后由读出装置显示试液的吸光度值。这种仪器结构简单，适用于对特定波长有吸收物质定量分析。

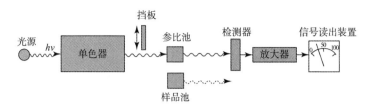

图 2-4　单波长单光束紫外-可见分光光度计原理图

（2）双光束紫外-可见分光光度计

双光束紫外-可见分光光度计的光路设计基本上与单光束相似，如图 2-5 所示，经过单色器的光被斩光器一分为二，一束通过参比池，另一束通过样品池。光度计能自动比较两束光的强度，其比值即为试样的透射比，经对数变换将它转换成吸光度并作为波长的函数记录下来。双光束分光光度计一般都能自动记录吸收光谱曲线，进行快速全波段扫描。由于两束光同时分别通过参比池和样品池，能自动消除因光源不稳定、检测器灵敏度波动等导致的误差。

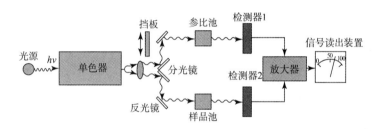

图 2-5　双光束紫外-可见分光光度计原理图

（3）双波长紫外-可见分光光度计

由同一光源发出的光被分成两束，分别经过两个单色器，得到两束不同波长（λ_1 和 λ_2）的单色光；利用切光器使两束光以一定的频率交替照射同一吸收池，然后经过光电倍增管和电子控制系统，最后由显示装置显示出两个波长处的吸光度差值。其基本工作原理如图 2-6 所示。

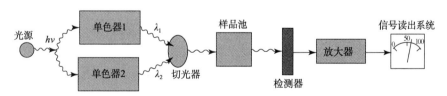

图 2-6　双波长紫外-可见分光光度计原理图

2.2　荧光分析仪器

荧光分析通常采用荧光分光光度计，它能测定激发光谱、发射光谱、荧光强度、量子产率、荧光寿命和荧光偏振等物理参数，既可以做定量分析，还可以根据这些参数推断分子在各种环境下的构象变化，从而阐明分子结构与功能之间的对应关系。与其他光谱分析仪器一样，荧光分光光度计主要由激发光源、样品池、单色器及检测器四部分组成。荧光分光光度计的基本结构如图 2-7 所示。

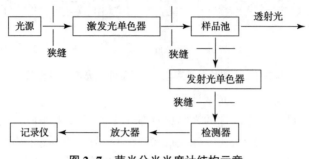

图 2-7 荧光分光光度计结构示意

2.2.1 激发光源

荧光分析仪中常用的激发光源有高压汞灯、氙灯和卤钨灯。高压汞灯常用在荧光计中，发射光强度大而稳定，但不是连续光谱，在荧光分析中常用 365 nm、405 nm、436 nm 三条谱线。荧光分光光度计所用的光源大都采用 150 W 和 500 W 的高压氙灯作光源，其结构示意如图 2-8 所示。高压氙灯发射强度大，能在紫外、可见光区给出比较好的连续光谱，可用于 200~700 nm 波长范围，在 300~400 nm 波段内辐射线强度几乎相等。但氙灯需要稳压电源以保证光源的稳定。

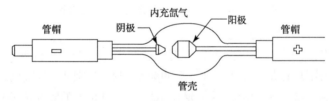

图 2-8 高压氙灯结构示意

2.2.2 单色器

大部分荧光分光光度计采用光栅作为单色器。与紫外-可见分光光度计相比，荧光分光光度计需要两个独立的单色器系统。一个为激发光单色器(第一单色器)，放在光源后，对激发光源发出的复合光进行分光，获得单色性较好的激发波长；另一个为发射光单色器(第二单色器)，放在样品池和检测器之间，它的作用是把激发光所发生在容器表面的散射光、瑞利散射和拉曼光以及溶液中杂质荧光滤去，以使荧光物质发出的荧光通过并照射到检测器上。发射光单色器可以选择发射波长或扫描测定各发射波长下的荧光强度，以获得试样的发射光谱。荧光分光光度计的激发波长扫描范围一般是 190~650 nm，发射波长扫描范围是 200~800 nm，可用于液体、固体样品(如凝胶条、粉末)的光谱扫描。为了消除入射光和散射光对测定的影响，荧光的测量不能直接对着激发光源，其检测器通常是放在与激发光成直角的方向上。而荧光计则采用滤光片作单色器，分为激发滤光片和荧光滤光片。它们的功能比较简单，价格也便宜，适用于固定试样的常规分析。

单色器有两个狭缝，包括入射狭缝和出射狭缝，入射狭缝用来限制杂散光的进入，一般位于准直镜的焦点上；出射狭缝用来限制光谱通带的宽度，一般位于物镜的焦点上。狭缝通常由两个具有锐利刀口的精密金属片构成，分为固定狭缝、单边可调非对称式狭缝和双边可调对称狭缝几种。狭缝越小，单色性越好，但光强和灵敏度相应降低。因此，通常狭缝应调节到既有足够大的光通量，同时也有较好的分辨率为宜。

2.2.3　样品池

荧光分光光度计用的样品池需采用低荧光的石英材料，四面都透光，有正方形和长方形不同形状，有大容量、微量和半微量等不同规格。有的荧光分光光度计附有恒温装置。测定低温荧光时，在石英池外套上一个盛有液氮的石英真空瓶，以降低温度。

2.2.4　检测器

荧光的强度比较弱，因此要求检测器有较高的灵敏度。在荧光计中常用光电池或光电管；而在较精密的荧光分光光度计中常用光电倍增管(photomultiplier tube，PMT)。施加于 PMT 的电压越高，放大倍数越大，波动越大。所以，要获得良好的线性响应，要有稳定的高压电源。PMT 的响应时间很短，能检测出 $10^{-9} \sim 10^{-8}$ s 的脉冲信号。为了改善信噪比，可采用冷却的方法。电荷转移检测器(charge transfer devices，CTD)是第三代光学多通道检测器，根据其转移测量光致电荷的方式不同，又进一步被分为电荷耦合式检测器(charge-coupled devices，CCD)和电荷注入式检测器(charge injection devices，CID)。CTD 是积分型的光信号阵列检测器，其检测原理还是基于光电效应，检测器的感光区由众多称之为像素的感光小单元排列组成，其最基本结构是由金属或低阻多晶硅膜、二氧化硅和硅组成的金属氧化物半导体电容，在外加电场作用下形成势阱，收集和贮存光信号所产生的光致电荷。通过变化应用于覆盖在感光区上的一系列电极的电压，光致电荷被转移到测定区，经过信号变大、模数转换等处理步骤后输出数字图像信息。CID 和 CCD 的工作原理基本相同，当沿不同方向色散开的光线照射到它们上面的各个感光点时，每个感光点上都由于光电效应产生电荷，这些电荷被收集并贮存在金属-氧化物-半导体(MOS)电容器中。对于 CID，在 28 mm×28 mm 的芯片上可包含 26.2 万个感光点，每个感光点都相当于一个光电倍增管，可在电荷积累的同时不经转移就进行电荷测量。这些感光点构成一个平面二维检测阵列，可将 165~800 nm 波长范围内试样中所有元素的谱线记录下来并同时进行测量。对于 CCD，是通过控制势阱电位的大小，使贮存在任一势阱中的电荷向前做定向运动，最后经输出二极管将信号输出；由于各势阱中贮存的电荷依次流出，因此可根据输出的先后顺序判断出电荷是从哪个势阱来的，并根据输出的电荷量得知该感光点受光的强弱。CID 与 CCD 的主要区别在于读出过程，在 CCD 中，信号电荷必须经过转移，才能读出，信号一经读取即刻消失。而在 CID 中，信号电荷不用转移而是将贮存在势阱中的电荷少数载流子(电子)直接注入体内形成电流来读出的。在荧光分光光度计中使用 PDA 和 CTD，可以很大程度上提高仪器测定的灵敏度，并可以快速记录激发光谱和发射光谱，还可以获得三维荧光光谱。

2.3 原子发射光谱分析仪器

原子发射光谱仪是测定每种化学元素的气态原子或离子受激后所发射的特征光谱的波长及强度来确定物质中元素组成和含量的仪器，它主要由激发光源、分光系统、检测系统三部分组成。

2.3.1 原子发射光谱仪的主要组成

2.3.1.1 激发光源

激发光源的主要作用是提供足够的能量，以使试样蒸发、解离、原子化、被激发并产生发射光谱，对其要求是激发能力强、稳定性好、灵敏度高、结构简单、使用安全和光谱背景小等。原子发射光谱分析的激发光源种类较多，常用的经典光源有火焰、直流电弧、交流电弧和高压火花等。随着科学技术的发展，相继出现了电感耦合等离子体（inductive coupled plasma，ICP）、微波诱导等离子体、激光光源以及辉光放电等现代光源，目前 ICP 是使用最广泛的激发光源。电弧、电火花、等离子体光源等都利用了气体放电，而不是化学燃烧火焰。所谓气体放电就是电流通过气体的现象。当气体中含有一定量的离子和电子时，气体可以导电。气体放电时，试样物质的原子与电子或离子相互碰撞，从中获得能量跃迁至激发态，当其从较高能量状态跃迁回较低能量状态以光的形式释放多余能量，便可发射待测物质的特征谱线。

（1）经典光源

以火焰为激发光源的原子发射光谱称为火焰光度法，由于火焰的激发温度较低，一般为 1 000~5 000 K，只能激发那些激发能较低的碱金属、碱土金属等谱线简单的元素，因此常用于 K、Na、Ca 等元素的测定。直流电弧光源是利用石墨电极之间的直流放电来蒸发、解离和激发样品。电弧的点燃有高频引弧法和接触引弧法两种方式，前者是高频高压电火花使空气局部电离成导体，将气体加热而形成电弧放电；后者是用电阻加热空气而形成导体。交流电弧光源分为高压交流电弧和低压交流电弧两类。高压交流电弧是在两电极间加上高达数千伏的电压使之击穿放电，但由于操作不安全，且设备体积较大，因而很少采用。目前，通用的是低压交流电弧光源。低压交流电弧普遍采用高频引火形成电弧。与直流电弧不同，交流电弧的电流和电压都交替改变方向，其放电是不连续的，电流密度较高，因此放电温度比直流电弧略高。另外，交流电弧放电的间隙性和电极极性的交替变更，导致电极温度低于直流电弧，试样蒸发速率低于直流电弧。交流电弧测定的稳定性和重现性都好于直流电弧。火花放电是电极间不连续气体放电，是一种电容放电。目前，使用的火花放电有两类：一类是 12 000 V 和较小电容量的高压火花光源；另一类是采用较低电压（220~2 000 V）及较大电容的低压火花光源。高压电火花通常使用 10 000 V 以上的高压交流电通过间隙放电产生电火花。

（2）等离子体激发光源

等离子体是一种电离度大于 0.1% 的电离气体，它由自由电子、离子、中性原子和分子组成，由于其正负电荷密度相等，总体上仍为电中性。因为带电粒子的存在，等离子体能导电。等离子体光源主要有：电感耦合等离子体（ICP）、直流等离子体（direct current plasma，DCP）、微波诱导等离子体（microwave induced plasma，MIP）和电容耦合微波等离子体（capacitance coupled microwave plasma，CMP），其中应用较广泛的是 ICP。

ICP 是利用等离子体放电产生高温的激发光源。ICP 形成的原理同高频加热原理相近，外观上类似火焰。目前常见的 ICP 光源主要由高频发生器、等离子炬管和雾化器三部分组成，如图 2-9 所示。高频发生器的作用是产生高频磁场，通过高频加热效应供给等离子体能量。等离子炬管置于高频线圈内，由三层同心石英管组成，三股气流（常用氩气）分别从这三层石英管中进入炬管。使用氩（Ar）气的原因是：Ar 气是惰性气体，性质稳定，具有良好的激发性能，自身光谱极为简单。在三层石英管中，外管为冷却气，也称等离子气，沿切线方向导入 Ar 气，主要起冷却作用，还要维持等离子体焰炬不熄灭，并将等离子体与管壁隔离，防止石英管烧融。中管为辅助气，其主要作用是：①点燃等离子体；②使高温的 ICP 底部与中心管和中层管保持一定距离，保护中心管不被烧融或过热；③减少气溶胶所带来的盐分过多而沉积在中心管

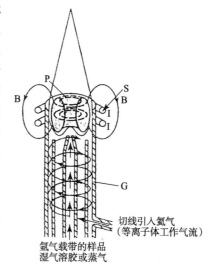

切线引入氩气
（等离子体工作气流）

氩气载带的样品
湿气溶胶或蒸气

图 2-9　ICP 焰炬示意

B-交变磁场；I-高频电流；
P-涡电流；S-高频感应线圈；
G-等离子体炬管

口；④抬高焰炬，改变等离子体观察高度并保护内层管口。内管为载气，也称雾化气，其主要作用是：①将试样溶液雾化，形成气溶胶；②将试样气溶胶引入 ICP；③清洗雾化器、雾化室和中心管。雾化器的作用是将液体试样雾化，并使其与载气充分混合形成试样气溶胶，其性能对测定精密度等产生显著影响，因此要求雾化器要喷雾稳定、雾滴微小而均匀、雾化效率高。较大的雾滴将直接经废液管排出。对固体试样，可将其转化为溶液经雾化器引入等离子体，或不用雾化器而通过电热蒸发再用 Ar 气将试样蒸气带入等离子体。

当高频电源与感应线圈接通时，高频感应电流通过线圈产生交变高频磁场，此时通入冷却气和辅助气。高频点火装置产生电火花引燃管内气体，使气体触发产生少量离子和电子。在高频交变电磁场的作用下，离子和电子高速运动，与气体原子碰撞后快速电离，形成更多的离子和电子。当离子和电子积累到使气体有足够的电导率时，在垂直于磁场方向的截面上就会形成闭合的环形涡电流。强大的涡电流，大约几百安，产生高热，将气体加热电离，在管口瞬间形成一个火炬状的稳定的等离子炬，其涡流区温度可达 10 000 K。等离子炬形成后，从内管通入载气，在等离子炬的轴向形成一个通道，载气携带试样气溶胶通过等离子体炬时，可被加热至 6 000~8 000 K，试样气溶胶进行蒸

发、原子化，并被激发，继而产生原子发射光谱。因ICP光源温度很高，可使分析元素激发电离，故离子线很多。ICP光源具有稳定性好、检出限低、精密度好、自吸效应小、工作曲线线性范围宽；基体效应小和干扰少等优点。它的缺点是：对非金属测定灵敏度低；设备昂贵，Ar气消耗量大；雾化器的雾化效率低；对某些元素的分析检出限仍显不足。

（3）激发光源的选择

激发光源作为原子发射光谱仪主要部件之一，是决定光谱分析灵敏度和准确度的重要因素，因此必须根据分析物质的性质以及测定的要求选择合适的光源。选择时，应考虑以下几个方面：①试样的性质。易挥发及易电离的元素（如碱金属）可以用火焰光源；难激发的元素可选用火花光源；难挥发的元素可选用电弧光源。②试样形状及性质。一些块状的金属和合金试样，可以采用电弧或火花光源；一些导电差的粉末试样，常采用电弧光源；溶液试样常采用ICP光源。③含量高低。低含量的元素需要有较低的绝对检出限，一般采用电弧光源；高含量的元素要求准确度较高，常采用火花光源。④光源特性，如蒸发特性、激发特性、放电稳定性等（表2-1）。⑤分析任务性质。定性分析一般用电弧光源，尤其用直流电弧光源为好；定量分析一般用交流电弧或火花光源，测定痕量元素时采用直流电弧光源。

表 2-1 激发光源特性

光源	蒸发温度/K	激发温度/K	稳定性	分析对象
直流电弧	3 000~4 000	4 000~7 000	较差	定性分析、难熔样品及元素定量、导体、矿物纯物质
交流电弧	1 000~2 000	比直流电弧略高	较好	矿物、低含量金属定量分析
火花	<1 000	瞬间可达 10 000	好	难激发元素、高含量金属定量分析
ICP	~10 000	6 000~8 000	很好	溶液、难激发元素、大多数元素
火焰	2 000~3 000	2 000~3 000	很好	溶液、碱金属、碱土金属
激光	~10 000	~10 000	很好	固体、液体

2.3.1.2 分光系统

分光系统的作用是将样品中待测元素的激发态原子或离子所发射的特征谱线经分光后得到按波长顺序排列的光谱。常见的色散元件有棱镜和光栅两种。

近年来，新型的原子发射光谱仪多采用中阶梯光栅二维色散单色器，它具有体积小、高色散、高分辨率等优点。

2.3.1.3 检测系统

检测系统的作用是将原子的发射光谱记录或检测出来，进行定性或定量分析。目前，检测系统主要有以下三类：摄谱检测系统、光电检测系统和阵列检测器。

（1）摄谱检测系统

摄谱检测系统是通过感光板接收和记录光谱的，将感光板置于摄谱仪的焦平面处，通过摄谱、显影、定影等一系列操作，制得光谱底片，然后通过映谱仪放大、观察谱线，确定谱线的波长位置和大致强度来对试样进行定性和半定量分析，通过测微光度计来测量谱线的黑度进行试样的定量分析。

（2）光电检测系统

光电检测系统采用光电池、光电管或光电倍增管等光电转换器，将色散元件分光得到的光信号转变为电信号，再经放大器放大后输入电子计算机，通过电子计算机来测量谱线的强度、处理数据并分析结果。目前，原子发射分光光度计中常用的是光电倍增管。光电检测系统的优点是检测速度快，准确度较高，适用于较宽的波长范围；线性响应范围宽，特别适用于样品中多种含量范围差别很大的元素同时进行分析。

（3）阵列检测器

阵列检测器常见的有 PDA、CID 和 CCD，它们都是新型固体多通道光学检测器件，体积小，线性响应范围很宽，噪声低，可快速进行多元素检测，具有特别的价值和发展潜力。

2.3.2　原子发射光谱仪的类型

2.3.2.1　摄谱仪

使用摄谱检测系统的原子发射光谱仪称为摄谱仪。按分光系统使用的色散元件的不同又可将其分为棱镜摄谱仪和光栅摄谱仪。光栅摄谱仪光路示意如图 2-10 所示。用摄谱仪进行光谱分析时，还需要有映谱仪和测微光度计（黑度计）等观察设备。摄谱仪的价格比较低，测试费用也较低，且感光板所记录的光谱可长期保存，还可直接用于固体样品的分析。但因摄谱操作费时、费事，且摄谱仪只适宜于低含量及痕量元素的定量分析，现正逐步被光电直读光谱仪所取代。

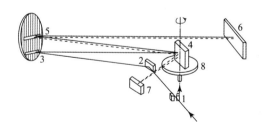

图 2-10　WPS-1 型平面光栅摄谱仪光路示意

1-狭缝；2-平面反射镜；3-准直镜；4-光栅；5-成像物镜；6-感光板；7-二次衍射反射镜；8-光栅转台

2.3.2.2　光电直读光谱仪

光电直读光谱仪采用 PMT、PDA、CCD 和 CID 等检测系统，光信号被转换为电信号后直接测定谱线强度，并通过计算机进行数据处理和结果分析。这类仪器主要用 ICP

作为激发光源。目前，ICP 光电直读光谱仪已占商品光谱仪器的主要地位。根据测量方式的不同，光电直读光谱仪又分为多道直读光谱仪、单道扫描光谱仪和全谱直读光谱仪。

（1）多道直读光谱仪

多道直读光谱仪示意如图 2-11 所示。光源发出的光经透镜聚焦后，在入射狭缝上成像并进入狭缝，进而投射到凹面光栅上，凹面光栅将光色散，不同波长的光分别聚焦在焦平面上，在焦平面上安装一个个固定的出射狭缝，每个出射狭缝的后面固定一只光电倍增管进行检测。全过程除进样外都是计算机程序控制，自动进行。多道直读光谱仪可同时检测试样中的几十种（20~70 种）元素的存在和含量。多道直读光谱仪的优点：快速、准确度高、线性范围宽，可同时测定几十种元素；缺点：固定的出射狭缝限制了检测，通常只做固定元素的分析，进行全定性分析和利用波长相近的谱线进行分析时有困难。多道直读光谱仪适合固定元素的快速定性、半定量和定量分析。多道直读光谱仪中，在曲率半径为 R 的凹面反射光栅上存在一个直径为 R 的圆，光栅 G 的中心点与圆相切，入射狭缝在圆上，不同波长的光都成像在这个圆上，此圆称为罗兰圆（图 2-12）。入射狭缝、出射狭缝和凹面光栅都安装在罗兰圆上。这样，凹面光栅同时起到了色散作用和聚焦作用，凹面反射镜起聚焦作用，将色散后的光聚焦。

（2）单道扫描光谱仪

单道扫描光谱仪的光路图如图 2-13 所示。从 ICP 激发光源发出的光经入射狭缝后

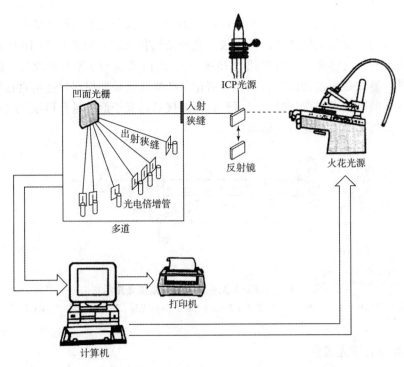

图 2-11　多通道直读等离子体光谱仪

反射到可转动的光栅上，随着光栅转动，不同波长的谱线从出射狭缝依次射入检测器检测，完成一次全谱扫描。单道扫描光谱仪只有一个位置固定的出射狭缝，通过转动光栅以使不同波长的光射入检测器。和多道光谱仪相比，单道扫描光谱仪波长选择更灵活方便，分析样品的范围更广，适用于较宽的波长范围。但单道扫描光谱仪扫描一次需要一定的时间，因此分析速度受到一定的限制。有的光谱仪在多通道直读光谱仪的基础上再增加一个扫描单色器，相当于增加一个可灵活变化的通道，兼有多道型和单道型的特点，称为 $n+1$ 型光谱仪。

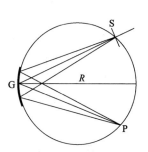

图 2-12　罗兰圆
G-光栅；S-入射狭缝；
P-出射狭缝；R-直径

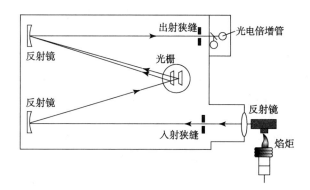

图 2-13　单道扫描等离子体发射光谱仪光路示意

（3）全谱直读光谱仪

全谱直读等离子体发射光谱仪如图 2-14 所示。这种仪器采用中阶梯光栅作为分光系统，配以 CCD 阵列检测器，可检测 $165 \sim 800$ nm 波长范围内出现的谱线。光源发出的光经两个曲面反射镜聚焦于入射狭缝，经准直镜变成平行光投射到中阶梯光栅上，光在 X 方向上色散后，再经 Schmidt 光栅在 Y 方向上二次色散，并经反射镜到达 CCD 检测器，得到光谱图像。由于 CCD 对可见光不灵敏，属于紫外型检测器，因此，在

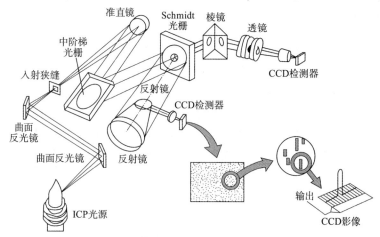

图 2-14　全谱直读等离子体发射光谱仪

Schmidt 光栅中央开一个小孔，部分光经此孔后再经棱镜在 Y 方向上二次色散分光，然后经透镜进入另一个检测器，继而实现对可见区辐射的检测。全谱直读光谱仪克服了多道直读光谱仪可测谱线少和单道扫描光谱仪检测速度慢的缺点，且所有元件都固定安装在机座上，没有任何活动的光学元件，因此故障率低、稳定性好。目前，以 ICP 为光源的全谱直读光谱仪已成为现代原子发射光谱仪的发展方向。

2.4 原子吸收分光光度计

原子吸收分光光度计，又称原子吸收光谱仪，是用于测量、记录和分析待测物质在一定条件下形成的基态原子蒸气对其特征谱线的吸收程度的仪器。原子吸收分光光度计按照入射光束不同分为单光束和双光束两种类型，其主要部件基本相同，主要由光源、原子化系统、分光系统和检测系统等组成。单光束原子吸收分光光度计的基本结构如图 2-15 所示。其工作过程如下：光源发射出待测元素的特征共振辐射经过原子化器中的待测元素基态原子蒸气时被吸收，特征共振辐射的强度减弱，并伴随其他杂散辐射进入分光系统。由分光系统分光使待测元素的特征共振辐射进入检测系统，经过光电转换、信号放大等信号处理程序，最终在显示装置上显示吸光度的数值。原子吸收分光光度计的核心部件是原子化系统，其性能直接影响测定的灵敏度和重现性。原子吸收光谱法具有准确度高、选择性好、灵敏度高、检出限低以及分析速度快等特点，被广泛应用于微量或痕量元素的测定分析。

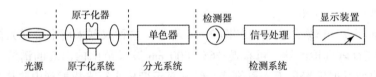

图 2-15 单光束原子吸收分光光度计的基本结构示意

2.4.1 光源

光源的作用是发射待测元素的特征共振辐射。为了测定待测元素的峰值吸收，必须使用由待测元素制成的锐线光源。通常对锐线光源的基本要求是：①发射待测元素的特征谱线的半宽度必须明显小于吸收谱线的半宽度，即 $\Delta\nu_e \ll \Delta\nu_a$；②光谱纯度高，在光源通带内无其他干扰光谱；③辐射强度大，背景低，噪声小，以保证有足够高的信噪比；④稳定性好，使用寿命长等。符合上述要求的锐线光源有空心阴极灯、无极放电灯、蒸气放电灯、高频放电灯和激光光源灯，其中空心阴极灯和无极放电灯最为常用。

2.4.1.1 空心阴极灯

空心阴极灯(hollow cathode lamp, HCL)又称元素灯，其结构如图 2-16 所示。它是由一个圆筒状空心阴极和一个棒状阳极构成的气体放电灯，灯管前方为能够透射辐射的石英窗口(350 nm 以下)或玻璃窗口(350 nm 以上)。空心阴极的内径一般为 2~5 nm，

深 8~12 nm，由待测元素的纯金属或合金
制成。阳极可由钨、锆、钛、钽或其他材
料的纯金属制作，最常用的是一个焊有钛
丝或钽片的钨棒，由于钛及钽等金属具有
吸气功能，故阳极兼具吸气作用，可在高
温下吸收少量有害气体，如 H_2。为了防
止阴阳极间击穿，在阴阳极间设有绝缘屏

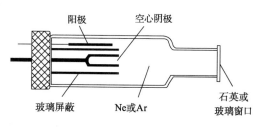

图 2-16　空心阴极灯

蔽层。灯管内充有 300~1 000 Pa 的惰性气体氖(Ne)或 Ar，其作用是载带电流，使阴极
产生溅射并激发原子发射锐线光谱。

　　空心阴极灯放电是一种特殊形式的低压辉光放电，放电集中于阴极空腔内。当在两
极之间施加 200~500 V 电压时，便产生辉光放电。在电场作用下，空心阴极内壁发射
的电子高速射向阳极，途中与惰性气体原子碰撞并使之电离，放出二次电子，使电子与
正离子数目增加以维持放电。而带正电荷的惰性气体离子从电场获得动能，向阴极内壁
猛烈轰击，如果正离子的动能足以克服金属阴极表面的晶格能，就能够使阴极表面的金
属原子从晶格中溅射出来。除溅射作用外，阴极受热也会导致阴极表面元素的热蒸发。
溅射与蒸发出来的金属原子进入空腔内，再与电子、惰性气体原子及离子发生碰撞而被
激发，处于激发态的粒子不稳定，很快会返回基态，并以光的形式释放出多余的能量，
从而发射出待测元素的特征共振辐射。一般每测定一种元素，都要更换成该种元素的空
心阴极灯，操作不太方便。目前也制得了多元素灯，多元素灯工作时可以同时测定多种
元素(目前最多可测定 6~7 种元素)而不必换灯，使用较为方便，但是发出的辐射光强
度较弱，容易产生光谱干扰，因此使用不普遍。

　　空心阴极灯常采用脉冲供电的方式，以改善放电特性，同时便于使有用的原子吸收
信号与原子化器的直流发射信号(发射背景)区分开，称为光源调制。在实际工作中，
要获得既稳定又有一定强度的锐线辐射，应选择合适的工作电流。使用灯电流过小，放
电不稳定；灯电流过大，溅射作用增加，加快惰性气体的"消耗"，灯寿命缩短，而且
原子蒸气密度增大，谱线变宽，甚至引起自吸现象，导致测定灵敏度下降。

2.4.1.2　无极放电灯

　　无极放电灯(electrodeless discharge lamp, EDL)又称微波激发无极放电灯，它是一个
数厘米长、直径为 5~10 cm 的密封石英圆管，如图 2-17 所示。管内放入几毫克待测金
属或其卤化物(通常为碘化物)，抽真空并充入压力为几百帕的惰性气体 Ar 气或 Ne 气
后封闭，制成放电管。将此管装在一个高频发生器的螺旋振荡线圈内，并装在一个绝缘
的外套里，然后放在一个微波发生器的同步空腔谐振器中。微波会激发灯内充入的气体
原子，被激发的气体原子与气化离解的金属或其卤化物原子碰撞使其激发而发射出待测
金属元素的特征辐射。在无极放电灯中，经常首先观察到的是灯内充入气体的发射光
谱，然后随着金属或其卤化物的气化，再过渡到待测元素光谱。

　　无极放电灯的发射强度比空心阴极灯强 100~1 000 倍，且主要是共振线。该灯寿命
长，共振线强度大，特别适用于共振线在紫外区的易挥发元素的测定。目前已制成 Al、
P、K、Zn 等 18 种元素的商品无极放电灯。

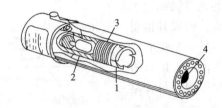

图 2-17　无极放电灯

1-陶瓷管石英窗；2-石英灯管；3-螺旋振荡线圈；4-石英窗

2.4.2　原子化器

原子化器的作用是利用高温使各种形式的试样转化成基态自由原子，并使其进入光源的辐射光程从而吸收特征辐射。试样的原子化是原子吸收光谱分析的关键环节，元素测定的灵敏度、准确性及干扰情况，在很大程度上取决于原子化的情况。因此，原子化器是原子吸收分光光度计的核心部件。目前，试样的原子化方法主要有火焰原子化法和无火焰原子化法两类。

2.4.2.1　火焰原子化法

火焰原子化法所用的仪器叫作火焰原子化器。它由雾化器、雾化室（也叫预混合室）和燃烧器三部分组成，其结构如图 2-18 所示。雾化器的作用是使样品溶液雾化，要求其雾化效率高、雾滴细、喷雾稳定。雾化室的作用是使试液雾滴进一步细化并与燃气均匀混合，以获得稳定的层流火焰。燃烧器的作用是产生火焰并使试样原子化，根据其结构不同可分为预混合型（层流）燃烧器和全消耗型（紊流）燃烧器。一个良好的燃烧器应具有原子化效率高、噪声小、火焰稳定等特点。

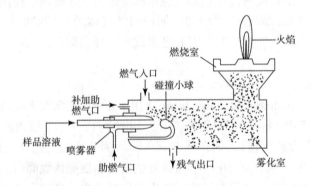

图 2-18　火焰原子化系统示意

火焰原子化过程是将分析样品引入火焰使其离解出基态自由原子的一个复杂的过程。当具有一定压力的助燃气（空气或 N_2O）急速流过喷雾器的喷嘴时形成负压，试液被吸入毛细进样管，并迅速从喷嘴喷射出来，形成雾滴，雾滴随着气流撞击在喷嘴正前方的撞击球上，被分散成气溶胶，未被分散的雾滴便凝聚成液滴，由废液管（残气出口）排出。气溶胶、助燃气和燃气三者在雾化室内混合均匀，一起进入燃烧器喷灯头的火焰(燃气常用乙炔气体)中进行原子化。气溶胶自进入雾化室后即开始蒸发脱溶剂,进入火焰后在火焰的预热层内继续脱溶剂形成固态微粒。固态微粒在火焰的高温下气化,生成气体分子,气体分子进一步裂解为原子。因为脱溶剂过程和蒸发过程都是不可逆的,所以在气体分子和原子之间很快就建立起新的化学平衡或电离平衡。整个火焰原子化历程为:试液→喷雾→分散→蒸发→干燥→熔融→气化→离解→基态原子,同时还伴随着电离、化合、激发等副反应。

火焰原子化器的优点:火焰噪声小,稳定性好,重现性好,易于操作;缺点:试样利用率低,大约只有 10%,大部分试液由废液管排出,且被测的大多数金属元素灵敏度低,为 $mg \cdot L^{-1}$ 级。

2.4.2.2　无火焰原子化法

无火焰原子化法所用的仪器叫作无火焰原子化器,又称电热原子化器。它克服了火焰原子化器样品用量多、不能直接分析固体样品的缺点,提高了试样的原子化效率和利用率,使测定灵敏度提高 10~200 倍。无火焰原子化器有多种类型:电热高温管式石墨炉原子化器、碳棒原子化器、钽舟原子化器、镍杯原子化器、高频感应炉和等离子喷焰等。目前应用最广泛的是管式石墨炉原子化器。

管式石墨炉原子化器由加热电源、保护气控制系统、循环冷却水系统和石墨管状炉组成,其结构如图 2-19 所示。测定时,将试样置于石墨管中,在不断通入惰性气体(Ar)的情况下,由加热电源供给大电流(300A)通过石墨管使之程序升温(最高温度可达到 3 000℃),待测试样被原子化。

石墨炉的程序升温由微机处理控制实行,进样后试样的原子化过程按程序自动进行,通常包括干燥、灰化、原子化和净化四个阶段,如图 2-20 所示。

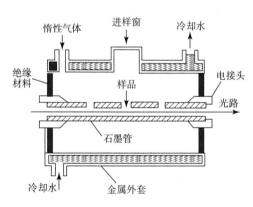

图 2-19　管式石墨炉原子化器的结构示意

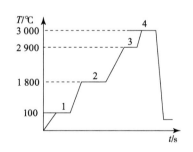

图 2-20　石墨炉程序升温过程示意
1-干燥阶段;2-灰化阶段;
3-原子化阶段;4-净化阶段

(1) 干燥阶段

干燥的目的主要是去除试样中的溶剂,防止灰化或原子化过程中由于存在溶剂而引起的飞溅。干燥温度一般高于溶剂的沸点,干燥时间主要取决于样品的体积,通常在

100 ℃左右干燥，一般保持 10~20 s。

（2）灰化阶段

灰化的目的是尽可能除掉试样中挥发的基体和有机物。灰化温度取决于试样的基体及被测元素的性质，最高灰化温度以不使待测元素挥发为准，一般灰化温度在 100~1 800 ℃，灰化时间为 10~30 s。

（3）原子化阶段

原子化的目的是使待测元素的试样蒸发气化，然后离解成基态原子。原子化温度随待测元素而异，一般在保证使被测物完全或尽可能多地变成自由原子情况下，选择尽可能低的原子化温度和短的原子化时间，以便延长石墨管寿命。原子化温度一般在 1 800~2 900℃，原子化时间为 5~10 s。在原子化阶段，应停止通 Ar 气，以延长原子蒸气在吸收区内的平均停留时间，避免对原子蒸气的稀释。

（4）净化阶段

在一个样品测定结束后，用比原子化阶段稍高的温度加热，如 3 000 ℃加热 3~5 s，以除去石墨管中的样品残渣，净化石墨炉，消除记忆效应，以便进行下一个试样的分析。注意净化时间要短，以免损坏石墨炉，净化后对石墨炉进行冷却。

循环冷却水系统用于冷却石墨炉。保护气控制系统保护石墨管和试样在高温下不被氧化。外气路中的 Ar 气沿石墨管外壁流动，以保护石墨管不被烧蚀，内气路中 Ar 气从管两端流向管中心，由管中心孔流出，以有效地除去在干燥和灰化过程中产生的基体蒸气，同时保护已原子化了的原子不再被氧化。

石墨炉原子化器是在惰性气体保护下于强还原性石墨介质中进行试样原子化的，有利于氧化物分解和自由原子的生成。石墨炉原子化法的优点：样品用量少，可测定非液体样品，固体样品 20~40 μg，液体样品 5~100 μL（火焰原子化法一般是 1 mL）。固体、液体均可直接进样且原子化效率高，绝对灵敏度高，被测的大多数金属元素灵敏度为 μg·L^{-1}级，绝对检出限可达 10^{-14}~10^{-12}g。缺点：基体效应和记忆效应比较严重，化学干扰多；有强背景吸收；测量的精密度较低，相对标准偏差一般为 2%~5%，而火焰法一般<1%；石墨炉操作不如火焰法简便快速，且测量的重现性较差。无火焰原子吸收法由于测量信号具有峰值形状，故宜采用峰高法或积分法进行测量。

2.4.3　分光系统

分光系统（单色器）由入射狭缝、出射狭缝、反射镜和色散元件组成，其作用是将待测元素的共振吸收线与邻近的谱线分开。原子吸收所用的吸收线是锐线光源发出的共振线，谱线比较简单，因此对仪器的色散能力、分辨能力要求较低。谱线结构简单的元素，如 K、Na，可用干涉滤光片作单色器，一般元素可用棱镜或光栅分光。目前，商品化仪器多采用光栅。为了避免背景辐射和试样在原子化过程中产生的辐射不加选择地全部进入检测器而导致光电倍增管疲劳，单色器通常配置在原子化器之后。

分光系统影响分析测定结果的性能指标是单色器的通带宽度 W（nm），也称为光谱通带宽度，它直接影响测定的灵敏度和工作曲线的线性范围。W 表示为

$$W = DS \times 10^{-3} \tag{2-1}$$

式中，D 是光栅线色散率的倒数 $\dfrac{\mathrm{d}\lambda}{\mathrm{d}l}$（nm/mm）；$S$ 是狭缝宽度（μm）。原子吸收光谱仪中，单色器中的光栅一定，D 为一定值，因此单色器的通带宽度只取决于狭缝宽度。那么，狭缝宽度的选择将直接影响分析测定的结果。一般的，通带宽度在 0.01~2 nm，分为 3~4 挡调节，个别仪器为连续调节。

2.4.4　检测系统

检测系统由检测器、放大器、对数变换器和显示装置等组成，其作用是将透过分光系统的光信号转换成电信号后进行测定。

（1）检测器

检测器广泛采用光电倍增管，它的作用是将光源发射出的特征共振辐射经过原子蒸气吸收和分光系统分光后的微弱光信号转换为电信号。

（2）放大器

放大器的作用是将光电倍增管输出的微弱电信号放大，然后输送入对数变换器。

（3）对数变换器

对数变换器的作用是将检测、放大后的透光度信号经运算转换成吸光度信号。

（4）显示装置

显示装置的作用是显示吸光度的数值，通常采用表头、检流计、数字显示器或记录仪、打印机等进行读数。

总的原子吸收过程如图 2-21 所示。

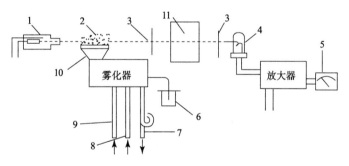

图 2-21　原子吸收过程示意

1-空心阴极灯；2-火焰；3-狭缝；4-光电倍增管；5-读出装置；6-试液；
7-废液；8-燃气；9-助燃气；10-燃烧器；11-单色器

2.5　红外吸收光谱仪

红外吸收光谱仪也称红外分光光度计。目前生产和使用的红外吸收光谱仪是色散型红外光谱仪和傅里叶变换红外光谱仪。色散型红外光谱仪使用光栅作单色器，扫描速度较慢，灵敏度较低；傅里叶变换红外光谱仪没有单色器，扫描速度很快，具有很高的灵敏度和分辨率，仪器的性价比越来越高，应用范围日益广泛。

2.5.1　色散型红外光谱仪

色散型红外光谱仪的组成部件与紫外-可见分光光度计相似，但每一个部件的结构、所用的材料及性能、部件的排列顺序等与紫外-可见分光光度计不同。最明显的不同是吸收池的位置，紫外-可见分光光度计的吸收池一般位于分光系统的后面，以防止光解作用对测定的影响；而由于常温下物质可发射红外光，为了防止样品的红外辐射和杂散光进入检测器，色散型红外光谱仪的吸收池设置在分光系统之前。但是，对于傅里叶变换红外光谱仪，吸收池可放在干涉仪之后，样品发射的红外光和杂散光可作为信号的直流组分被分开。

常见的色散型红外光谱仪采用双光束，依据"光学零位平衡"原理设计而成。图2-22是双光束色散型红外光谱仪工作原理示意。光源发出的辐射被分为强度相等的两束光，一束通过试样池，另一束通过参比池。通过参比池的光束经衰减器（光楔或光阑）与通过试样池的光束汇合于斩光器处，使两光束交替进入单色器（即分光系统，常用光栅），经单色器色散之后，同样交替投射到检测器上进行检测。单色器的转动与光谱仪记录装置的谱图横坐标方向相关联，横坐标的位置表明了单色器某一波长（或波数）的位置。若样品对某一波长的红外光有吸收，则两光束的强度便不平衡，参比光路的强度比较大，此时检测器产生一个交变信号，该信号经放大、反馈于连接衰减器的同步马达，该马达使光楔更多地遮挡参比光束，使之强度减弱，直至两光束又恢复强度相等，使交变信号为零，不再有反馈信号。移动光楔的马达同步地联动记录装置的记录笔，沿谱图的纵坐标方向移动，因此纵坐标表示样品的吸收程度。这样随单色器转动的全过程，就得到一张完整的红外光谱图。

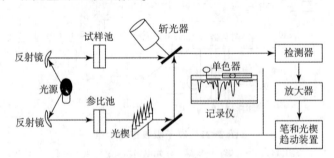

图2-22　双光束色散型红外光谱仪工作原理示意

色散型红外光谱仪主要由光源、吸收池、单色器、检测器等部件构成，下面依次介绍各部件。

2.5.1.1　光源

红外光谱仪所用的光源通常是一种惰性固体，用电加热使之发射稳定的高强度连续红外辐射。常用的有硅碳棒和能斯特（Nernst）灯。

（1）硅碳棒

硅碳棒是由碳化硅烧结而成，工作温度为 1 200~1 500 ℃。由于它在低波数区域发光较强，因此使用波数范围宽可以低至 200 cm^{-1}。它的优点是：坚固，发光面积大，寿命长，价格便宜，操作方便。

（2）Nernst 灯

Nernst 灯是用 ZrO_2、ThO_2 等稀土金属氧化物混合烧结制成的长几十毫米、直径几毫米的中空棒或实心棒。其工作温度为 1 300~1 700 ℃，在此高温下导电并发射红外线，但在室温下是非导体，因此在工作之前要预热。它的优点是发光强度大，尤其在大于 1 000 cm^{-1} 的高波数区，使用寿命长，稳定性较好；缺点是价格比硅碳棒贵，机械强度差，且操作不如硅碳棒方便。

2.5.1.2　吸收池

由于玻璃、石英等材料不能透过红外光，所以红外吸收池要用可以透过红外光且不吸收红外光的 NaCl、AgCl、KBr、CsI、KRS-5（TlBr 42%，TlI 58%）等材料制成窗片。

注意：用 NaCl、KBr、CsI 等材料制成的窗片需注意防潮，仅 AgCl 片可用于水溶液；固体试样常与纯 KBr 混匀压片，然后直接进行测定。

2.5.1.3　单色器

单色器位于吸收池和检测器之间，由色散元件（光栅或棱镜）、准直反射镜、入射与出射狭缝组成。其功能是将连续光色散为一系列波长单一的单色光，然后将单色光按波长大小依次从出射狭缝射出。

红外光谱仪常用几块光栅常数不同的光栅自动更换，使测定的波数范围更广且能得到更高的分辨率。

通过控制狭缝宽度可以控制单色光的纯度和强度。由于光源发射的红外光在整个波数范围内不是恒定的，在扫描过程中，狭缝宽度将随光源的发射特性曲线自动调节，使到达检测器上的光的强度几乎不变，同时最大限度地保证不同波数光的高分辨率。

2.5.1.4　检测器

红外光谱仪常用的检测器是真空热电偶、热释电检测器和碲镉汞检测器。当检测器受到红外光照射时，将产生的热效应转变为十分微弱的电信号（约 10^{-9} V），经放大器放大后，带动伺服电机工作，记录红外吸收光谱。这些检测器具有对红外辐射接收灵敏度高、响应快、热容量小等特点。

（1）真空热电偶

真空热电偶是利用不同导体构成回路时的温差电现象，将温差转变为电位差。如图 2-23 所示，真空热电偶是将两种不同的金属丝 M_1、M_2 焊接成两个接点，一端焊接在作为红外辐射接收面的一小片涂黑的金箔上，作为热接点；另一端作为冷接点（通常为室温）。当红外辐射通过窗口辐射到涂黑的金箔上时，热接点温度上升，产生温差电位差,在回路中有电流通过。电流的大小随照射的红外光的强弱而变化,高真空的容器可保证热量不散失。

M_1-M_2的材料有镍铬-镍铝、铜-康铜(Ni 39%~41%,Mn 1%~2%,其余为 Cu)、铁-康铜、铂铑-铂等。真空热电偶的缺点是反应较迟钝,信号输入与输出时间达几十毫秒,不适用于傅里叶变换红外光谱仪,适用于普通光栅仪器。

(2)热释电检测器

热释电检测器是用硫酸三甘肽($NH_2CH_2COOH)_3H_2SO_4$(简称 TGS)的单晶薄片作为检测元件。如图 2-24 所示,当红外辐射光照到 TGS 薄片上时,温度升高,TGS 极化度改变,表面电荷减少,相当于"释放"了部分电荷,经过放大,转变成电压或电流的方式进行测量。其特点是响应速度快,噪声影响小,能实现高速扫描,故被用于傅里叶变换红外光谱仪中。

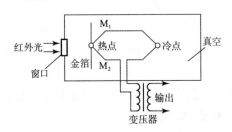 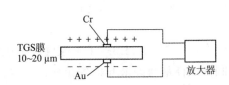

图 2-23　真空热电偶工作原理示意　　图 2-24　TGS 热释电器件的工作原理示意

(3)碲镉汞检测器

碲镉汞检测器(MCT 检测器)是由宽频带的半导体碲化镉和半金属化合物碲化汞混合制成的,灵敏度高,响应速度快,适用于快速扫描测量和 GC-FTIR 联机检测,常用于傅里叶变换红外光谱仪中。

2.5.1.5　记录系统

红外光谱仪一般都有记录仪自动记录谱图。新型的仪器还配有微处理机,以控制仪器的操作、谱图中各种参数的设置和谱图的检索等。

2.5.2　傅里叶变换红外光谱仪

由于采用了狭缝,能量受到限制等原因,以光栅等作为色散元件的色散型红外光谱仪在许多方面已不能完全满足需要。因此,在 20 世纪 70 年代出现了新一代的红外光谱测量技术和仪器,它就是基于干涉调频分光的傅里叶变换红外光谱仪(Fourier transform infrared spectrometer,FTIR)。它主要由光源(硅碳棒、高压汞灯)、迈克尔逊(Michelson)干涉仪、检测器和计算机等组成。其核心部分是 Michelson 干涉仪,它将来自光源的信号以干涉图的形式送往计算机进行傅里叶变换的数学处理,最后将干涉图还原成光谱图。FTIR 没有单色器,不用狭缝,因而消除了狭缝对于通过它的光能的限制,可以同时获得光谱所有频率的全部信息。

FTIR 具有许多优点:①扫描速度快,测量时间短,可在 1 s 内获得红外光谱,适用于对快速反应过程的追踪，也便于和色谱法联用；②灵敏度高，检出限可达 $10^{-12} \sim$ 10^{-9} g；③分辨率高，波数精度可达 0.01 cm^{-1}；④光谱范围广，可研究整个红外区（10 000~10 cm^{-1}）的光谱，测定精度高。

　　FTIR 在工作原理上与色散型红外光谱仪有很大不同，其原理如图 2-25 所示。由光源发出的红外光经准直系统变为一束平行光后进入 Michelson 干涉仪，经干涉仪调制得到一束干涉光，干涉光通过样品后成为带有样品光谱信息的干涉光到达检测器，检测器将干涉光信号转变为电信号，但这种带有光谱信息的干涉信号难以进行光谱解析，于是利用计算机对干涉图进行傅里叶变换计算转换为常见的红外光谱图。FTIR 仪器没有把光按频率分开，只是将各种频率的光信号经干涉作用调制成为干涉图函数，再经计算机变换为常见的红外光谱图函数，因此 FTIR 的采样速度很快，约 1 s 就可获得全频域的光谱响应。

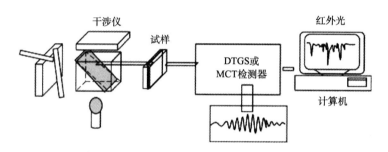

图 2-25　傅里叶变换红外光谱仪(FTIR)工作原理示意

2.6　电极和测量仪器

　　电位分析法是以电极电位与溶液中待测离子的活度(或浓度)之间的关系来进行定量分析的一种方法。该方法是以待测试液作为化学电池的电解质溶液，在其中插入两支电极组成电池，在零电流的条件下，通过测量该电池的电动势来确定待测物质的含量。插入的两只电极中，一支是用来指示电极电位随试液中待测离子活度(或浓度)变化的指示电极；另一支是在一定温度下，电极电位不随试液中待测离子活度(或浓度)的变化而变化的参比电极。

　　电化学分析法中电极的种类繁多，每种电极各有其不同的组成、结构、作用和特点。通常使用的电极主要包括金属电极和离子选择性电极，它们可以作为参比电极或指示电极。

2.6.1　参比电极

　　参比电极是测量电位的基准，要求满足电位恒定、重现性好、使用寿命长等条件。常用的参比电极主要有标准氢电极、甘汞电极和银-氯化银电极。标准氢电极是参比电极的一级标准。IUPAC 规定：在任何温度下，标准氢电极的电极电位为零。但由于标准氢电极是一种气体电极，存在不易制作、在使用过程中需要使用氢气且铂黑易中毒等缺点。因此，在电化学分析中，一般不用氢电极作参比电极，常用容易制作的甘汞电极和银–氯化银电极作参比电极。

2.6.1.1 甘汞电极

甘汞电极是目前应用最多的参比电极，其结构如图 2-26 所示。它是由金属汞及其难溶盐 Hg_2Cl_2 和 KCl 饱和溶液一起组成的电极。甘汞电极由两个玻璃管组成。内玻璃管接一根铂丝，铂丝插入纯汞中（厚度为 0.5~1 cm），汞下面为甘汞和汞的糊状物。外玻璃管装入 KCl 溶液，底端通过熔接陶瓷芯或玻璃砂芯等多孔物质与待测试液接通。外玻璃管上有支管，用于注入 KCl 溶液，支管及电极下端有橡皮帽保护。

甘汞电极的半电池可表示为：$Pt \mid Hg(l) \mid Hg_2Cl_2(s) \mid KCl$

电极反应为：$$Hg_2Cl_2 + 2e^- \Longleftrightarrow 2Hg + 2Cl^-$$

电极电位为：$$\varphi_{Hg_2Cl_2/Hg} = \varphi^{\ominus}_{Hg_2Cl_2/Hg} - 0.059\ 2\lg\alpha(Cl^-) \tag{2-2}$$

由式（2-2）可以看出，甘汞电极的电极电位取决于溶液中的 $a(Cl^-)$，当 $a(Cl^-)$ 一定时，其电极电位是个定值。不同浓度的 KCl 溶液构成的甘汞电极具有不同的恒定的电极电位值（表 2-2）。

表 2-2　25 ℃ 时甘汞电极的电极电位

名　称	KCl 溶液浓度/(mol · L^{-1})	电极电位/V
0.1 mol · L^{-1} 甘汞电极	0.100 0	+0.336 5
标准甘汞电极（NCE）	1.000	+0.282 8
饱和甘汞电极（SCE）	饱和	+0.243 8

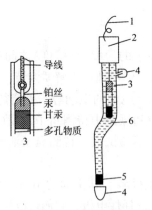

图 2-26　饱和甘汞电极

1-导线；2-绝缘体；3-内部电极；
4-橡皮帽；5-多孔物质；
6-饱和 KCl 溶液

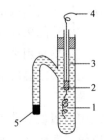

图 2-27　Ag-AgCl 电极

1-镀 AgCl 的 Ag 丝；2-Hg；
3-KCl 溶液；4-导线；
5-多孔物质

相对于标准氢电极来说，甘汞电极具有容易制备和保存的优点，其使用温度不宜高于 75 ℃。只要测量中通过的电流不大，其电极电位值不发生明显变化。

2.6.1.2　银-氯化银电极

银-氯化银电极通常是将银丝表面镀一层 AgCl 均匀覆盖层，然后将其浸在一定浓度的 KCl 溶液中所构成的，其结构如图 2-27 所示。

银-氯化银电极的半电池可表示为：Ag(s) | AgCl(s) | KCl

电极反应为：$\qquad\qquad$ AgCl + e$^-$ $\rightleftharpoons$ Ag$^+$ + Cl$^-$

25 ℃时电极电位：$\qquad \varphi_{AgCl/Ag} = \varphi^{\ominus}_{AgCl/Ag} - 0.059\,2\lg\alpha(Cl^-)$ $\qquad$ (2-3)

当温度一定时，银-氯化银电极的电极电位主要取决于 $a(Cl^-)$。25 ℃时，不同浓度 KCl 溶液的银-氯化银电极的电极电位见表 2-3 所列。

表 2-3　25 ℃ 时银-氯化银电极的电极电位

名　称	KCl 溶液浓度/(mol·L^{-1})	电极电位/V
0.1 mol·L^{-1}银-氯化银电极	0.100 0	+0.288 0
标准银-氯化银电极	1.000	+0.288 3
饱和银-氯化银电极	饱和	+0.200 0

银-氯化银电极是重现性最好的参比电极，常在固定 Cl$^-$ 活度条件下作为各类离子选择性电极的内参比电极。

2.6.2　指示电极

电化学分析过程中，电极电位随待测离子活度(或浓度)的变化而变化，并能反映出待测离子活度(或浓度)的一类电极称为指示电极。指示电极对被测物质的指示是有选择性的，一种指示电极往往只能指示一种物质的浓度。理想的指示电极对离子浓度变化响应快、重现性好、灵敏度高。常用的指示电极有金属基电极和离子选择性电极两大类。

2.6.2.1　金属基电极

（1）第一类电极

将金属浸在含有该种金属离子的溶液中，达到平衡后构成的电极称为第一类电极，属于金属-金属离子电极。

电极组成：$\qquad\qquad$ M(s) | M^{n+}(x mol·L^{-1})

电极反应：$\qquad\qquad$ M^{n+}(aq) + ne$^-$ $\rightleftharpoons$ M(s)

25 ℃时电极电位：$\qquad \varphi = \varphi^{\ominus} + \dfrac{0.059\,2}{n}\lg\alpha(M^{n+})$ $\qquad$ (2-4)

这类电极的结构简单，只有一个相界面，其电极电位取决于金属离子活度(或浓度)，并符合 Nernst 方程式，因此可用作测定该金属离子活度(浓度)的指示电极。这些金属包括 Ag、Cu、Zn、Cd、Pb 等。

（2）第二类电极

由一种金属涂上该金属的难溶盐，并浸入与难溶盐同类的阴离子溶液中构成的电极称为第二类电极，属于金属-金属难溶盐电极。这类电极对相应的阴离子有响应，其电极电位取决于阴离子的活度（浓度），有两个界面。如电化学分析中最常见的 Ag-AgCl 电极和甘汞电极就属于此类电极。这类电极制作容易，电极电位稳定，常用的还有 Ag-Ag_2S 电极、Ag-AgI 电极等。

电极组成：$\qquad Ag(s) \mid AgCl(s) \mid Cl^-(x\ mol \cdot L^{-1})$

电极反应：$\qquad AgCl(s) + e^- \rightleftharpoons Ag(s) + Cl^-(aq)$

（3）零类电极

零类电极是由性质稳定的惰性金属（如铂或金）浸在某电对的氧化态和还原态组成的溶液中所构成的电极。在溶液中，电极本身不参与反应，仅作为导体，是物质氧化态和还原态交换的电子场所，通过它可以指示溶液中氧化还原体系的电极电位。例如，将铂片插入含有 Fe^{3+} 及 Fe^{2+} 的溶液中，构成 Fe^{3+}/Fe^{2+} 电极：

电极组成：$\qquad Pt \mid Fe^{3+}(x\ mol \cdot L^{-1}),\ Fe^{2+}(y\ mol \cdot L^{-1})$

电极反应：$\qquad Fe^{3+}(aq) + e^- \rightleftharpoons Fe^{2+}(aq)$

2.6.2.2　离子选择性电极

以上金属基电极的共同特点是电极反应中有电子得失及氧化还原反应发生，而离子选择性电极不同于此类电极，在电极上没有电子的得失。离子选择性电极是由特殊材料的固态或液态敏感膜构成，对溶液中特定离子有选择性响应的电极。近些年来，各种类型的离子选择性电极相继出现。应用离子选择性电极作为指示电极进行电位分析，具有简便、快速和灵敏的特点，特别是它适用于某些难以测定的离子，因此发展非常迅速，应用极为广泛。

图 2-28　离子选择性电极的基本构造

（1）离子选择性电极的构造

离子选择性电极基本上都由敏感膜、内导体、电极杆等部分组成。其中，敏感膜是离子选择性电极最重要的组成部分，是指一个能隔开两种电解质溶液并对某类物质有选择性响应的连续层，它起到将溶液中给定离子的活度转变为电位信号的作用。不同的离子选择性电极的构造随敏感膜的不同略有不同。内导体包括内参比溶液和内参比电极，起到将膜电位引出的作用。电极杆通常用高绝缘的、化学稳定性好的玻璃或塑料制成，起着固定敏感膜的作用。其基本结构如图 2-28 所示。

（2）离子选择性电极的电极电位

敏感膜内外两侧溶液之间的电位差称为离子选择性电极的膜电位，用 φ_m 表示。不同类型的离子选择性电极，其响应机理虽各有其特点，但其膜电位产生的原理基本相似。当敏感膜两侧分别与两个浓度不同的电解质溶液相接触时，在膜与溶液两相间的界面上，由于离子的选择性和强制性扩散，破坏了界面附近电荷分布的均匀性，而形成了双电层结构，在膜的两侧形成两个相界电位，分别为 $\varphi_内$ 和 $\varphi_外$。横跨敏感膜两侧溶液之间的电位差(膜电位)等于敏感膜外侧的相界电位和内侧相界电位之差，即 $\varphi_m = \varphi_{外} - \varphi_{内}$。

敏感膜对阳离子 M^{n+} 有选择性响应，则膜电极的内参比溶液含有该 M^{n+} 离子。将该电极插入含有 M^{n+} 的待测溶液中时，敏感膜内外两侧界面上产生的相界电位 $\varphi_{内}$ 和 $\varphi_{外}$ 符合能斯特(Nernst)方程：

$$\varphi_{内} = k_1 + \frac{2.303RT}{nF} \lg \frac{\alpha_{M(内液)}}{\alpha_{M(内膜)}} \tag{2-5}$$

$$\varphi_{外} = k_2 + \frac{2.303RT}{nF} \lg \frac{\alpha_{M(外液)}}{\alpha_{M(外膜)}} \tag{2-6}$$

式中，k_1、k_2 分别是与膜内、外表面性质有关的常数；$\alpha_{M(内液)}$、$\alpha_{M(外液)}$ 分别是敏感膜内侧的内参比溶液和外部待测试液中 M^{n+} 的活度；$\alpha_{M(内膜)}$、$\alpha_{M(外膜)}$ 分别是敏感膜内侧、外侧两个表面膜相中 M^{n+} 的平均活度。

通常，敏感膜的内外表面性质可看作是相同的，故 $k_1 = k_2$，$\alpha_{M(内膜)} = \alpha_{M(外膜)}$，

$$\varphi_m = \varphi_{外} - \varphi_{内} = \frac{2.303RT}{nF} \lg \frac{\alpha_{M(外液)}}{\alpha_{M(内液)}} \tag{2-7}$$

由式(2-7)可知，当 $\alpha_{M(内液)} = \alpha_{M(外液)}$ 时，膜电位应为零。而实际上敏感膜两侧仍有一定的电位差，称为不对称电位。它是由于膜内外两个表面不完全一致而引起的，对于膜电极，工作稳定平衡后，不对称电位为一常数。

由于敏感膜内参比溶液中 M^{n+} 的活度是确定的，即 $\alpha_{M(内液)}$ 是一定的，则

$$\varphi_m = 常数 + \frac{2.303RT}{nF} \lg \alpha_{M(外液)} \tag{2-8}$$

由式(2-8)可知，膜电位为 M^{n+} 活度的对数函数。

对于离子选择性电极而言，其电位为内参比电位与膜电位之和，即

$$\varphi_{ISE} = \varphi_{内参} + \varphi_m \tag{2-9}$$

故阳离子选择性电极的电位应为

$$\varphi_{ISE} = \varphi_{内参} + \varphi_m = k + \frac{2.303RT}{nF} \lg \alpha_{M(外液)} \tag{2-10}$$

式中，k 是常数项，决定于电极本身的性质，包含内参比电极、膜内相界电位和不对称电位等。

由上可知，在一定温度下，离子选择性电极的电极电位与试液中待测离子活度的对数呈线性关系，这是测定待测离子活度的依据。

(3) 离子选择性电极的分类

根据敏感膜的响应机理、膜的组成和结构特征，离子选择性电极分为以下几类：

离子选择性电极
- 原电极
  - 晶体膜电极
    - 均相膜电极
    - 非均相膜电极
  - 非晶体膜电极
    - 刚性基质电极
    - 流动载体电极(液膜)
- 敏化电极
  - 气敏电极
  - 酶敏电极

原电极是指敏感膜直接与试液接触的离子选择性电极。根据晶体膜材料性质的不同，原电极可分为晶体膜电极和非晶体膜电极两大类型。

① 晶体膜电极 这类电极的敏感膜一般由导电性难溶盐晶体组成，它对形成难溶盐的阳离子或阴离子有 Nernst 响应。根据活性物质在电极膜中的分布状况，又可分为均相膜电极和非均相膜电极。

均相膜电极包括单晶膜电极和多晶膜电极。

单晶膜电极是由难溶盐的单晶切成薄片，经抛光制成。如用氟化镧晶体切片做出的氟离子选择性电极，在 F^- 浓度范围为 $10^{-6} \sim 1 \ mol \cdot L^{-1}$ 时有 Nernst 响应，若无干扰离子，其测量下限可达 $10^{-7} mol \cdot L^{-1}$。

多晶膜电极是由难溶盐的沉淀粉末（如 AgCl、AgBr、AgI、Ag_2S 等）在高温下压制而成，其中 Ag^+ 起传递电荷的作用。为了增加卤化银电极的导电性和机械强度，减少对光的敏感性，常在卤化银中掺入硫化银。用此法可测得对氯离子、溴离子、碘离子和硫离子有响应的离子选择性电极，也可以用 Ag_2S 作为基底，掺入适当的金属硫化物（如 CuS、CdS、PbS 等）压制成阳离子（Cu^{2+}、Cd^{2+}、Pb^{2+}）选择性电极，其测定浓度范围一般在 $10^{-6} \sim 10^{-1} \ mol \cdot L^{-1}$。

非均相膜电极是将难溶盐分布在硅橡胶、聚氯乙烯、聚苯乙烯、石蜡等惰性材料中制成电极膜，如 I^- 选择性电极是由 AgI 分布在硅橡胶中而制成。

不是所有难溶盐都可以制成离子选择性电极，只有溶解度足够小，室温下有离子导电性，化学稳定性好，并且机械强度较大的晶体才可制成电阻不太大、电位稳定的敏感膜。

② 非晶体膜电极 这类电极的膜是由一种含有离子型物质或电中性的支持体组成，支持体物质是多孔的塑料膜或无孔的玻璃膜。根据膜的物理状况，又可分为刚性基质电极和流动载体电极。刚性基质电极包括各种玻璃膜电极，除了有对氢离子具有选择性响应的 pH 玻璃电极外，还有 K^+、Na^+、NH_4^+、Ag^+、Li^+ 等玻璃膜电极，其选择性主要取决于玻璃的组成。

第一，pH 玻璃电极。

pH 玻璃电极是最早被应用的薄膜电极，它是对 H^+ 活度有选择性响应的一种离子选择性电极，属于非晶体刚性基质电极。pH 玻璃电极的结构如图 2-29 所示。

球泡内的内参比溶液为 $0.1 \ mol \cdot L^{-1}$ HCl 溶液，并插入 Ag-AgCl 内参比电极。球泡状的敏感膜是由碱金属的硅酸盐熔制而成的特殊的玻璃薄膜。纯 SiO_2 制成的石英玻璃对 H^+ 没有响应，只有掺杂的特制玻璃（如 22% Na_2O，6% CaO，72% SiO_2）才具有 pH 玻璃电极的功能。最早研究的玻璃薄膜是硅酸钠玻璃膜，它对溶液中的 H^+ 有 Nernst 响应。

干玻璃膜对 H^+ 没有 Nernst 响应。使用前，玻璃电极需浸泡在水中活化 24 h 以上。电极活化时薄膜表面吸收水分，形成 0.1 μm 的水化层。水化层只允许直径小、活

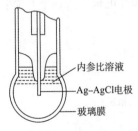

内参比溶液
Ag-AgCl电极
玻璃膜

图 2-29　pH 玻璃电极

动能力较强的 H⁺ 进入。由于玻璃膜硅酸盐结构中带负电荷的硅氧结构 GL^{-1} 与 H⁺ 的键合力远大于其与 Na⁺ 的键合力（约为 10^{14} 倍），H⁺ 进入玻璃结构空隙中与膜上的 Na⁺ 发生交换，形成厚度约为 $1.0 \times 10^{-14} \sim 1.0 \times 10^{-5}$ mm 的水化层，其他二价、三价等高价阳离子和阴离子不能进入晶格与 Na⁺ 发生交换。

$$Na^+GL^- + H^+ \longrightarrow H^+GL^- + Na^+$$

交换达到平衡后，在玻璃膜表面的所有 Na⁺ 点位全部被 H⁺ 所替换，玻璃膜的内、外层所形成的水合硅胶层是极薄的，膜的中间仍然是干玻璃层，点位全部被 Na⁺ 占据。活化后的玻璃膜示意如图 2-30 所示。

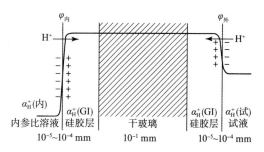

图 2-30　玻璃电极膜电位形成示意

活化后，将玻璃电极与试液接触，由于外水化层表面与待测溶液中的 H⁺ 活度不同，就会发生 H⁺ 的扩散迁移，在外水化层与溶液界面之间产生电位差 $\varphi_{外}$。同理，玻璃膜内侧水化层与内参比溶液接触界面也产生内相界电位 $\varphi_{内}$。则

$$\varphi_{外} = k_1 + \frac{2.303RT}{F} \lg \frac{\alpha_{H^+(外液)}}{\alpha_{H^+(外膜)}} \qquad (2-11)$$

$$\varphi_{内} = k_2 + \frac{2.303RT}{F} \lg \frac{\alpha_{H^+(内液)}}{\alpha_{H^+(内膜)}} \qquad (2-12)$$

式中，$\alpha_{H^+(外液)}$、$\alpha_{H^+(内液)}$ 分别是外待测溶液和内参比溶液 H⁺ 的活度；$\alpha_{H^+(外膜)}$、$\alpha_{H^+(内膜)}$ 分别是外水化层与内水化层的 H⁺ 离子的活度；k_1、k_2 分别是由玻璃外、内膜表面性质所决定的常数。由于玻璃膜内外表面性质基本相同，所以 $k_1 = k_2$。则 pH 玻璃电极的膜电位为

$$\varphi_m = \varphi_{外} - \varphi_{内} = \frac{2.303RT}{F} \lg \frac{\alpha_{H^+(外液)}}{\alpha_{H^+(外膜)}} - \frac{2.303RT}{F} \lg \frac{\alpha_{H^+(内液)}}{\alpha_{H^+(内膜)}} \qquad (2-13)$$

又因为内参比溶液的 H⁺ 的活度恒定，$\alpha_{H^+(内液)}$ 是常数，且内、外水化层 H⁺ 活度相同，即 $\alpha_{H^+(外膜)} = \alpha_{H^+(内膜)}$，即

$$\varphi_m = 常数 + \frac{2.303RT}{F} \lg \alpha_{H^+(外液)} = 常数 - \frac{2.303RT}{F} pH \qquad (2-14)$$

25 ℃ 时，式（2-14）变为

$$\varphi_m = 常数 - 0.0592pH \qquad (2-15)$$

玻璃电极内部具有 Ag-AgCl 内参比电极，即

$$Ag \mid AgCl \mid HCl \mid 玻璃膜 \mid 试液$$

因此，玻璃电极的电位应是内参比电极电位与膜电位之和，对于一支给定的 pH 玻璃电极来说，其电极电位应为

$$\varphi_{玻} = \varphi_{AgCl/Ag} + \varphi_m = k - \frac{2.303RT}{F} pH \qquad (2-16)$$

式中，k 是包括膜内表面的电位、内参比电极的电位等在内的电位常数项。由此可知，

pH 玻璃电极的电极电位与待测溶液的 pH 呈线性关系，这就是用玻璃电极测定溶液 pH 的定量依据。

第二，流动载体电极。

流动载体电极又叫液态膜电极，包括液态离子交换膜电极和中性载体膜电极两种。

液态离子交换膜电极：这类电极是用浸有液体离子交换剂的惰性多孔膜作电极膜制成，通常将含有活性物质的有机溶液浸透在烧结玻璃、聚乙烯、醋酸纤维等惰性材料制

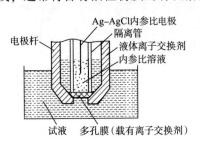

图 2-31　Ca^{2+} 离子选择性电极

成的多孔膜内。钙离子电极是这类电极的代表，它的构造如图 2-31 所示。钙离子电极内装有两种溶液，一种是 $0.1\ mol \cdot L^{-1} CaCl_2$ 溶液，Ag-AgCl 内参比电极插在此溶液中；另一种是不溶于水的有机交换剂的非水溶液，即 $0.1\ mol \cdot L^{-1}$ 二癸基磷酸钙溶于苯基磷酸二辛酯中。

中性载体膜电极：中性载体是中性大分子多齿螯合剂，如大环抗生素、冠醚化合物等。这些分子

中都具有带中心空腔的紧密结合结构，它只与适当电荷和原子半径（半径大小与空腔适合）的离子进行配位。以缬氨霉素为基体的钾离子选择性电极就是一个典型的例子。该抗生素是一个具有 36 元环的环状缩酚酞，与钾离子配位时，部分羧基氧原子与 K^+ 键生成 1∶1 的配合物。将其溶于某些有机溶剂（如二苯醚、硝基苯等）中，可制成对 K^+ 有选择性响应的液膜，即使在 10 000 倍 Na^+ 存在下也能测定 K^+。

③ 敏化电极　是将离子选择性电极与另一种特殊膜组成的复合电极，包括气敏电极和酶敏电极。

第一，气敏电极。

气敏电极是一种气体传感器，可用来分析水溶液中所溶解的气体。气敏电极是利用待测气体与电解质溶液发生化学反应，生成一种对电极有响应的离子。由于所生成离子的浓度（活度）与溶解的气体量成正比，因此，电极响应直接与气体的浓度（活度）有关。需要说明的是，气敏电极实际上已经构成了一个电池，这一点是它同一般电极的不同之处。如 CO_2 在水中发生如下化学反应：

$$CO_2 + H_2O \rightleftharpoons HCO_3^- + H^+$$

反应所生成的 H^+ 可以用玻璃电极来检测。CO_2 电极就是由透气膜、内参比溶液、指示电极和内参比电极组成。其中，透气膜是由聚四氟乙烯、聚丙烯和硅橡胶等制作而成，这样的膜具有疏水性，但是能透过气体，并且将内参比溶液和待测溶液分开。测定时，将 CO_2 电极插入溶液，试液中的 CO_2 通过气体膜与内参比溶液接触并发生反应。当透气膜内外的 CO_2 浓度（活度）相等时，CO_2 所引起的内参比溶液的 pH 变化，可以由 pH 玻璃电极指示出来，从而测定出试样中 CO_2 的浓度（活度）。

根据同样的原理，可以制成 NH_3、NO_2、H_2S、SO_2 等气敏电极。

第二，酶电极。

　　酶电极是利用实验方法在敏感膜上附着某种蛋白酶而制成的。由于试液中的待测物质受到酶的催化作用，产生能为离子选择性电极敏感膜所响应的离子，从而间接测定试液中物质的含量。如将尿素酶固定在凝胶内，涂布在 NH_4^+ 玻璃电极的敏感膜上，便构成了尿素酶电极。当把电极插入含有尿素的溶液时，尿素经扩散层进入酶层，受酶催化水解生成 NH_4^+，化学反应为

$$CO(NH_2)_2 + H_3O^+ + H_2O \Longrightarrow 2NH_4^+ + HCO_3^-$$

NH_4^+ 可以被 NH_4^+ 玻璃电极响应，引起电极电位的变化，电位值在一定浓度范围内与尿素的浓度符合 Nernst 方程。

　　（4）离子选择性电极的性能参数

　　① Nernst 响应、线性范围、检测下限　电极电位随离子活度变化的特征称为响应。若这种响应变化服从 Nernst 方程，则称为 Nernst 响应。将离子选择电极的电极电位对应离子活度的对数作图，所得的曲线称为校准曲线（图 2-32）。曲线中实线部分 AB 段的斜率为响应斜率。图中，两直线外推交点 M 所对应的待测离子的活度为该电极的检测下限；电极电位与待测离子活度的对数呈线性关系所允许的该离子的最大活度，即 A 点，称为该电极的检测上限；检测上、下限之间，即 AM 段称为电极的线性范围，通常电极的线性范围在 $10^{-6} \sim 10^{-1} mol \cdot L^{-1}$。

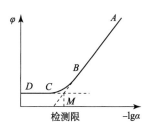

图 2-32　电极校准曲线

　　② 选择性系数　理想的离子选择性电极只对待测离子产生响应，但实际上电极除响应待测离子之外，对共存离子也可以产生响应，两者对电极电位均有贡献，因而给测定结果带来误差。此时电极电位可用修正 Nernst 公式来表示：

$$\varphi_m = k + \frac{2.303RT}{n_i F} lg(\alpha_i + K_{ij}\alpha_j^{n_i/n_j}) \tag{2-17}$$

式中，i 是待测离子；j 是共存离子；n_i，n_j 是待测离子和共存离子的电荷数；K_{ij} 是选择性系数，表示 j 离子对 i 离子干扰能力的大小，其定义为在相同条件下，产生相同电位的待测离子活度和共存离子活度的比值。选择性系数越小，表示 i 离子对抗 j 离子干扰的能力越大。

　　③ 响应时间　离子选择性电极的响应时间是从离子选择性电极和参比电极一起接触待测试液的瞬间算起，到电池电动势达到稳定数值（$\pm 1\ mV$ 以内）所需时间。性能良好的电极响应时间一般应小于 1 min。电极响应时间的长短与电极敏感膜的性质、待测离子活度的高低及测试条件等因素有关，待测离子活度越高，响应时间越短；增加搅拌速度，可以缩短响应时间。

2.6.3　常见的电位分析仪器

　　电位化学分析仪器是电化学仪器中的一大类别，是根据电位法原理设计的一种常见分析仪器，常见的仪器有 pH 计、离子分析仪、自动电位滴定仪等。电位法测量仪器是

将参比电极、指示电极和测量仪器构成回路来进行电极电位的测量。电位测定仪器分为两种类型：直接电位法测量仪器和电位滴定法测量仪器。

直接电位法测量仪器有利用 pH 玻璃电极为指示电极测定酸度的 pH 计和利用离子选择电极为指示电极测定各种离子浓度的离子计。由于很多电极具有很高的电阻，因此，pH 计和离子计均需要很高的输入阻抗，而且带有温度自动测定与补偿功能。

2.6.3.1 pH 计

（1）使用前准备

① 把 pHS-3C 型酸度计平放于桌面上，旋动升降杆，固定好电极夹。

② 将已活化 24 h 的测量电极，标准缓冲液或待测溶液准备就绪。

③ 接通电源，打开电源开关，仪器预热 10 min，然后进行测量。

（2）mV 测量

当需要直接测定电池电动势的毫伏值或测量 $-1\,999\sim+1\,999$ mV 范围电压值时可在"mV"档进行。

① 将功能选择开关拨至"mV"档，仪器则进入测量电压值（mV）状态，此时仪器定位调节器、斜率调节器和温度补偿调节器均不起作用。

② 将短路插头插入后面板上插座，并旋紧，用螺丝刀调节底面板上"调零"电位器，使仪器显示"000"。（通常情况下不要调）

③ 旋下短路插头，将测量电极插头旋入输入插座，并旋紧，同时将参比电极接入后面板上参比接线柱（若使用复合电极无需插入参比电极），并将两个电极插入被测溶液中，待仪器稳定数分钟后，仪器显示值即为所测溶液的 mV 值。

（3）pH 值的测定

在测定溶液 pH 值前，须先对仪器进行标定，通常采用两点定位标定法，操作步骤如下：

① 功能选择开关置在"mV"档，操作步骤按上面"（1）mV 测量"中的①②进行，仪器调零后，再将功能选择开关拨至"℃"档，调节温度补偿调节器使显示器显示被测液的温度。（调节好后不要再动此旋钮，以免影响精度）

② 将功能选择开关拨至"pH"档，将活化后的测量电极旋于后面板输入插座，并将它浸入 $pH_1=4.00$ 的标准 pH 缓冲液中，待仪器响应稳定后，调节定位调节器旋钮，使仪器显示为"4.00"。

③ 取出电极，用去离子水冲洗，滤纸吸干，再插入 $pH_2=9.18$ 标准缓冲液中，待仪器响应稳定后，调节斜率调节器旋钮，使仪器显示为 $\Delta pH=pH_2-pH_1=5.18$，此后不要再动斜率调节器，重新调节定位调节器，使仪器显示 $pH_2=9.18$。（以上所显示的 pH 均为标准缓冲液在 25 ℃情况下的显示值）

④ 至此，仪器标定结束，将电极浸入被测溶液即可测其 pH。

⑤ 若被测溶液与标准缓冲溶液温度不一致时，须将功能选择开关拨至"℃"档，调节温度补偿调节器使显示值为试液温度值，即可测量。

（4）保养与注意事项

玻璃电极在初次使用前，必须在蒸馏水中浸泡一昼夜以上，平时也应浸泡在饱和

KCl 溶液中以备随时使用。玻璃电极不要与强吸水溶剂接触太久，在强碱溶液中使用应尽快操作，用毕立即用水洗净，玻璃电极球泡膜很薄，不能与玻璃杯及硬物相碰；玻璃膜沾上油污时，应先用酒精，再用四氯化碳或乙醚清洗，最后酒精浸泡，再用蒸馏水洗净。如测定含蛋白质的溶液的 pH 时，电极表面被蛋白质污染，导致读数不可靠，也不稳定，出现误差，这时可将电极浸泡在稀 HCl(0.1 mol·L^{-1})中 4~6 min 来矫正。电极清洗后只能用滤纸轻轻吸干，切勿用织物擦抹，这会使电极产生静电荷而导致读数错误。甘汞电极在使用时，注意电极内要充满 KCl 溶液，应无气泡，防止断路。应有少许 KCl 结晶存在，以使溶液保持饱和状态，使用时拨去电极上顶端的橡皮塞，从毛细管中流出少量的 KCl 溶液，使测定结果可靠。

　　另外，pH 测定的准确性取决于标准缓冲液的准确性。pH 计用的标准缓冲液，要求有较大的稳定性，较小的温度依赖性。

　　经过简单的标定，这种仪器可以直接给出 pH 和离子浓度。

2.6.3.2　离子分析仪

　　离子分析仪是一种测定溶液中离子浓度的电化学分析仪器。常用的仪器型号为 PXS-215 型或 PXS-450 型。PXS-215 型离子计采用了单片机技术，操作简单方便，数字显示直观正确。仪器结构如图 2-33 所示。仪器具有手动温度补偿和自动温度补偿功能(当接入温度电极时仪器进入自动温度补偿，并显示当前温度；当不接温度电极时，仪器进入手动温度补偿，仪器显示手动温度设置值)。其使用方法如下。

　　(1) 开机前的准备

　　① 将电极梗旋入电极梗固定座中。

　　② 将电极夹插入电极梗中。

　　③ 将离子选择电极、参比甘汞电极安装在电极夹上。

　　④ 将甘汞参比电极下端的橡皮套拉下，并且将上端的橡皮塞拔去使其露出上端小孔。

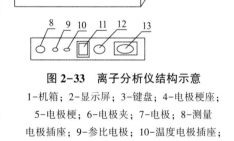

图 2-33　离子分析仪结构示意
1-机箱；2-显示屏；3-键盘；4-电极梗座；
5-电极梗；6-电极夹；7-电极；8-测量
电极插座；9-参比电极；10-温度电极插座；
11-电源开关；12-保险丝座；13-电源插座

　　⑤ 离子选择电极用蒸馏水清洗后需用滤纸擦干，以防止引起测量误差。

　　(2) 离子选择及等电位点的设置

　　打开电源，仪器进入 pX 测量状态。按"等电位/离子选择"键，进行离子选择。按"等电位/离子选择"键可选择一价阳离子(X^{+1})、一价阴离子(X^{-1})、二价阳离子(X^{+2})、二价阴离子(X^{-2})及 pH 测量。然后按"确认"键，仪器进入等电位设置状态。按"升降"键，设置等电位值，然后按"确认"键，设置结束，仪器进入测量状态。

　　注：如果标准溶液和被测溶液的温度相同，则无须进行等电位补偿，等电位置 0.00 pX 即可。

（3）仪器的标定

① 仪器采用二点标定法，为适应各种 pX 值测量的需要，采用一组 pX 值不同的校准溶液，用户可根据表 2-4 中的 pX 值测量范围自行选择。

表 2-4   pX 值测量范围

序号	标定 1 标准溶液 pX 值	标定 2 标准溶液 pX 值
1	4.00 pX	2.00 pX
2	5.00 pX	3.00 pX

一般采用第 1 组数据对仪器进行标定。

② 将校准溶液 A（4.00 pX）和校准溶液 B（2.00 pX）分别倒入经去离子水清洗干净的塑料烧杯中，杯中放入搅拌子，将塑料烧杯放在电磁搅拌器上，缓慢搅拌。

③ 将电极放入选定的校准溶液 A（如 4.00 pX）中，按"温度"键再按"升降"键，将温度设置到校准溶液的温度值，然后按"确认"键，此时仪器温度显示值即为设置温度值；按"标定"键，仪器显示"标定 1"，温度显示位置显示校准溶液的 pX 值，此时按"升"键可选择校准溶液的 pX 值（4.00 pX、5.00 pX），现选择 4.00 pX，待仪器 mV 值显示稳定后，按"确认"键，仪器显示"标定 2"，仪器进入第 2 点标定；将电极从校准溶液 A 中拿出，用去离子水冲洗干净后（用滤纸吸干电极表面的水分），放入选定的校准溶液 B（2.00 pX）中，此时温度显示位置会显示第 2 点校准溶液的 pX 值按"升"键可选择第 2 点校准溶液的 pX 值（2.00 pX、3.00 pX），现选择 2.00 pX，待仪器 mV 值显示稳定后，按"确认"键，仪器显示"测量"表明标定结束，进入测量状态。

（4）pX 值的测量

① 经标定过的仪器即可对溶液进行测量。

② 将被测液放入经去离子水清洗干净的塑料烧杯中，杯中放入搅拌子，将电极用去离子水冲洗干净后（用滤纸吸干电极表面的水分）放入被测溶液中，缓慢搅拌溶液。

③ 仪器显示的读数即为被测液的 pX 值。

注：离子电极在测量时，试样温度与标准溶液温度应保持在同一温度。

（5）mV 值测量

在 pX 测量状态下，按"pX/mV"键，仪器便进入 mV 测量状态。

2.6.3.3 自动电位滴定仪

（1）自动电位滴定仪的结构

电位分析法常用的仪器为电位滴定仪，电位滴定的基本仪器装置包括滴定管、滴定池、指示电极、参比电极、搅拌器及测量电动势的仪器。自动电位滴定仪的品牌众多，根据品牌、基本性能及配置不同，产品的价格差异较大。自动滴定仪有两种工作方式：自动记录滴定曲线方式和自动终点停止方式。自动记录滴定曲线方式是在滴定过程中自动绘制滴定体系中 pH 值（或电位值）-滴定体积变化曲线，然后由计算机找出滴定终点，给出消耗的滴定体积；自动终点停止方式则预先设置滴定终点的电位值，当电位值到达预定值后，滴定自动停止。下面以 ZD-2 型自动电位滴定仪为例说明仪器的构造和使用方法。

ZD-2 型自动电位滴定仪是由 ZD-2 型电位滴定计和 JB-1 型滴定装置组成。ZD-2 型自动电位滴定仪的面板功能如图 2-34 和图 2-35 所示。

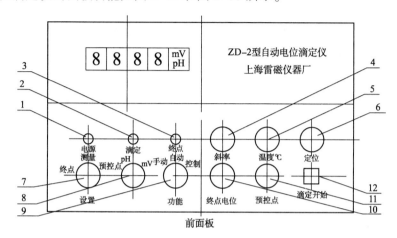

图 2-34　ZD-2 型自动电位滴定仪的前面板

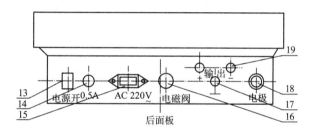

图 2-35　ZD-2 型自动电位滴定仪的后面板

图中：

1. 电源指示灯：打开电源，指示灯亮。

2. 滴定指示灯：开始滴定后，此指示灯闪亮。

3. 终点指示灯：用于指示滴定是否结束，打开电源，此指示灯亮，开始滴定后，此指示灯熄灭，滴定结束后，此指示灯亮。

4. 斜率补偿调节旋钮：pH 标定时使用。

5. 温度补偿调节旋钮：pH 标定及测量时使用。

6. 定位调节旋钮：pH 标定时使用。

7. "设置"选择开关：此开关置于"终点"时，可进行终点 mV 值或 pH 值设定；此开关置于"测量"时，进行 mV 或 pH 测量；此开关置于"预控点"时，可进行 pH 或 mV 的预控点设置。如设置预控点为 100 mV，仪器将在离终点 100 mV 时自动从快滴转为慢滴。

8. "pH/mV"选择开关：此开关置于"pH"时，根据"设置"开关的位置，进行 pH 测量或 pH 终点设定或 pH 预控点设置。此开关置于"mV"时，可进行 mV 测量或 mV 终点设置或预控点设置。

9. "功能"选择开关：此开关置于"手动"时，进行手动滴定；置于"自动"时，进行预设终点滴定，到终点后，滴定终止，滴定灯亮；此开关置于"控制"时，进行 pH 或 mV 控制测定，到达终点 pH 或 mV 值后，仪器仍处于准备滴定状态，滴定灯始终不亮。

10. "终点电位"调节旋钮：用于设置终点电位或 pH 值。

11. "预控点"调节旋钮：用于设置预控点 mV 和 pH 值，其大小取决于化学反应的性质，即滴定突跃的大小。一般强酸强碱中和滴定、沉淀滴定和氧化还原滴定可选择预控点值小一些，弱酸弱碱的滴定需选择中间预控点值或大预控点值。

12. "滴定开始"按钮："功能"开关置于"自动"或"控制"时，按一下此按钮，滴定开始。"功能"开关置于"手动"时，按一下此按钮，滴定进行，放开此按钮，滴定终止。

13. 电源开关。

14. 保险丝座。

15. 电源插座。

16. 电磁阀接口。

17. 接地接线柱，可接参比电极。

18. 电极插口。

19. 记录仪输出：供 0～1 V 记录仪使用。

（2）仪器的使用方法

① 准备工作（滴定装置安装）　滴定装置安装在 JB-1 搅拌器上（图 2-36）。

安装步骤如下：

a. 将滴管架（10）放在搅拌器（1）的安装螺纹（15）上。

b. 将夹芯（13）、夹套（12）的孔对齐，穿过序号（10）的滴管架，调节到合适位置，旋紧螺帽（11）固定之。

c. 将电磁阀（3）末端插入夹芯（13），旋紧支头螺钉（14）固定之。

d. 将滴管夹（6）安装在滴管架（9）上，调节至合适位置，旋紧滴管架固定螺丝（8）固定之。

e. 将滴定管（7）夹在滴管夹（6）上，将电磁阀上方的橡皮管套入滴定管（7）末端。

f. 将电极夹（2）安装在滴管架（9）的下端。装上电极及毛细管，将电磁阀下方的橡皮管套入毛细管。电极毛细管安装如图 2-37 所示。

g. 将电极插头插入图 2-35 仪器后面板上的电极插口（18），如果所用电极分别为测量电极和参比电极，则通过所配的电极插口转换器（图 2-38）与之相连。具体方法如下：将转换器插头（1）插入仪器电极插口；测量电极插头插入转换器（2）处，参比电极插头插入图 2-35 仪器后

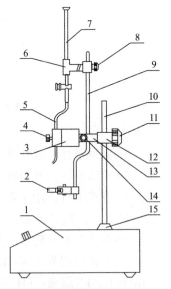

图 2-36　滴定管装置安装示意
1-搅拌器；2-电极夹；3-电磁阀；4-电磁阀螺丝；5-橡皮管；6-滴管夹；7-滴定管；8-滴定夹固定螺丝；9-弯式滴管架；10-管状滴管架；11-螺帽；12-夹套；13-夹芯；14-支头螺钉；15-安装螺纹

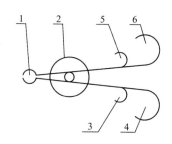

图 2-37　电极毛细管安装

1-电极杆夹口；2-弹簧圈；3-温度计夹口；
4-甘汞(参比)电极夹口；5-滴液管夹口；
6-玻璃电极

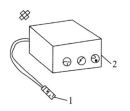

图 2-38　电极插口转换器

1-转换器插头；2-转换器插座

面板接线柱(17)处。

h. 将电磁阀插头插入图 2-35 仪器后面板电磁阀口(16)。

② mV 测量

a. "设置"开关置于"测量"，"pH/mV"选择开关置于"mV"。

b. 将电极插入被测溶液中，将溶液搅拌均匀后，即可读取电极电位(mV)值。

c. 如果被测信号超出仪器的测量范围，显示屏会不亮，做超载报警。

③ pH 标定及测量

a. 标定：仪器在进行 pH 测量之前，先要标定。一般来说，仪器在连续使用时，每天要标定一次。其步骤如下：

"设置"开关置于"测量"，"pH/ mV"开关置于"pH"；

调节"温度"旋钮，使旋钮白线指向对应的溶液温度值；

将"斜率"旋钮顺时针旋到底(100%)；

将清洗过的电极插入 pH 为 6.86 的缓冲溶液中；

调节"定位"旋钮，使仪器显示读数与该缓冲溶液当时温度下的 pH 相一致；

用蒸馏水冲洗电极，再插入 pH 为 4.00(或 pH 为 9.18)的标准缓冲溶液中，调节斜率旋钮使仪器显示读数与该缓冲溶液当时温度下的 pH 相一致；

重复以上步骤直至不再调节"定位"或"斜率"调节旋钮为止，至此，仪器完成标定。标定结束后，"定位"和"斜率"旋钮不应再动，直至下一次标定。

b. pH 测量：经标定过的仪器即可用来测量 pH，其步骤如下：

"设置"开关置于"测量"，"pH/mV"开关置于"pH"；

用蒸馏水清洗电极头部，再用被测溶液清洗一次；

用温度计测出被测溶液的温度值；

调节"温度"旋钮，使旋钮白线指向对应的溶液温度值；

电极插入被测溶液中，搅拌溶液使溶液均匀后，读取该溶液的 pH。

④ 电位、pH 手动滴定

a. 安装好滴定装置，在烧杯中放入搅拌棒，并将烧杯放在 JB-1 搅拌器上。

b. "功能"开关置于"手动"，"pH/mV"开关置于"mV"或"pH"，"设置"开关置于"测量"。

c. 按下"滴定开始"开关，滴定灯亮，此时滴液滴下，控制按下此开关的时间，即控制滴液滴下的数量，放开此开关，则停止滴定。

d. 每加入一定体积的标准溶液，记录一次 V-mV 或 V-pH，直到超过化学计量点为止。

⑤ 电位自动滴定

a. 终点设定："设置"开关置于"终点"，"pH/mV"开关置于"mV"，"功能"开关置于"自动"，调节"终点电位"旋钮，使显示屏显示所要设定的终点电位值。终点电位选定后，"终点电位"旋钮不可再动。

b. 预控点设定：预控点的作用是当离终点较远时，滴定速度很快，当到达预控点后，滴定速度很慢。设定预控点就是设定预控点到终点的距离，其步骤如下："设置"开关置于"预控点"，调节"预控点"旋钮，使显示屏显示所要设定的预控点数值。例如，设定预控点为 100 mV，仪器将在离终点 100 mV 处转为慢滴。预控点选定后，"预控点"调节旋钮不可再动。

c. 终点电位和预控点电位设定好后，将"设置"开关置于"测量"，打开搅拌器电源，调节转速使搅拌从慢逐渐加快至适当转速。

d. 按一下"滴定开始"按钮，仪器即开始滴定，滴定灯闪亮，滴液快速滴下，在接近终点时，滴速减慢，到达终点后，滴定灯不再闪亮，过 10 s 左右，终点灯亮，滴定结束。

注：到达终点后，不可再按"滴定开始"按钮，否则仪器将认为另一极性相反的滴定开始，而继续进行滴定。

e. 记录滴定管内滴液的消耗量。

⑥ 电位控制滴定 "功能"开关置于"控制"，其余操作与"⑤电位自动滴定"相同。在到达终点后，滴定灯不再闪亮，但终点灯始终不亮，仪器始终处于预备滴定状态，同样，到达终点后，不可再按"滴定开始"按钮。

⑦ pH 自动滴定

a. 按本节"③pH 标定及测量"第 1 步进行标定。

b. pH 终点设定："设置"开关置于"终点"，"功能"开关置于"自动"，"pH/mV"开关置于"pH"，调节"终点电位"旋钮，使显示屏显示所要设定的终点 pH。

c. 预控点设置："设置"开关置于"预控点"，调节"预控点"旋钮，使显示屏显示所要设置的预控点 pH。例如，所要设置的预控点 pH 为 2，仪器将在离终点 pH2 左右处自动由快滴转为慢滴。其余操作同本节"⑤电位自动滴定"第 3~5 步。

⑧ pH 控制滴定(恒 pH 滴定) "功能"开关置于"控制"，其余操作同"⑦pH 自动滴定"。

(3) 注意事项

① 仪器的输入端(电极插座)必须保持干燥、清洁。仪器不用时，将短路插头插入插座，防止灰尘及水汽侵入。

② 测量时，电极的引入导线应保持静止，否则会引起测量不稳定。

③ 用缓冲溶液标定仪器时，要保证缓冲溶液的可靠性，不能配错缓冲溶液，否则将导致测量不准。

④ 取下电极套后，应避免电极的敏感玻璃泡与硬物接触。因为任何破损或擦毛都将使电极失效。

⑤ 复合电极的参比电极(或甘汞电极)应经常注意有无饱和氯化钾溶液，补充液可以从电极上端小孔加入。

⑥ 电极应避免长期浸在蒸馏水、蛋白质溶液和酸性氟化物溶液中。

⑦ 电极应避免与有机硅油接触。

⑧ 滴定前最好先用标准溶液(滴定剂)将电磁阀橡皮管冲洗数次。

⑨ 到达终点后，不可以按"滴定开始"按钮，否则仪器又将开始滴定。

⑩ 与橡皮管起作用的高锰酸钾等溶液，勿使用。

2.7 恒电流库仑仪

库仑分析法是在电解分析法的基础上发展起来的一种电化学分析法，是通过测量电解完全时所消耗的电量，来计算待测物质含量的分析方法。库仑分析根据电解方式可分为控制电位库仑分析法和恒电流库仑分析法。控制电位库仑分析法，即在控制电极电位的情况下，将待测物质全部电解，测量电解所需消耗的总电量；恒电流库仑分析法，又称库仑滴定法，是用恒电流电解在溶液中产生滴定剂(称为电生滴定剂)以滴定被测物质来进行定量分析的方法。二者以恒电流库仑分析法应用最为常见。

恒电流库仑分析法或库仑滴定法是用恒定的电流通过电解池，以 100% 的电流效率电解产生一种物质(称为电生滴定剂)与被测物质进行定量反应，当反应到达化学计量点时，由消耗的电量(it)算得被测物质的量。可见，它与一般滴定分析方法的不同在于：滴定剂是由电生的，而不是由滴定管加入，其计量标准量为时间及电流(或 Q)，而不是一般滴定法的标准溶液的浓度及体积。

恒电流库仑仪装置主要由电解系统和指示终点系统组成，如图 2-39 所示。前者的作用是提供要求的恒电流，产生滴定剂，并准确记录滴定时间等；后者的作用是准确判断滴定终点。

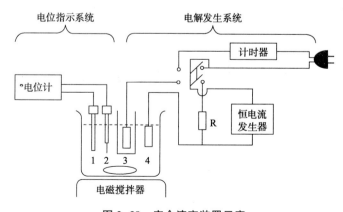

图 2-39 库仑滴定装置示意

2.7.1 电解系统

电解系统由恒流源、计时器和库仑池(电解池)三部分组成。恒流源一般为直流稳流器,电流可直接读出。计时器一般为电停表,计时准确,如果没有电停表也可以使用秒表手动计时。库仑池就是电解池,内有工作电极和对电极。工作电极:电解产生滴定剂的电极,直接浸在加有滴定剂的溶液中。对电极:浸在另一种电解质溶液中,并用隔膜隔开,防止电极上发生的电极反应干扰测定。

2.7.2 终点指示系统

在库仑滴定中电解电流是恒定的,因此只要准确测定滴定开始至终点所需要的时间就可准确测定被滴定物的量。准确地指示滴定终点是非常重要的,指示终点的方法有化学指示剂法、电位法、双铂电极法等。

化学指示法与容量分析法一样,如电解碱而测定酸,可以用酚酞作指示剂。电位法指示终点时,是在电解池中另设一对电极,基于指示电极电位的突变来指示终点,此过程与电位滴定相同。

双铂电极法又称永停法,其装置如图 2-40 所示,在两支大小相同的 Pt 电极上加一个 50~200 mV 的小电压,并串连上灵敏检流计,这样只有在电解池中可逆电对的氧化态和还原态同时存在时,指示系统回路上才有电流通过,而电流的大小取决于氧化态和还原态浓度的比值。当滴定到达终点时,由于电解液中或者原来的可逆电对消失,或者新产生可逆电对,使指示回路的电流停止变化或迅速变化。

例如,在 KBr 和 AsO_3^{3-} 溶液中,电生 Br_2 滴定 AsO_3^{3-},i-t 曲线如图 2-41 所示。

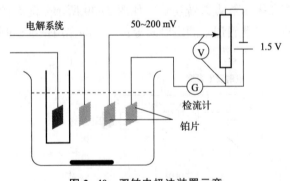

图 2-40 双铂电极法装置示意

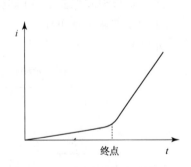

图 2-41 双铂电极电流曲线

恒电流库仑法特点是灵敏度高、准确度好(测定 $10^{-12} \sim 10^{-10}$ mol·L^{-1} 的物质,误差约为 1%),在现代技术条件下,i、t 均可以准确计量,只要电流效率及终点控制好,方法的准确度、精密度都会很高。且由于库仑滴定中不需标准溶液,特别是可以使用一些不稳定、浓度难以保持一定的物质或者在一般滴定中不能配制成标准溶液的电生物质作滴定剂,因此不但克服了寻找标准溶液的困难,还减少了因使用标准溶液引入的误差。

因此，一些库仑分析法已作为行业标准方法。由于滴定过程易实现自动检测，可进行动态的流程控制分析。因此，此法已广泛用于有机物测定、钢铁快速分析和环境监测，也可用于准确测量参与电极反应的电子数。

2.8　极谱仪

1922 年，捷克斯洛伐克人 Jaroslav Heyrovsky 以滴汞电极作为工作电极首先发现了极谱现象，并因此获得了诺贝尔奖，开启了伏安分析方法的大门，但随着 20 世纪 50 年代光学分析的迅速发展，该方法变得不像原来那么重要，直至 60 年代中期，经典的伏安法得到了很大改进，方法的选择性和灵敏度大幅提高，而且低成本的电子放大装置开始出现，伏安法开始大量应用于医药、生物和环境分析中。

2.8.1　经典极谱仪

经典极谱仪的装置如图 2-42 所示。从图 2-42 中可以看出极谱仪是由滴汞电极(dropping mercury electrode，DME)作工作电极(working electrode，WE)，参比电极常用饱和甘汞电极。通常使用时，DME 电极用作负极，饱和甘汞电极为正极。在 -2~0 V 范围内，以 $100~200 \ \mathrm{mV \cdot min^{-1}}$ 的速率连续改变加于两电极间的电位差，并记录电流变化，绘制电流对电位的曲线，称为极谱图(polarogram)。

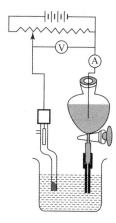

图 2-42　极谱装置简图

2.8.2　滴汞电极

滴汞电极是汞从外径 3~7 mm、内径 0.04~0.08 mm 的垂直玻璃毛细管下端流出，并形成汞滴而滴下的电极(每个汞滴不断地从小到大，当大到直径 0.5~1.0 mm 时，由于重力作用而滴下)。可以调节贮汞瓶的高度或用机械方法(敲击器)来控制汞滴的滴下时间。

滴汞电极的优点：电极表面不断更新，重现性好；许多金属能与汞生成汞齐，它们的离子在汞电极上还原的可逆性好；汞易纯化；氢在汞上的超电位比较高，使极谱测定有可能在微酸性溶液中进行。其主要缺点：使用电位范围不能大于 +0.4 V，汞要氧化；产生的电容电流限制了直流极谱法的灵敏度；汞有毒。

2.9　气相色谱仪

气相色谱仪(GC)示意如图 2-43 所示，主要由以下五部分组成：气路系统、进样系统、分离系统、温控系统和检测记录系统。组分能否分开，关键在于色谱柱，它相当

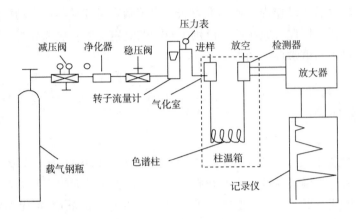

图 2-43 气相色谱仪示意

于色谱仪的"心脏",而分离后的组分能否鉴定出来则取决于检测器的性能和种类,它相当于色谱仪的"眼睛"。所以,分离系统和检测系统是气相色谱仪的核心。

　　气相色谱仪工作时,载气由高压钢瓶中流出,经减压阀降到所需压力后,通过净化干燥管(净化器)使载气纯化,再经稳压阀和转子流量计后,以稳定的压力、恒定的速度流经气化室与气化的样品混合,将样品气体带入色谱柱中进行分离。分离后的各组分随着载气流入检测器,然后放空。检测器将按物质的浓度或质量的变化转变为一定的电信号,经放大后在记录仪上记录下来,最终得到色谱图。根据色谱图中每个峰的保留时间,可以进行定性分析,根据峰面积或峰高的大小,可以进行定量分析。

2.9.1　气路系统

　　气相色谱仪的气路系统是指载气连续运行的密闭管路系统,主要包括气源、净化干燥管、载气流速控制和测量装置。通过气路系统,可以获得纯净的、流速稳定的载气,保证气相色谱分析测量数据稳定。气路结构分为单气路和双气路两种,单气路适用于恒温分析。双气路仪器色谱稍有不同,载气经过稳压后分成两路,同时通过稳流阀、压力表、转子流量计、进样器、色谱柱和检测器,最后放空。双气路仪器可以补偿由于固定液流失和载气流量不稳定等因素造成的检测器噪声和基线漂移。

2.9.2　进样系统

　　气相色谱仪的进样系统包括进样装置和气化室两部分。进样装置一般采用微量注射器和六通进样阀,根据进样量的不同,可选取不同规格的微量注射器。六通阀分为旋转式和推拉式两种,其中旋转式较为常用。气化室为不锈钢材质的圆柱管,其作用是将液体样品气化,气化室的温度通常控制在 50～500 ℃。

2.9.3　分离系统

　　气相色谱仪的分离系统由色谱柱组成,色谱柱是色谱仪的"心脏",它的作用是让样品在柱内达到分离的目的。常用的色谱柱有填充柱和毛细管柱两种。填充柱多为 U 形或螺旋形，一般采用不锈钢、玻璃等材质制成，柱内均匀、紧密地填充着固定相，如图 2-44 所示。通常柱内径为 2~6 mm，柱长 1~5 m。毛细管柱又称开管柱，其材质为石英或不锈钢材料，固定相通过涂渍或化学键合的方式固定在毛细管壁上，如图 2-45 所示，一般内径为 0.1~0.5 mm，长度为 30~300 m。毛细管柱渗透性好、柱效高，可用于分离复杂的混合物。

图 2-44　填充柱　　　　　　　　　　图 2-45　毛细管柱

2.9.4　温控系统

温控系统作用是控制色谱仪的气化室、色谱柱和检测器的温度。温度能够直接影响组分的分配系数、分离选择性、检测灵敏度，是色谱仪重要的分离操作条件之一。在气化室内，温控系统能够保证样品瞬间气化，一般情况下气化室温度比恒温箱温度高 30~70 ℃。色谱柱的温控方式有恒温和程序升温两种，对于沸程较宽，组成较复杂的混合物，往往采用程序升温的分析方式。程序升温能够改善分离效果，缩短分析时间，改善峰形，提高检测灵敏度。为防止样品组分在检测器内冷凝，检测器恒温箱温度应稍高于或等于色谱柱恒温箱温度。

2.9.5　检测记录系统

检测记录系统的作用是将从色谱柱流出的组分，经过检测器把浓度或质量随时间的变化转化为电信号，并经放大器放大后由记录仪记录和显示。检测记录系统通常由检测器、放大器和记录仪三部分构成。

2.10　高效液相色谱仪

高效液相色谱法（HPLC）是一种以液体为流动相的现代柱色谱分离分析方法。它是在经典液相色谱法的基础上，引入了气相色谱（GC）的理论，在技术上采用了高压泵、高效固定相和高灵敏度检测器，使之发展成为高分离速度、高分离效率、高检测灵敏度的高效液相色谱法，亦称为现代液相色谱法。

现代高效液相色谱仪的示意如图 2-46 所示，主要由贮液瓶、高压泵、进样器、色谱柱和检测器等组成。其工作过程如下：高压输液系统将溶剂经进样系统送入分离系统中，然后从检测系统的出口流出。当待分离的样品从进样系统进入时，流动相将其带入分离系统中进行分离，然后按照先后顺序进入检测系统，控制及数据处理系统对数据进行记录及处理，得到液相色谱图。一台高效液相色谱仪中高压输液系统是极为重要的部件，它可提供流动相移动的动力。分离系统是高效液相色谱仪的核心，被分离的混合物是否能被分离决定于分离系统的优劣，而分离系统的好坏又取决于固定相的分离能力，所以在高效液相色谱的发展中，固定相的研究一直是人们十分关注的课题。检测系统是高效液相色谱仪的耳目，检测系统的功能影响高效液相色谱仪的应用范围、灵敏度、精密度等重要性能。当然，要使一台高效液相色谱仪能有效、可重复、自动化地工作还必须配以相应的电子器件和计算机进行控制和数据处理。

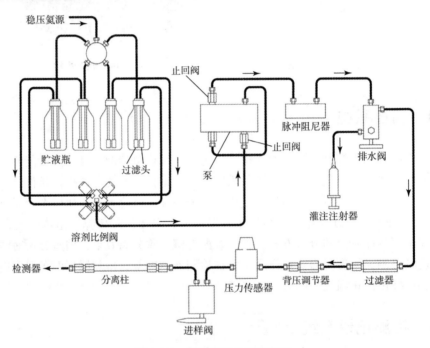

图 2-46　高效液相色谱仪示意

2.10.1　高压输液系统

高压输液系统由贮液瓶、高压输液泵和梯度洗脱装置等部件组成，其核心部件是高压输液泵。

2.10.1.1　贮液瓶

贮液瓶用于存放溶剂。贮液瓶要耐腐蚀，对溶剂呈惰性，一般采用耐腐蚀的玻璃瓶、不锈钢瓶或聚四氟乙烯瓶。为防止流动相中的颗粒进入泵内，贮液瓶应配有溶剂过滤器。溶剂过滤器一般用耐腐蚀的镍合金制成，孔隙大小一般为 2 μm。溶剂在使用前先进行脱气，以防止流动相从色谱柱内流出时压力降低，释放出气泡进入检测器而使噪声剧增，仪器不能正常工作。常用的脱气方法有低压脱气法、吹氮气脱气法、加热回流法及超声波脱气法等。

2.10.1.2　高压输液泵

高效液相色谱分析的流动相(载液)是用高压泵来输送的。由于色谱柱很细(1~6 mm)，填充剂粒度小(目前常用颗粒直径为 5~10 μm)，因此阻力很大，为达到快速、高效的分离，必须有很高的柱前压力，以获得高速的液流。高压输液泵应满足以下条件：①有足够的输出压力($40~50$ MPa·cm^{-2})，并能在高压下连续稳定工作；②输出的流量稳定，并具有较大的调节范围($0.1~10$ mL·min^{-1})；③能抗溶剂、耐酸、耐碱；④泵的死体积小，便于快速更换溶剂和进行梯度洗脱。往复式柱塞泵是目前在高效液相色谱仪中采用最广泛的一种泵，如图 2-47 所示。泵的往复式柱塞向前运动，液体输出，流向色谱柱；向后运动，将贮液瓶中的流动相吸入缸体。如此前后往复运动，将流动相源源不断地输送到色谱柱中。如果将两个往复柱塞泵串联，可达到无脉动溶剂输出。

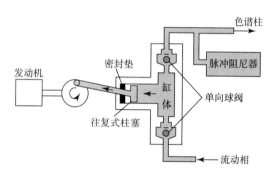

图 2-47　高压泵(往复柱塞式恒流泵)**工作原理**

2.10.1.3　梯度洗脱装置

高效液相色谱有等梯度洗脱和梯度洗脱两种洗脱方式。等梯度洗脱是在同一分析周期内流动相组成保持恒定，适合于组分数目较少、性质差别不大的样品；梯度洗脱是在一个分析周期内程序控制流动相的组成，如溶剂的极性、离子强度和 pH 值等，适用于分析组分数目多、性质差异较大的复杂样品。采用梯度洗脱可以缩短分析时间，提高分离度，改善峰形，提高检测灵敏度，但是常常引起基线漂移和降低重现性。

梯度洗脱装置可分为低压梯度装置和高压梯度装置。

(1) 低压梯度装置

低压梯度又称外梯度，是在常压下预先按一定的程序将溶剂混合后再用泵输入色谱柱系统，也称为泵前混合。低压梯度系统装置如图 2-48 所示，特点是先混合后加压。

(2) 高压梯度装置

高压梯度又称内梯度，是指将溶剂用高压泵增压后输入色谱系统的梯度混合器，装置如图 2-49 所示，是一种泵后高压混合形式，特点是先加压后混合。它由两台高压输液泵、梯度程序器(或计算机及接口板控制)、混合器等部件组成。

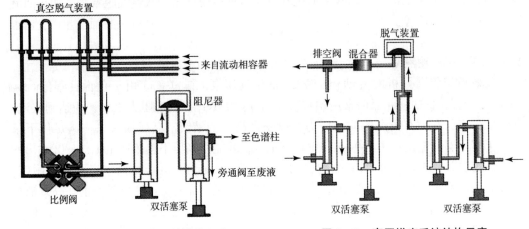

图 2-48　低压梯度系统结构示意　　　　图 2-49　高压梯度系统结构示意

2.10.2　进样系统

　　高效液相色谱中，进样方式及试样体积对柱效有很大的影响。进样系统是将待分析样品引入色谱柱的装置。对于液相色谱进样装置，要求重复性好，死体积小，保证柱中心进样，进样时对色谱柱系统流量波动要小，便于实现自动化等。好的进样系统应具有密封性良好、死体积小、稳定性高等特点，同时在进样时对色谱系统的压力、流量影响小，便于自动化。进样系统包括取样和进样两个功能。目前高效液相色谱进样器有手动进样器和自动进样器两类。目前产品配置的手动进样器通常是六通进样器，进样器的阀体使用不锈钢材料，旋转密封部分由坚硬的合金陶瓷材料制成，既耐磨，密封性能又好。当阀处于准备状态时，如图 2-50(a)所示，进样器手柄放在装入液体位置，试样用注射器注入样品定量环管中，注射器要取比样品定量环管稍多的试样溶液，多余的试样通过排液管溢出。进样后，快速将阀芯沿顺时针方向旋转 60°，使阀处于进样状态，如图 2-50(b)所示，将贮存于样品定量环管中的固定体积的试样送入色谱柱中。由于进

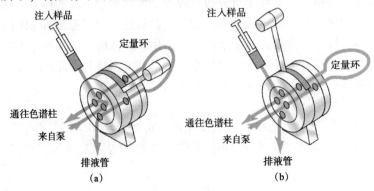

图 2-50　六通进样器

(a)准备状态；(b)进样状态

样可由样品定量环的体积严格控制，因此进样准确、重复性好，适于定量分析。更换不同体积的样品定量环，可调整进样量。自动进样器是由计算机自动控制，取样、进样、复位、样品管路清洗和样品盘的转动全部按预定程序自动进行，适合大量样品分析，一次可进行几十个或上百个样品的分析，进样重复性高且节省人力，可实现自动化操作。比较典型的自动进样装置有圆盘式自动进样器、链式自动进样器和笔标式自动进样器。

2.10.3　分离系统

分离系统的核心部件是色谱柱，是整个色谱系统的心脏，它的质量优劣直接影响分离效果。色谱柱由柱管、柱接头、螺帽、密封垫圈、筛板(过滤片)、填料等组成，如图 2-51 所示。柱管多用不锈钢制成，不锈钢柱内壁多经过抛光以提高柱效、减小管壁效应，否则内壁的纵向沟痕和表面多孔性会引起谱带的展宽。色谱柱两端的柱接头内装有筛板，是烧结不锈钢或钛合金，孔径 $0.2 \sim 20~\mu m$，孔径大小取决于填料粒度，目的是防止填料漏出。对于色谱柱的连接管和柱接头，除要求能耐化学腐蚀和密封性好之外，还要求死体积尽可能小。减小填料颗粒度提高柱效，可以尽可能地使用更短的柱，将得到更快的分析速度。减小柱径有利于降低溶剂用量，提高检测浓度，但柱径过小时，管壁效应会严重影响柱效。因此，柱长一般为 $10 \sim 25~cm$，内径 $4 \sim 5~mm$。另外，液相色谱为了保护分析柱不被污染，有时需在分析柱前加几厘米长的短柱，称为预柱或保护柱，其作用是收集、阻断来自进样器的机械和化学杂质，以保护和延长分析柱的使用寿命。

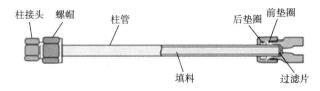

柱接头　螺帽　柱管　后垫圈　前垫圈　填料　过滤片

图 2-51　色谱柱示意

色谱柱的装填质量会影响到柱床结构，因而对柱性能有重大的影响。高效液相色谱柱的装填方法有干法和湿法两种。干法装柱通常只用于柱填料颗粒度大于 $20~\mu m$ 的情况，颗粒度小于 $20~\mu m$ 的填料只能采用湿法装柱。

2.10.4　检测系统

高效液相色谱的检测器是反映色谱过程中组分的浓度随时间变化的部件。经色谱柱分离后的成分与流动相一起进入检测器，检测器将组分的量或浓度转化为易测量的电信号输入到记录仪记录下来，得到样品组分分离的色谱图。用于高效液相色谱中的检测器，应具有灵敏度高、线性范围宽、响应快、死体积小等特点，还应对温度和流速的变化不敏感。检测器分为两大类：通用型检测器和选择性检测器。通用型检测器是对试样和洗脱液总的物理性质和化学性质有响应。选择性检测器仅对待分离组分的物理化学特性有响应。通用型检测器能检测的范围广，但是由于它对流动相也有响应，因此易受环境温度、流量变化等因素的影响，造成较大的噪声和漂移，限制了检测灵敏度，不适合做痕量分析，并且通常不能用于梯度淋洗操作。选择性检测器灵敏度高，受外界影响小，并且可用于梯度淋洗操作。目前应用最多的是紫外吸收检测器，其次是荧光检测器、折光指数检测器(又称示差检测器)以及电化学检测器。

2.10.4.1 紫外吸收检测器

紫外吸收检测器是一种选择性浓度型检测器，它仅对那些在紫外波长下有吸收的物质有响应。它具有灵敏度高、噪声低等优点，在高效液相色谱中应用最广，约占70%。它的作用原理是基于样品组分通过流通池时对特定波长紫外线的吸收，引起透过光强度的变化，而获得浓度-时间曲线。样品浓度与吸光度的关系服从朗伯-比耳定律。紫外检测器可分为固定波长型、可调波长型和紫外-可见分光型检测器。

紫外-可见分光型检测器类似一台紫外-可见分光光度计，波长在190~800 nm范围内可连续调节，选择对待测组分最适合而对溶剂背景不敏感的波长作为测定波长。它有两个流通池，一个作参比，一个作测量用。光源发出的紫外光照射到流通池上，若两流通池中通过的都是纯的均匀溶剂，则它们在紫外波长下几乎无吸收，光电管上接收到的辐射强度相等，无信号输出。当组分进入测量池时，吸收一定的紫外光，使两光电管接收到的辐射强度不等，这时有信号输出，输出信号大小与组分浓度有关。图2-52是一种典型的紫外-可见分光检测流通池。

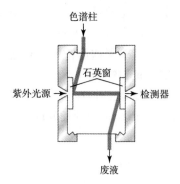

图2-52 紫外-可见分光检测流通池示意

紫外吸收检测器的灵敏度很高，许多功能团在紫外区有很高的摩尔吸光系数。若采用可调波长的氘灯作光源，在组分的最大吸收波长处进行检测，最小检测量为几纳克。紫外吸收检测器对流动相速度变化不敏感，流动相组成的变化对检测器响应几乎无影响，适用于梯度洗脱。但是只有在检测器所提供的波长下有较大吸收的分子才能进行检测，而且流动相的选择受到一定限制，即具有一定紫外吸收的溶剂不能作流动相。每种溶剂都有紫外截止波长。当小于该截止波长的紫外光通过溶剂时，溶剂的透光率降至10%以下。因此，检测器的工作波长不能小于溶剂的紫外截止波长。

2.10.4.2 光电二极管阵列检测器

光电二极管阵列检测器(photo-diode-array detector，PDAD)也称快速扫描紫外-可见分光检测器，是一种新型的光吸收式检测器。它采用由几百到上千个光电二极管组成的光电二极管阵列作为检测元件。图2-53是单光束二极管阵列检测器的光路图。氘灯发出的紫外光经消色差透镜系统聚焦后，被一个由多个光电二极管组成的阵列所检测，每一个光电二极管检测一窄段的谱区；这种检测器作用是一种反光路系统，即光先通过流通池后再色散，全部阵列在很短的时间(10 ms)内扫描一次。这种高速的数据收集可保证快速分析中最早流出的峰也不变形，整个系统的动作中，只有快门(用来测暗电流)是移动部件,其余固定不动,保证了检测器的重复性和可靠性。

光电二极管阵列检测器可以对每个洗脱组分进行光谱扫描,经计算机处理后,得到光谱和色谱结合的三维图谱。其中,吸收光谱用于定性(确证是否是单一纯物质),色谱用于定量。此法常用于复杂样品(如生物样品、中草药)的定性定量分析。进行分析时,检测一个波长上的色谱输出而贮存其他波长上的数据。分析完毕后,可在处理机上得到等吸收数据图,也可将时间沿时间轴慢慢变动,观察光谱随时间变化,由此进行检测。光源发出的光先通过检测池,然后被光栅分光,形成按波长顺序分布的光谱带。采用电子学的方法和计算机技术将阵列式接收器上的光信号快速扫描提取出来,因此可实时观察每一组分相应的光谱数据,从而迅速决定具有最佳选择性和灵敏度的波长。

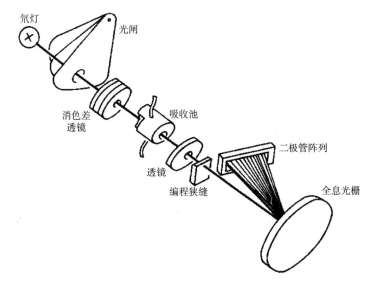

图 2-53　二极管阵列检测器光路图

2.10.4.3　荧光检测器

荧光检测器是把荧光光度计用于高效液相色谱仪,如图 2-54 所示,其基本原理是在一定条件下,荧光强度与流动相中物质浓度成正比。它属于选择性浓度型检测器。光源发出的光束通过透镜和激发滤光片,分离出特定波长的紫外光,此波长称为激发波长,再经聚焦透镜聚集于吸收池上,此时荧光组分被紫外光激发,产生荧光。在与光源垂直的方向上经聚焦透镜将荧光聚焦,再通过发射滤光片,分离出发射波长并投射到光电倍增管上。

荧光检测器是一种高灵敏度、高选择性的检测器,用于检测能产生荧光的化合物。如具有对称共轭结构的有机芳环分子受紫外光激发后,能辐射出比紫外光波长稍长的荧

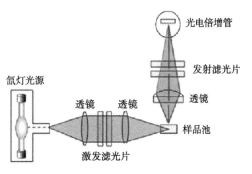

图 2-54　荧光检测器示意

光，对于某些不发荧光的物质可通过衍生化生成荧光衍生物后进行荧光检测，这样就扩大了荧光检测器的应用范围。荧光检测器的最小检测浓度可达 $0.1\ \mathrm{ng \cdot mL^{-1}}$，适用于痕量分析。与紫外检测器相比，荧光检测器的灵敏度约高 2 个数量级，但其线性范围不如紫外检测器宽。采用激光作为荧光检测器光源的激光诱导荧光检测器极大地增强了荧光检测的信噪比，已在生物化工、临床检验、食品检验、环境监测等领域中获得广泛应用。

2.10.4.4 示差折光检测器

示差折光检测器是一种通用型检测器，其工作原理是基于样品组分的折射率与流动相溶剂折射率有差异，当组分洗脱出来时，会引起流动相折射率的变化，这种变化与样品组分的浓度成正比。光从一种介质进入另一种介质时，由于两种物质的折射率不同就会产生折射，只要样品组分与纯流动相的折光指数不同，就可被检测。在一定浓度范围内检测器的输出与溶质浓度成正比。示差折光检测器适用范围广，但灵敏度低。对于那些无紫外吸收的有机物(如高分子化合物、糖类、脂肪烷烃)是比较适合的。示差折光检测器在凝胶色谱中是必备检测器，在制备色谱中也经常使用。然而，由于梯度淋洗造成流动相折光指数不断变化，故示差折光检测器不能用于梯度淋洗。另外，由于折射率受环境温度影响很大，大多数溶剂折射率的温度系数为 5×10^{-4}，要求检测器温度控制精度应为 $\pm 10^{-3}$℃ 以内，才能获得精确的结果。

2.10.4.5 电化学检测器

在液相色谱中对那些无紫外吸收或不能发生荧光，但具有电活性的物质，可用电化学检测法，目前电化学检测器主要有安培、电导、极谱和库仑四种检测器。电化学检测器所用的流动相必须具有导电性，因此，一般使用极性溶剂或水溶液，主要是盐的缓冲液作流动相。在多数情况下只能检测具有电活性的物质。由于电极表面可能会发生吸附，催化氧化-还原现象，因此都有一定的寿命。许多具有电化学氧化还原性物质的化合物，如电活性的硝基、氨基等有机物及无机物阴阳离子等可用电化学检测器测定。如在分离柱后采用衍生技术，其应用范围还可扩展到非电活性物质的检测。它已在有机和无机阴阳离子、动物组织中的代谢、食品添加剂、环境污染物、生物制品及医药测定中获得了广泛的应用。

2.10.5 数据处理系统

早期的高效液相色谱仪只配有记录仪记录色谱峰，用人工计算 A 或 H。随着计算机技术的发展，简单的积分仪可自动打印出 H、A 和做一些简单的计算，但不能存储数据。现在的色谱工作站功能增多，一般包括：色谱参数的选择和设定，自动化操作仪器；色谱数据的采集和存储，并作"实时"处理；对采集和存储的数据进行后处理；自动打印，给出一套完整的色谱分析数据和图谱；同时也可把一些常用色谱参数、操作程序以及各种定量计算方法存入存储器中，需要时调出直接使用。

2.11 其他仪器

2.11.1 离子色谱

离子色谱仪和一般的高效液相色谱仪一样，通常也是先做成独立单元组件，再根据分析要求将各个所需的单元组件组合起来。离子色谱仪最基本的组件是高压输液泵、进样器、色谱柱、检测器和数据处理系统。此外，还可根据需要配置流动相在线脱气装置、梯度洗脱装置、自动进样系统、流动相抑制系统、柱后反应系统和全自动控制系统等。离子色谱仪的基本构成及工作原理与液相色谱仪相同，不同的是离子色谱仪通常配置的检测器是电导检测器，分离柱中通常装有以有机聚合物为基质的离子交换树脂，如阳离子交换树脂、阴离子交换树脂或螯合离子交换树脂。

图 2-55 是常见离子色谱仪的两种配置构造示意。

离子色谱仪的工作过程是：流动相(淋洗液)被输液泵以一定的流速(或压力)输送入分析系统中，样品首先经过进样器进样，被流动相带入色谱柱中进行分离，然后已经分离的各组分随流动相依次进入检测器进行检测分析，最后通过工作站进行处理，得到结果。抑制型离子色谱仪则在电导检测器和色谱柱之间增加一个抑制系统，即将再生液用另一个高压输液泵输送至抑制器，再生液在这里降低了流动相的背景电导，然后进入电导检测器，电导检测器对流出液进行检测，并将检测信号送至数据系统进行记录、分析或保存得到结果。非抑制型离子色谱仪的结构相对简单，少了再生液容器及输送再生液的高压泵和抑制器。

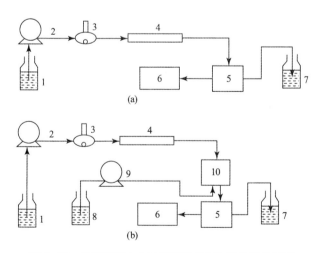

图 2-55 非抑制型(a)和抑制型(b)离子色谱仪示意

1-流动相容器；2-流动相输液泵；3-进样器；4-色谱柱；
5-检测器；6-工作站；7-废液瓶；8-再生液容器；
9-再生液输液泵；10-抑制器

2.11.1.1 流动相输送系统

离子色谱仪的流动相输送系统包括贮液罐、高压输液泵、在线脱气装置和梯度淋洗装置等构件。为了防止有机溶剂的干扰和酸碱的腐蚀，流动相输送系统通常使用不锈钢、玻璃或聚四氟乙烯等材料。

2.11.1.2 进样器

进样器是能够准确地将样品送入色谱系统的装置，依据进样方式不同分为手动进样和自动进样两种。现在最常用的是六通阀进样器，使用定量管准确定量进样体积。常规离子法中经常使用的是 10 μL、20 μL 和 50 μL 体积的定量管。

2.11.1.3 色谱柱

色谱柱是将样品离子进行分离的重要构件，也是离子色谱仪的核心部件。色谱柱的性能受到柱子的结构、柱填料的特性和填充质量以及使用条件等因素的影响。

分析型离子色谱柱的内径通常在 4~8 mm 范围内，柱长通常在 50~100 mm，柱管内部填充 5~10 μm 粒径的球形颗粒填料。色谱柱中的填料不同决定了分离机理的差异。在离子色谱中，使用最多的是以有机聚合物为基质的离子交换树脂，因为离子交换树脂在广泛的 pH 范围内具有良好的稳定性，即使在碱性区域也很稳定。近年来，硅胶基质离子交换剂有很快的发展，因为它比有机聚合物基质离子交换树脂的色谱分离性能要更好。

2.11.1.4 柱温箱

离子色谱仪通常需要配柱温箱，将离子色谱柱、电导池和抑制器置于恒温箱中。这是因为离子交换柱和抑制器中所进行的离子交换反应、电导池中流出物中的离子迁移率都对温度很敏感，有时温度对分离也会产生较大影响。通常柱温箱可在 20~60 ℃ 恒温，在无特别需要时，一般将柱温箱设定略高于室温，如 30~40 ℃。

2.11.1.5 抑制器

对于抑制型离子色谱仪，抑制系统是极其重要的一个部分，也是离子色谱有别于高效液相色谱的最重要的特点。抑制型离子色谱使用的是强电解质流动相，其本身具有很高的检测信号，通常待测离子的浓度比流动相中的电解质的浓度小得多，因此待测离子的检测信号也比流动相中的电解质小得多，导致检测灵敏度降低。为了解决这一问题，可以在分离柱后接一个抑制器，用于降低流动相本身的电导，同时改善信噪比，提高待测离子的检测灵敏度。

图 2-56(a) 为离子色谱中化学抑制器的工作原理。图中样品为阴离子 F^-、Cl^-、SO_4^{2-} 的混合溶液，淋洗液为 NaOH。如果样品经分离柱后的洗脱液直接进入电导池，则得到图 2-56(b) 所示的色谱图，淋洗液 NaOH 的检测信号非常高，而被测离子的峰很

小，同时还会在 F⁻ 峰的前面出现一个很大的系统峰。而当洗脱液通过抑制器后再进入电导池，则得到图 2-56(c)所示的色谱图，在抑制器中，发生如下两个反应：

$$R—H^+ + Na^+OH^- \longrightarrow R—Na^+ + H_2O$$
$$R—H^+ + Na^+A^- \longrightarrow R—Na^+ + H^+A^-$$

式中，R 是离子交换树脂；OH⁻ 是淋洗液离子；A⁻ 是待测阴离子。

淋洗液中的 OH⁻ 与离子交换树脂上的 H⁺ 结合生成 H_2O，待测阴离子变成相应的酸。待测离子在低背景的水溶液中进入电导池，而不是高背景的 NaOH 溶液，被测离子的反离子(阳离子)与淋洗液中的 Na⁺ 一同进入废液，因而消除了图 2-56(b)中大的反离子峰。

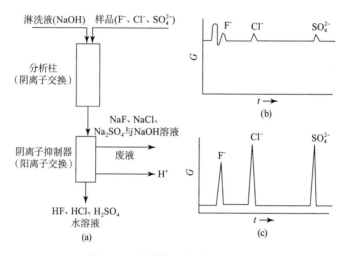

图 2-56 化学抑制器的工作原理

(a)流程图；(b)非抑制；(c)抑制

目前最先进的抑制器是自动连续再生电解抑制器，图 2-57 为阴离子电解抑制器的工作原理，其工作原理是利用两根铂电极将水电解成 H⁺ 和 OH⁻，发生的电极反应为

阳极：$3H_2O \longrightarrow 2H_3O^+ + 1/2O_2 + 2e^-$

阴极：$2H_2O + 2e^- \longrightarrow 2OH^- + H_2$

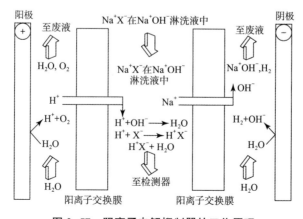

图 2-57 阴离子电解抑制器的工作原理

NaOH 淋洗液自上而下通过抑制器中两片阳离子交换膜之间的通道。在阳极电解水产生的 H^+ 通过阳离子交换膜进入淋洗液，与淋洗液中的 OH^- 结合生成水。在电场的作用下，Na^+ 通过阳离子交换膜到废液。阳离子电解抑制器的结构和工作原理与阴离子电解抑制器类似。

自动连续再生电解抑制器的优点有：①对淋洗液抑制所需的 H^+ 和 OH^- 由水的电解连续提供，不需要用化学试剂和再生抑制器；②抑制器开机后平衡快，并一直处于平衡状态；③可用于梯度洗脱。

2.11.1.6 检测器

离子色谱最常用的检测方法是光学法和电化学法。光学法最常用的检测器是荧光检测器和紫外-可见光吸收检测器；电化学法最常用的检测器是电导检测器和安培检测器。离子色谱检测器的选择，主要依据的是被测离子的性质、淋洗液的种类等因素。下面重点介绍电导检测器。

（1）非抑制型电导检测器

在离子色谱中，待测物质和所使用的流动相都是离子型物质，不同的离子其溶液的导电性不同，其导电能力可以用极限摩尔电导来衡量。在稀溶液中，离子的电导与浓度呈正比关系。在离子色谱法中，当被测组分浓度低于 $1\ mmol \cdot L^{-1}$ 时，该正比关系仍存在。流动相中主要是淋洗离子和与之平衡的反离子，其电导值称为背景电导。

非抑制型离子色谱使用的是低电导的流动相，从色谱柱流出的溶液直接进入电导检测器。当加入样品后，样品带随流动相到达色谱柱，被测物质在交换基团上与淋洗离子竞争，达到最初的离子交换平衡，被交换下来的淋洗离子和被测离子的反离子迅速通过色谱柱到达检测器，在色谱图上出现色谱峰。各种被测离子在色谱柱中的保留时间不同，依次流出色谱柱。流动相中被测离子的浓度增加，同时有等物质的量的淋洗离子交换到固定相中，由于不同离子的摩尔电导不同，流动相中的电导发生变化并且以色谱峰的形式记录下来。

（2）抑制型电导检测器

抑制型电导检测器离子色谱使用的是强电解质流动相，如用 Na_2CO_3、NaOH 分析阴离子，稀 HNO_3、稀 H_2SO_4 等分析阳离子。这类流动相的背景电导高，同时被测离子以盐的形式存在于溶液中，检测灵敏度低，需要通过降低背景电导和增加被测离子电导的方法提高检测灵敏度。通常，分析阴离子时用稀 H_2SO_4 作抑制剂溶液，分析阳离子时用 NaOH 作抑制剂溶液。

抑制型电导检测器是一种对在溶液中以离子形态存在的组分具有较高灵敏度的通用型检测器，不论待测组分是有机物还是无机物，只要其进入检测器时以离子状态存在，首选的检测器应考虑电导检测器。

2.11.1.7 数据处理系统

目前，新的离子色谱仪都带有化学工作站，或者称为数据处理系统，使用时，可以通过化学工作站预先设置好分析条件和有关参数，自动采集数据并进行处理和存储，可在线显示分析过程并且自动给出分析结果。

2.11.2 核磁共振波谱

　　核磁共振波谱仪是检测和记录核磁共振现象和结果的仪器。一般按照获取核磁共振波谱的工作原理，将仪器分为连续波核磁共振波谱仪（CW-NMR）和脉冲傅里叶变换核磁共振波谱仪（PFT-NMR）。图 2-58 和图 2-59 分别为两种核磁共振波谱仪装置示意。CW-NMR 是通过连续变化一个参数，使不同基团的原子核依次满足共振条件而获得核磁谱图，在某一瞬间，只能记录谱图中很窄的一部分信号，为提高测试分辨率，扫描速度必须很慢，降低了实验效率；CW-NMR 的灵敏度很低。与 CW-NMR 相比，PFT-NMR 使检测灵敏度和速度大为提高，对于氢谱的测定，试样用量可由几十毫克降低至 1 mg，甚至更低。PFT-NMR 已成为当前主要的核磁共振波谱仪器，可用于核的动态过程、瞬时过程和反应动力学等方面的研究。

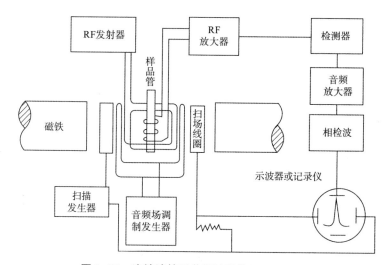

图 2-58　连续波核磁共振波谱仪（CW-NMR）

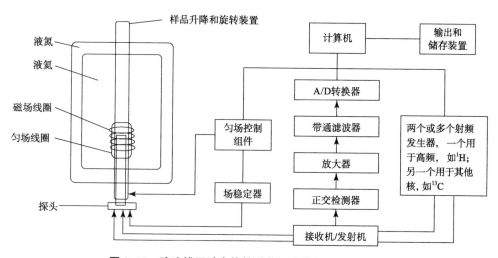

图 2-59　脉冲傅里叶变换核磁共振波谱仪（PFT-NMR）

核磁共振波谱仪主要由磁铁、射频发射器、射频接收器、探头、扫描单元和信号接收单元等组成。

2.11.2.1 磁铁

磁铁是核磁共振仪最基本的组件,它的作用是为核磁共振波谱仪提供一个功率大、强度稳定、均匀的磁场。磁场的质量和强度决定着核磁共振波谱仪的灵敏度和分辨率。常用的磁铁有三种:永久磁铁、电磁铁和超导磁铁。在磁铁上通常备有特殊的绕组,以抵消磁场的不均匀性。可以在射频振荡器的频率固定时,改变磁场强度进行扫描,称为扫场。

永久磁铁造价低,不需要磁铁电源和冷却系统,操作简单,但是使用久了磁性易改变,且对外界温度敏感。电磁铁需用磁铁冷却系统消除由于大电流通过而产生的热量,同时需要十分稳定的电流。由永久磁铁和电磁铁获得的磁场一般不超过2.5 T,而超导磁体可获得20 T以上的磁场,而且磁场稳定、均匀。现代高分辨率的核磁共振波谱仪一般使用超导磁体,目前已有共振频率为900 MHz的超导核磁共振波谱仪面世。

2.11.2.2 射频发射器

射频发射器的作用是产生一个与外磁场强度相匹配的射频频率,以提供能量使磁核从低能态跃迁到高能态。在相同的外磁场中,不同的磁核因磁旋比不同而具有不同的共振频率,所以,使用同一台仪器测定不同核种时,就需要有不同频率的射频发射器。由射频发射器产生基频,在经过倍频、调频和功率放大后得到所需要的射频信号源。

2.11.2.3 射频接收器

射频接收器在样品管周围,与发射器线圈和扫描线圈相垂直,在一定的磁场强度下,当发射器产生与磁场强度相一致的频率,试样就会发生共振而吸收能量,被接收器所检测,经放大后,由记录仪自动描绘谱图,获得核磁共振谱图,纵坐标表示共振信号强度,横坐标表示磁场强度或频率。射频接收器相当于共振吸收信号的检测器。

2.11.2.4 探头

探头是核磁共振波谱仪的心脏部分,装在磁极间隙内,用来检测核磁共振信号。探头中装有样品管、扫描线圈、发射线圈、接收线圈以及前置放大器等。发射线圈和接收线圈相互垂直,分别与射频发射器和射频接收器相连。为了使磁场不均匀性和试样管缺陷产生的影响平均化,探头内还装有一个气动涡轮机,使试样管在磁场内沿其纵轴以每分钟几百转的速度旋转。如果旋转速度继续升高,样品管在旋转时会增加检测信号的噪声。

2.11.2.5 扫描单元

核磁共振波谱仪的扫描方式有两种,一种是保持频率恒定,线形地改变磁场的磁感应强度,称为扫场;另一种是保持磁场的磁感应强度恒定,线形地改变频率,称为扫频。但大部分用扫场方式。图 2-58 的扫场线圈通直流电，可产生附加磁场，连续改变电流大小，即连续改变磁场强度，就可进行扫场。

2.11.2.6 信号接收单元

吸收信号检测器和记录仪：检测器的接收线圈绕在试样管周围。当某种核的进动频率与射频频率匹配而吸收射频能量产生核磁共振时，便会产生信号。记录仪自动描记图谱，即核磁共振波谱。

2.11.3 色谱-质谱联用仪

2.11.3.1 气相色谱-质谱联用仪

气相色谱-质谱联用仪(GC-MS)主要由三部分组成：气相色谱部分、质谱部分和仪器控制与数据处理系统，如图 2-60 所示。

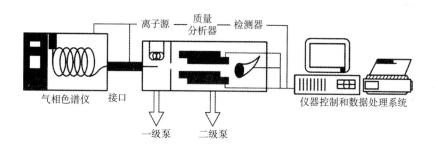

图 2-60 GC-MS 系统的基本组成部分

色谱部分和一般的气相色谱仪基本相同，包括载气系统，压力、流量自动控制系统，进样系统，气化室、柱箱、程序升温系统等，起到样品制备的作用，即接口把气相色谱仪分离出的各组分送入质谱仪中进行检测。

质谱仪一般由进样系统、离子源、质量分析器、检测器等部分组成。质谱仪对接口引入的各组分依次进行分析，成为气相色谱仪的检测器。

气相色谱和质谱仪之间是通过接口连接起来的，接口起到气相色谱和质谱之间的适配器作用。常见的 GC-MS 接口有如下几种：

(1) 直接导入型接口

内径在 $0.25 \sim 0.32$ mm 的毛细管色谱柱的载气流量为 $1 \sim 2$ mL·min^{-1}。这些柱通过一根金属毛细管直接引入质谱仪的离子源。接口的实际作用是支撑插入端毛细管，使其准确定位，另一个作用是保持温度，使色谱柱流出物始终不产生冷凝。直接导入型接口是迄今为止最常用的一种技术。

(2) 开口分流型接口

开口分流型接口是直接导入型接口的另一种形式，它是将色谱柱洗脱物的一部分送入质谱仪，另一部分放空，以保持色谱柱出口压强为常压。这种结构的接口不会降低色谱柱的分离效率，而且可以避免过量的试样进入质谱仪中而引起离子源被污染。

（3）喷射式分子分离接口

常用的喷射式分子分离器接口工作原理是根据气体在喷射过程中不同质量的分子都以超音速的同样速度运动，不同质量的分子具有不同的动量，动量大的分子易保持沿喷射方向运动，而动量小的易于偏离喷射方向，被真空泵抽走。分子量较小的载气在喷射过程中偏离接收口，分子量较大的待测物得到浓缩后进入接收口。

GC-MS 的另一个组成部分是计算机系统。计算机系统交互式地控制着气相色谱、接口和质谱仪，仪器的主要操作都是由计算机控制进行，包括质谱仪的校准、气相色谱和质谱工作条件的设置、数据的采集和处理等，是 GC-MS 的中心控制单元。

2.11.3.2 液相色谱-质谱联用仪

液相色谱-质谱联用仪（LC-MS）主要由高效液相色谱、质谱仪和数据处理系统构成。其中，高效液相色谱与一般液相色谱相同，其作用是将试样分离后送入质谱仪。与GC-MS 相同，高效液相色谱与质谱是通过接口连接起来的，接口的主要作用是将液相色谱流动相中的大量溶剂除去，并使分离出的组分离子化（作为离子源）。目前，LC-MS 都使用大气压离子源作为接口装置和离子源。大气压离子源包括电喷雾离子源（ESI）和大气压化学电离源（APCI）。

（1）电喷雾电离接口

它是由大气压离子化室和离子聚焦透镜组件构成，其主要部件是一根内径为0.1 mm 左右的不锈钢毛细喷嘴。离子化室和聚焦单元之间是由一根内径为 0.5 mm 的带惰性金属（金或铂）包头的玻璃毛细管连通的，它的主要作用为形成离子化室和聚焦单元之间的真空差，传输由离子化室形成的离子进入聚焦单元，并且隔离加在毛细管入口处的高电压。离子聚焦部分一般由锥形分离器和静电透镜组成，其主要作用是提高离子传输效率。

（2）大气压化学电离接口

大气压化学电离接口的工作原理是利用电晕放电，使产生的自由电子轰击空气中的 O_2、N_2、H_2O，产生 O_2^+、N_2^+、NO^+ 和 H_3O^+ 等离子，这些离子与分析物分子进行气态离子-分子反应，使分析物分子离子化。

这两种接口各有优缺点，二者可以相互补充，在实际应用中，应根据试样的性质及分析要求选择合适的接口装置。

2.11.4 流动注射分析仪

流动注射分析（flow injection analysis，FIA）基本实验装置如图 2-61 所示。液体驱动装置（如蠕动泵）把载流和试剂溶液泵入反应管道及检测器；注入阀用来把一定体积的试样注入载流中；反应管道用于使试样与载流中的试剂由于分散而实现高度重现的混合，并发生化学反应；流通池设在适当的检测器中，它使所形成的可供检测的反应产物在流经流通池时由检测器检出信号。

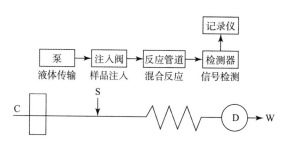

图 2-61 基本的 FIA 装置与功能

2.11.4.1 液体传输设备

液体驱动或传输设备是 FIA 实验装置中的重要部分，其作用是将试剂、样品等溶液输送到分析系统中，是 FIA 系统的关键。目前常用的主要是蠕动泵。

蠕动泵由泵头、压盖、调压器、泵管和驱动电机组成，其工作原理如图 2-62 所示。泵管 T 被挤压在一系列均匀间隔的辊杠 R 和压盖 B 之间，当泵头转动且调压器 A 对压盖施加一定压力时，在两个相邻辊杠的挤压点之间形成一个密封空间，当辊杠向前滚动时这一密封空间的空气被带到泵管出口。此时如果泵管的入口插入液面下，则在泵管入口端形成部分真空而使入口液面上升，在辊杠的连续滚动下液面将不断上升，直至充满整

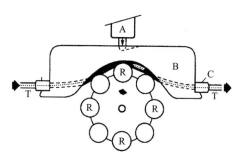

图 2-62 蠕动泵工作原理示意

R-辊杠；B-压盖；A-调压器；

C-卡具；T-泵管

个管道，并以一定的流速继续向前流动。液体的流速取决于泵头转动时的线速度和泵管内径。

2.11.4.2 注入阀

注入阀也称注样阀、采样阀或注入口等。其功能是采集一定的试样(或溶剂)溶液，并以高度重现的方式将其注入连续流动的载流中。进样方式一般分为两种：定容进样和定时进样，或两种方式结合。常用的注入阀有六孔三槽单通道旋转采样阀和十六孔八通道多功能旋转阀。

(1) 六孔双层旋转采样阀

图 2-63 所示为六孔三槽单通道旋转阀的结构和操作原理。该阀由一个定子和一个转子组成。转子一般为聚四氟乙烯材料，其阀面上均匀地刻有三个相同的沟槽通道，定子上的六个孔分别与三个沟槽通道的端点相对应。

(2) 十六孔八通道多功能旋转阀

目前应用较为普遍的是方肇伦等提出的双层多功能采样阀，其结构如图 2-64 所示。在一般为高分子氟塑料材质的转子上沿四周均匀分布八个通道，与定子上的八通道相对应，加工和使用起来均比较方便。为了坚固耐用，商品采样阀在定子、转子外又镶

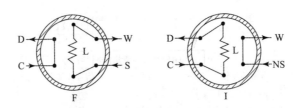

图 2-63 六孔三槽单通道旋转阀

F-采样；I-注样；S-试样溶液；NS-下一个试样溶液；
C-载流；D-反应管和检测器；L-采样环；W-废液

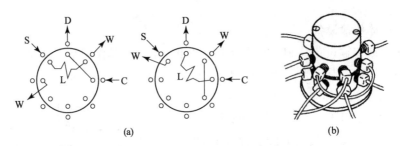

图 2-64 十六孔八通道多功能旋转阀

(a)流路连接；(b)实体图

嵌不锈钢外套。通道出入口备有螺孔 16 个，用来通过螺纹接头连接系统管道。通道一般为 0.5~1.0 mm 内径。该阀通用性很强，既能完成一般的采样操作，又能实现较复杂的流路切换。

2.11.4.3 反应及连接管道

FIA 的各主要部件之间均需要用管道连接，反应物在被检测之前也需要在反应管道中经历一定的分散与反应过程。按其作用可分为采样环、反应管道、连接导管等。一般由聚四氟乙烯或聚氯乙烯管(不适于输送有机溶剂)制成，一般内径为 0.5~1.0 mm，相应的管道外径为 1.5~2.3 mm，管壁过薄容易引起弯曲处折成死角而使管道堵塞。长的管道可以绕成圈或打结后使用。管道与组合块及其他部件的连接应牢靠，工作时无泄漏，同时又要求操作方便，易于更换管道。

2.11.4.4 流通式检测器

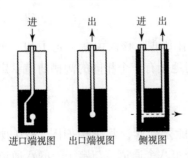

进口端视图　出口端视图　侧视图

图 2-65 光度法检测流通池结构

FIA 系统中可以采用多种仪器分析检测手段形成高效率的分析系统，其中常用的检测方法有光度法、原子光谱法、电化学法、荧光法及化学发光法等。

在 FIA 中应用最多的是可见和紫外光度法检测，只要光源具有足够的强度，采用流通式比色池代替传统比色池，即可很容易地将绝大部分手工操作的传统分光光度法"FI 化"。常用的流通池如图 2-65 所示。

在流通池的上部有入口和出口，与池下部的通光管道相连。通光管道是在不透光的黑玻璃上加工出光滑圆孔，在其两侧粘连普通光学玻璃或石英玻璃片，供光源光束通过。

2.11.5 X 射线光谱仪

2.11.5.1 X 射线荧光光谱仪

X 射线荧光在 X 射线荧光光谱仪上进行测量，根据分光原理，X 射线荧光光谱仪可分为波长色散型和能量色散型两种类型。

（1）波长色散型 X 射线荧光光谱仪

图 2-66 为波长色散型 X 射线荧光光谱仪的结构示意，其由 X 射线管、试样室、晶体分光器、检测器和记录系统组成。

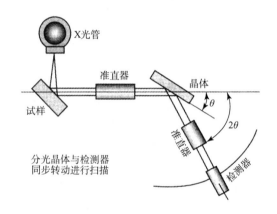

图 2-66 波长色散型 X 射线荧光光谱仪结构示意

① X 射线管 用来产生初级 X 射线，作为激发 X 射线荧光的辐射源。图 2-67 为 X 射线管的结构示意。它是由阳极靶材和阴极钨丝组成。在真空条件下，加热阳极材料至 2 300 ℃左右，使之产生大量的热电子，然后在两极之间加上几万伏的高压，电子在高压电场的作用下轰击阳极靶材表面，将阳极靶原子的内层电子激发到高能运动态，使原子处于激发态，处于外层的电子跃迁至内层较低能级轨道，多余的能量以光的形式释放出去，发出 X 射线，即初级 X 射线。常用的阳极靶材有 Mo、W、Cu、Fe、Cr 等重金属材料。靶材料的一般选择原则为：分析重金属元素用钨靶，分析轻金属元素用铬靶。

② 晶体分光器 是利用晶体衍射现象使不同波长的 X 射线荧光分开，然后选择被测元素的特征 X 射线荧光进行测量。晶体分光器可分为平面晶体分光器和弯面晶体分光器。

③ 检测器 作用是将辐射能转换为电能。波长

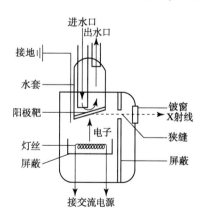

图 2-67 X 射线管示意

色散型 X 射线荧光光谱仪中常用的检测器有正比计数器、闪烁计数器和半导体计数器。

正比计数器：这是一种充气型检测器，利用 X 射线能使气体电离的作用，使辐射能转变为电能而进行测量。它的死时间较小，可检测强度较高的 X 射线。

闪烁计数器：当 X 射线照射到闪烁晶体上时，闪烁体能瞬间发出可见光。利用光电倍增管可将这种闪烁光转换成电脉冲，再用电子测量装置把它放大后记录下来，就构成了闪烁计数器。闪烁计数器对于小于 0.2 nm 的 X 射线荧光灵敏度高。

半导体计数器：由掺有锂的硅（或锗）半导体做成。因为锂的离子半径小，很容易穿过半导体，而且锂的电离能也低，当入射的 X 射线撞击锂漂移区时，在其运动途径中形成电子-空穴对。电子-空穴对在电场的作用下，分别移向 n 层和 p 层，形成电脉冲。脉冲高度与 X 射线能量成正比。

④ 记录系统　由放大器、脉冲高度分析器、记录和显示装置组成。从检测器得到的信号经放大器放大，经脉冲高度分析器分类后进行计数率的测定，在记录仪上得到以强度为纵坐标，角度（2θ）为横坐标的 X 射线荧光光谱图。

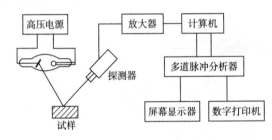

图 2-68　能量色散型 X 射线荧光光谱仪结构示意

（2）能量色散型 X 射线荧光光谱仪

能量色散型 X 射线荧光光谱仪是利用 X 射线荧光具有不同能量的特点，将其分开并检测，采用半导体检测器并配以多道脉冲分析器，直接测量试样 X 射线荧光的能量，不需要采用晶体分光系统，其结构如图 2-68 所示。来自试样的 X 射线荧光依次被半导体检测器检测，得到一系列幅度与光子能量成正比的脉冲，经放大器放大后送到多道脉冲分析器。按脉冲幅度的大小分别统计脉冲数，脉冲幅度可以用 X 光子的能量标度，从而得到计数率随能量分布的变化曲线，即能谱图。

与波长色散法相比，能量色散法的优点是分析速度快，检测灵敏度高，可以同时测定样品中几乎所有的元素，仪器结构小型化、轻便化。

2.11.5.2　X 射线衍射仪

X 射线衍射仪主要由 X 射线源、样品台、测角器、检测器和计算机控制处理系统组成。图 2-69 为 X 射线衍射仪结构示意。

（1）X 射线源

X 射线源由 X 射线管、高压发生器和控制电路组成。X 射线管可分为两种：密闭式和可拆卸式，使用较多的是密闭式 X 射线管。可拆卸式 X 射线管又称旋转阳极靶，其功率比密闭式大许多倍。

（2）测角器

测角器由光源臂、检测器臂和狭缝系统组成，是 X 射线衍射仪的核心部件。狭缝系统用于控制 X 射线的平行度，并决定测角器的分辨率。

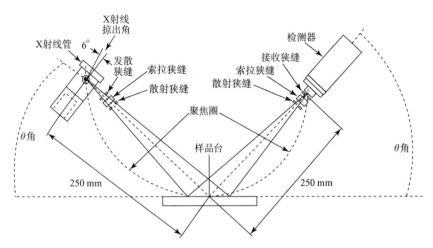

图 2-69 X 射线衍射仪结构示意

（3）检测器

检测器的作用是将 X 射线衍射强度转变为相应的电信号。衍射仪中常用的检测器是闪烁计数器，它是利用 X 射线在某些固体物质(磷光体)中产生在可见光范围内的荧光，这种荧光能再转换为可测量的电流。输出的电流和计数器吸收的 X 射线能量成正比，可以用来测量衍射线的强度。

第3章　光学分析法

3.1　紫外-可见分光光度法

紫外-可见分光光度法是利用被测试样对 200~780 nm 波长范围光辐射吸收进行分析测定的一种方法，也称紫外-可见吸收光谱法，属于分子吸收光谱法。由于紫外-可见吸收光谱是分子的价电子在电子能级间跃迁产生的，故也称电子光谱。

3.1.1　基本原理

3.1.1.1　分子吸收光谱的产生

图 3-1 是双原子分子的能级示意图。图中 A 和 B 分别代表具有不同能量的电子运动能级，A 是电子能级的基态，B 是电子能级的最低激发态。在同一电子能级内，分子的能量还会被分成若干振动能级(振动量子数 ν =0，1，2，3，…)。处于某一振动能级中的分子还会因转动能量的不同再分为若干转动能级(J=0，1，2，3，…)。电子能级的能量差 ΔE_g、振动能级的能量差 ΔE_ν 和转动能级的能量差 ΔE_r 间存在着如下相对大小关系：$\Delta E_g > \Delta E_\nu > \Delta E_r$。

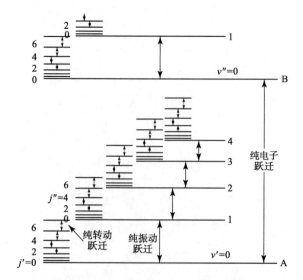

图 3-1　双原子分子中电子能级、振动能级和转动能级示意

根据量子理论，如果外界提供的辐射能(hv)恰好等于该分子从较低能级跃迁至较高能级所需的能量时，分子将吸收能量并发生跃迁。

当用紫外或可见光照射被测试样时，分子中发生价电子能级跃迁，同时伴随着若干振动能级和转动能级的跃迁，产生大量相互叠加的吸收谱线，这些谱线很接近，在紫外-可见光谱仪上很难将它们分开，因此实际观察到的电子光谱不是线状光谱，而是由无数条谱线组成的光谱带，因此，紫外-可见吸收光谱属于连续带状光谱。

由于不同物质分子具有不一样的结构，分子中各能级之间的能级差也不同，因此它们对不同波长的光会选择性吸收。测定样品时，如果改变入射光波长，并记录被测试样在每一波长处的吸光度，以吸光度(A)对波长(λ)作图，即可以得到该样品的吸收光谱，也称为吸收曲线，如图 3-2 所示。某物质的吸收曲线反映了它对不同波长光的吸收情况，其吸收峰的形状、位置、强度及其数目为研究物质的内部结构提供了重要的信息。

3.1.1.2　紫外-可见吸收光谱与分子结构的关系

（1）有机化合物

有机化合物分子的结构及分子轨道上电子的性质决定了其紫外-可见吸收光谱。在有机化合物分子中有形成单键的 σ 电子、形成重键的 π 电子和非成键的 n 电子。当分子吸收一定能量的辐射后，这些电子就会跃迁至能量较高的反键轨道，这种跃迁与物质内部结构有着密切关系，如图 3-3 所示。在物质的紫外-可见吸收光谱中，电子的跃迁主要包括 σ→σ*、n→σ*、n→π* 和 π→π* 几种类型，各种跃迁所需的能量大小依次为：σ→σ* > n→σ* > π→π* > n→π*。

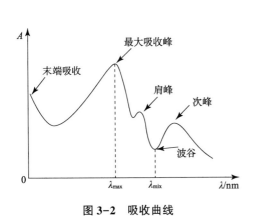

图 3-2　吸收曲线　　　　图 3-3　各种电子跃迁相应的吸收峰和能量示意

① σ→σ* 跃迁　此类跃迁主要发生在饱和烷烃中，通常出现在远紫外区(λ < 150 nm)，常为溶剂吸收峰。

② n→σ* 跃迁　能够发生此类跃迁的主要包括含杂原子 S、N、O、P、X(卤素原子)的饱和有机化合物。n→σ* 跃迁的大多数吸收峰出现在波长 200 nm 以下的远紫外区，N、S、I 可出现在近紫外区，O、Cl、F 出现在远紫外区。

③ n→π* 和 π→π* 跃迁　能够产生此类跃迁的有机化合物分子中一般含有不饱和

基团,如碳碳双键、羰基、硝基等。除此之外还有一些含有未成键 n 电子的基团,如 —OH、—NH$_2$、—SH 及卤族元素等。这两类跃迁的吸收峰一般出现在波长大于 200 nm 的紫外区,$\pi \rightarrow \pi^*$ 跃迁能够产生强的 K 带吸收,摩尔吸光系数可达 10^4 L · mol^{-1} · cm^{-1},而 $n \rightarrow \pi^*$ 跃迁能够产生强度较小的 R 带吸收,摩尔吸光系数一般在 500 L · mol^{-1} · cm^{-1}以下。

有机化合物中的结构单元能影响其紫外-可见吸收光谱的形状和强度。分子中能吸收紫外或可见光的结构单元称为生色团,它是含有非键轨道和 π 分子轨道的电子体系。如果有机化合物含有几个不产生共轭效应的生色团,该化合物的吸收光谱基本上由这些生色团的吸收带所组成。如果有机化合物中含有多个相同的生色团,其吸收峰的波长基本不变,而摩尔吸光系数将随生色团数目增加而增大。如果分子中含有本身不吸收辐射的助色团,能使分子中生色团的吸收峰向长波方向移动并增强其强度的基团,如羟基、氨基和卤素等。如果有机化合物分子中含有能够产生共轭效应的生色团,则原有的吸收峰将发生红移,同时摩尔吸光系数也增大。

(2)无机配位化合物

① 电荷转移吸收光谱 某些无机配位化合物的分子含有既能充当电子给予体又能作为电子接受体的部分,当紫外-可见光照射到这些化合物时,发生从电子给予体外层轨道到电子接受体轨道的跃迁,这种由于电子转移产生的吸收光谱,称为电荷转移吸收光谱。在配合物的电荷转移过程中,金属离子通常是电子接受体,配体是电子给予体。许多无机配合物都能发生这种电荷转移光谱。电荷转移跃迁是极其强烈的,摩尔吸光系数一般超过 10^4 L · mol^{-1} · cm^{-1},光谱在紫外或可见区,这为测定痕量金属离子提供了可能性。

② 配位体场吸收光谱 过渡元素一般含有未填满的 d 电子层,镧系和锕系元素含有 f 电子层,这些电子轨道通常都是简并轨道(能量相等)。当这些金属离子处在配体形成的负电场中时,低能态的 d 电子或 f 电子可以分别跃迁到高能态的 d 轨道或 f 轨道,这两类跃迁分别称为 d 电子跃迁和 f 电子跃迁。由于这两类跃迁必须在配体的配位场作用下才能发生,因此又称为配位体场跃迁,相应的光谱称为配位体场吸收光谱。配位体场吸收光谱通常位于可见光区,强度较弱,摩尔吸光系数约为 0.1 ~ 100 L · mol^{-1} · cm^{-1},对于定量分析应用不大,多用于配合物定性研究。

紫外-可见分光光度法是利用紫外-可见吸收光谱对物质进行定性和定量分析的方法。对于能直接吸收紫外、可见光的物质可直接进行定性、定量分析,而那些不吸收紫外或可见光的物质可利用显色反应使其转化为可吸收紫外、可见光的物质后再进行测定。例如金属离子本身的吸光系数值都比较小,则可以利用显色反应使它们生成对紫外或可见光有较强吸收的物质再测定。常见的显色反应类型主要有配位反应、氧化还原反应以及衍生化反应等,其中配位反应应用最广。

(3)影响紫外-可见吸收光谱的因素

① 共轭效应 共轭效应使共轭体系形成大 π 键,导致各能级间能量差减小,跃迁所需能量减小。因此共轭效应使吸收峰发生红移,吸收强度加强。随着共轭体系的增强,吸收峰的波长和吸收强度呈规律地改变。

② 助色效应　助色效应使助色团的 n 电子与生色团的 π 电子产生共轭效应，结果使吸收峰发生红移，吸收强度随之加强。

③ 超共轭效应　是由于烷基的 σ 键与共轭体系的 π 键共轭而引起的，其效应同样使吸收峰发生红移，吸收强度加强。但超共轭效应的影响远远小于共轭效应的影响。

④ 溶剂的影响　溶剂的极性强弱能影响紫外-可见吸收光谱的吸收峰波长、吸收强度及形状。如改变溶剂的极性，会使吸收峰波长发生变化。溶剂极性增大，由 $n \to \pi^*$ 跃迁所产生的吸收峰向短波方向移动，而 $\pi \to \pi^*$ 跃迁吸收峰向长波方向移动。

3.1.1.3　朗伯-比尔定律

朗伯-比尔(Lambert-Beer)定律是光吸收的基本定律，也是吸收光谱法定量分析的理论依据和基础。当一束平行的单色光垂直照射到浓度一定的均匀溶液时，其吸光度 A 与液层厚度 b 成正比，这种关系称为 Lambert 定律。当单色光垂直照射到液层厚度一定的均匀溶液时，其吸光度 A 与溶液的浓度 c 成正比，这种关系称为 Beer 定律。如果同时考虑溶液浓度与液层厚度对吸光度的影响，即将 Lambert 定律与 Beer 定律结合起来，称为 Lambert-Beer 定律，其数学表达式为

$$A = \lg \frac{I_0}{I} = \lg \frac{1}{T} = abc \qquad (3-1)$$

式中，I_0、I 分别是入射光强度和透射光强度；A 是吸光度；T 是透射比；b 是光通过的液层厚度；c 是吸光物质的浓度；a 是吸光系数，a 与被测物质的性质、入射光波长及温度等因素相关。

应用 Lambert-Beer 定律时，应注意：①入射光必须为单色光，既适用于紫外-可见光，也适用于红外光，是各类分光光度法进行定量分析的理论依据；②吸收发生在各种均匀非散射的吸光物质，包括液体、气体和固体；③吸光度具有加和性，溶液的总吸光度等于各吸光物质的吸光度之和。根据这一规律，可以进行多组分的测定及某些化学反应平衡常数的测定。这个性质对于理解吸光光度法的实验操作和应用都有着极其重要的意义。

式(3-1)中的比例常数 a 值随浓度 c 所用单位不同而不同。当浓度 c 以 $g \cdot L^{-1}$ 为单位时，a 称为吸光系数，其单位是 $L \cdot g^{-1} \cdot cm^{-1}$，则式(3-1)可改写为

$$A = abc \qquad (3-2)$$

当浓度 c 以 $mol \cdot L^{-1}$ 为单位，则常数 a 用 ε 表示，ε 称为摩尔吸光系数，其单位是 $L \cdot mol^{-1} \cdot cm^{-1}$，此时式(3-2)可改写为

$$A = \varepsilon bc \qquad (3-3)$$

吸光系数 a 和摩尔吸光系数 ε 是吸光物质在一定条件下(特定波长和溶剂)的特征常数，它表示吸光物质对某一波长光的吸收能力。同一化合物在不同波长处的 ε 不同，在最大吸收波长处的摩尔吸光系数，常以 ε_{max} 表示。ε 值越大，表示该物质对入射光的吸收能力越强。

Lambert-Beer 定律是紫外-可见分光光度法定量分析的依据。当比色皿及入射光强度一定时，吸光度与待测物质浓度成正比。

3.1.2 实验部分

实验 1 紫外吸收光谱法鉴定苯酚及其含量的测定

【实验目的】

1. 掌握紫外吸收光谱法进行物质定性分析的基本原理。
2. 掌握紫外吸收光谱法进行定量分析的基本原理。
3. 学习单波长双光束紫外-可见分光光度计的使用方法。

【实验原理】

紫外吸收光谱法，又称紫外分光光度法，它是依据分子在波长 190.0~400.0 nm 范围内的吸收光谱进行分析的方法。通过测定分子对紫外光的吸收，可以对大量的无机物和有机物进行定性和定量测定。

苯酚是一种剧毒物质，可以致癌，已经被列入有机污染物的黑名单。但一些药品、食品添加剂、消毒液等产品中均含有一定量的苯酚。如果其含量超标，就会产生很大的毒害作用。苯酚在紫外区的最大吸收波长 $\lambda_{max} = 270$ nm。对苯酚溶液进行扫描时，在 270 nm 处有较强的吸收峰。

紫外吸收光谱定性分析的依据：含有苯环和共轭双键的有机化合物在紫外区有特征吸收。物质结构不同，其紫外吸收曲线的形状、最大吸收波长 λ_{max} 的位置及其相应的最大摩尔吸收系数也不同，因此，吸收曲线的形状、λ_{max} 及 ε_{max} 是进行物质定性分析的依据。

紫外吸收光谱定量分析的依据：物质对紫外光吸收的吸光度与物质含量之间符合 Lambert-Beer 定律，即 $A = \varepsilon bc$。

本实验依据苯酚的紫外吸收曲线特征鉴定样品中是否存在苯酚，并在 270 nm 波长处测定苯酚系列标准溶液的吸光度值，由计算机软件自动绘制标准曲线。然后在相同的实验条件下测定未知样品的吸光度值，依据标准曲线求出未知样中苯酚的含量。

【仪器和试剂】

1. 仪器

紫外-可见分光光度计(TU-1901 型或岛津 UVmini-1240 型等其他型号)，1.0 cm 石英吸收池，50 mL 容量瓶。

2. 试剂

苯酚标准溶液(500 mg · L^{-1})；待测液。

【实验步骤】

1. 定性分析

(1) 苯酚分析溶液的制备 准确称取苯酚 0.0500 g，放入烧杯中，用蒸馏水稀释，定容于 100 mL 容量瓶中，则得到 500 mg·mL^{-1}苯酚标准溶液。

（2）鉴定　在紫外-可见分光光度计上，用 1.0 cm 石英比色皿，以蒸馏水作参比溶液，在 200~400 nm 波长范围内扫描并绘制苯酚分析溶液和待测液的吸收曲线。测量时每 5 nm 测定一次吸光度，在最大吸收波长（λ_{max}）附近，每隔 1 nm 测定一次吸光度。在待测液的吸收曲线上找出 $\lambda_{max待测液}$，求出 $\varepsilon_{max待测液}$，并与苯酚分析溶液的吸收曲线以及 $\lambda_{max分析}$、$\varepsilon_{max分析}$ 等光谱数据进行对比，鉴定苯酚。

2. 定量分析

（1）标准曲线的测绘　取 5 个 50 mL 的容量瓶，分别准确移入 1.00、2.00、3.00、4.00、5.00 mL 的 500 mg·mL^{-1}的苯酚标准溶液，用蒸馏水定容到刻度，摇匀，配成浓度依次为 10.00、20.00、30.00、40.00、50.00 mg·mL^{-1}的苯酚系列标准溶液。用蒸馏水作参比，在选定的最大吸收波长下，分别测定各标准溶液的吸光度 A，以吸光度 A 对浓度 c 作图，绘制标准曲线。

（2）待测液中的苯酚含量　在相同的实验条件下测定待测液的吸光度 A。若待测液浓度过高须适当稀释后再进行测定，然后根据吸光度 A 在标准曲线上查出待测液中苯酚的浓度，并计算出未知液中苯酚的含量。

【数据处理】

1. 定性鉴定结果

表 3-1　苯酚标准溶液与待测液光谱数据对比表

$\lambda_{max标液}$/nm	$\lambda_{max待测液}$/nm	$\varepsilon_{max标液}$	$\varepsilon_{max待测液}$	$\varepsilon_{max\ 标液}/\varepsilon_{max\ 待测液}$	鉴定结果

定性分析结果：从吸收曲线上可以看出，该物质在＿＿＿＿＿＿有强吸收，表示含有＿＿＿＿＿＿。

2. 定量分析结果

表 3-2　苯酚系列标准溶液与待测液吸光度值记录表

苯酚的浓度 c/（mg·L^{-1}）	10.00	20.00	30.00	40.00	50.00	待测液	未知液中苯酚含量
吸光度 A							

结论：据此可知，未知液中苯酚的含量为：＿＿＿＿＿＿。

【注意事项】

石英比色皿每更换一种带盛装溶液之前必须用蒸馏水清洗干净，并用待盛装溶液润洗三次之后再进行测试。

【思考题】

1. 紫外-可见分光光度法进行定性、定量分析的依据是什么？
2. 说明紫外-可见分光光度法的特点及其适用范围。

3. 讨论紫外–可见吸收曲线的形状、最大吸收波长 λ_{max}、吸收谱带强度及其在定性和定量分析方面的应用。

4. 试样溶液浓度过大或过小对测量结果有何影响？应如何调整？

实验 2　分光光度法测定混合液中 Co²⁺ 和 Cr³⁺ 的含量

【实验目的】

1. 通过本实验掌握分光光度法测定双组分混合溶液的原理和方法。
2. 熟练掌握紫外–可见分光光度计的使用。

【实验原理】

如果样品中只含有一种吸光物质，可先测定出该物质的吸收光谱曲线，选择适当的吸收波长，然后在该波长下，根据 Lambert–Beer 定律，采用标准曲线法即可求出未知液中待测物质的含量。如果样品中含有多种吸光物质，一定条件下分光光度法不需分离多种物质即可对混合物进行多组分分析。这是因为吸光度具有加和性。在某一波长下混合物的总吸光度等于各个组分吸光度的总和。测定各组分摩尔吸光系数可采用标准曲线法，以标准曲线的斜率作为摩尔吸光系数较为准确。对双组分混合溶液的测定，可根据具体情况分别测定出各个组分含量。

（1）如果各种吸光物质的吸收曲线不相互重叠，这是多组分同时测定的理想情况，可在各自的最大吸收波长处分别测定，与单组分测定无异。

（2）如果各种吸光物质的吸收曲线相互重叠，根据吸光度加和性原理，在这种情况下仍然可以测定出各个组分的含量。如本实验中测定 Co²⁺ 和 Cr³⁺ 有色混合物中各组分的含量。Co²⁺ 和 Cr³⁺ 吸收曲线相互重叠（图 3–4），分别选择 Co²⁺ 和 Cr³⁺ 的最大吸收波长 λ_1 和 λ_2 作为定量分析的测量波长，根据 Lambert–Beer 定律及吸光度具有加和性原理有：

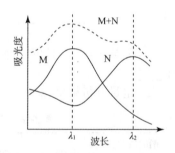

图 3–4　M、N 两组分混合物的吸收光谱

$$A_{\lambda_1} = \varepsilon^{\lambda_1}_{Co^{2+}} b c_{Co^{2+}} + \varepsilon^{\lambda_1}_{Cr^{3+}} b c_{Cr^{3+}}$$
$$A_{\lambda_2} = \varepsilon^{\lambda_2}_{Co^{2+}} b c_{Co^{2+}} + \varepsilon^{\lambda_2}_{Cr^{3+}} b c_{Cr^{3+}}$$

联立上述两个方程，解方程组即可求出 Co²⁺ 和 Cr³⁺ 的浓度，进而求出混合溶液中各组分的含量。

【仪器和试剂】

1. 仪器

分光光度计，1.0 cm 玻璃比色皿，50 mL 容量瓶，吸量管。

2. 试剂

K₂Cr₂O₇ 标准溶液（30 μg·mL⁻¹）；Co(NO₃)₂ 标准溶液（0.700 mol·L⁻¹）；Cr(NO₃)₃ 标准溶液（0.200 mol·L⁻¹）。

【实验步骤】

1. 标准溶液的配制

学生自行配制 30 μg·mL⁻¹ K₂Cr₂O₇ 标准溶液、0.700 mol·L⁻¹ Co(NO₃)₂ 标准溶液和 0.200 mol·L⁻¹ Cr(NO₃)₃ 标准溶液各 50 mL。

2. 比色皿间读数误差检验

在一组 1.0 cm 玻璃比色皿中加入浓度为 30 μg·mL⁻¹ 的 K₂Cr₂O₇ 标准溶液，在 550 nm 波长下测定各比色皿中溶液的透光率 T。根据比色皿间透光率之差不超过 0.5% 的原则，从所测玻璃比色皿中选出符合要求的一组比色皿进行实验，选择其中透光率最大的比色皿为参比溶液比色皿。

3. 溶液的配制

取 4 个 50 mL 容量瓶，分别加入 2.50、5.00、7.50、10.00 mL 的 0.700 mol·L⁻¹ Co(NO₃)₂ 标准溶液；另取 4 个 50mL 容量瓶，分别加入 2.50、5.00、7.50、10.00 mL 的 0.200 mol·L⁻¹ Cr(NO₃)₃ 标准溶液。用蒸馏水稀释至刻度，配制成 Co(NO₃)₂ 和 Cr(NO₃)₃ 系列标准溶液，摇匀备用。

另取 1 个 50 mL 容量瓶，加入未知试样溶液 15 mL，用蒸馏水稀释至刻度，摇匀备用。

4. 波长的选择

选用任意一种浓度的 Co(NO₃)₂ 标准溶液和 Cr(NO₃)₃ 标准溶液（切勿选择母液），分别绘制两者的吸收曲线。具体实验步骤如下：

用 1.0 cm 比色皿，以蒸馏水为参比，在 420～700 nm 波长范围，每隔 20 nm 测一次 Co(NO₃)₂ 标准溶液和 Cr(NO₃)₃ 标准溶液的吸光度，在最大吸收峰附近多测几点（间隔 2 nm 为宜）。将两种溶液的吸收曲线绘制在同一坐标系内。根据吸收曲线选择二者的最大吸收波长 λ_1 和 λ_2（以能呈现出波形的最大吸光度值所对应的吸收波长为最大吸收波长）作为定量分析的测定条件。

5. 吸光度的测定

以蒸馏水为参比，使用检验合格的一组比色皿，在波长 λ_1 和 λ_2 处分别测量步骤 3 中配制好的 9 个溶液的吸光度。记录数据，将相应吸光度数值 A 填入表 3-3。

表 3-3　Co(NO₃)₂ 和 Cr(NO₃)₃ 的系列标准溶液以及未知混合物的吸光度

	Co²⁺				Cr³⁺				混合物
	1 号	2 号	3 号	4 号	1 号	2 号	3 号	4 号	
λ_1									
λ_2									

采用标准曲线法测定 Co(NO₃)₂ 标准溶液和 Cr(NO₃)₃ 标准溶液分别在 λ_1 和 λ_2 处的摩尔吸光系数 ε，利用吸光度的加和性原理计算 Co(NO₃)₂ 和 Cr(NO₃)₃ 浓度未知的混合

物中各组分的含量。

【数据处理】

(1) 根据测定数据，分别绘制 $Co(NO_3)_2$ 标准溶液和 $Cr(NO_3)_3$ 标准溶液的吸收曲线。选择定量测定的波长 λ_1 和 λ_2。

(2) 绘制 $Co(NO_3)_2$ 系列标准溶液和 $Cr(NO_3)_3$ 系列标准溶液在 λ_1 和 λ_2 处的标准曲线(共 4 条)。绘制时，注意坐标分度的选择应使标准曲线的倾斜度在 45°左右(此时曲线斜率最大)，且 $Co(NO_3)_2$ 和 $Cr(NO_3)_3$ 标准溶液在不同波长处的标准曲线不应绘制在同一坐标系内。求出 $Co(NO_3)_2$ 和 $Cr(NO_3)_3$ 在 λ_1 和 λ_2 处的摩尔吸光系数 ε。

(3) 将标准曲线中求得的摩尔吸光系数 ε 代入方程组，计算出未知混合样品溶液中 $Co(NO_3)_2$ 和 $Cr(NO_3)_3$ 的各自浓度。

【注意事项】

扫描吸收曲线时，每改变一次波长，都应该用参比溶液进行校正。

【思考题】

1. 若样品中含有的组分过多且混浊，或存在强散射等问题，是否还能采用该方法测定各组分的含量? 请说明原因。

2. 若同时测定三组分混合溶液，应如何设计实验?

实验 3   紫外吸收光谱法同时测定维生素 C 和维生素 E 的含量

【实验目的】

1. 进一步熟悉和掌握紫外分光光度计的使用方法。
2. 掌握在紫外光谱区同时测定双组分体系含量的原理和方法。

【实验原理】

维生素 $C(V_C，$抗坏血酸)是一种水溶性的抗氧化剂，而维生素 $E(V_E，\alpha$-生育酚)是一种脂溶性的抗氧化剂。由于它们在抗氧化性能方面具有协同作用，常被作为组合试剂应用于食品行业中。V_C 和 V_E 都能溶于无水乙醇，因此，可以采用在同一溶液中测定双组分的原理来测定它们。

基于吸光度具有加合性的原理，根据两组分吸收曲线的性质，选择两个合适的测定波长，通过解联立方程组可以同时测出样品中双组分的含量。本实验中先分别测定 V_C 系列标准溶液和 V_E 系列标准溶液分别在 V_C 最大吸收波长 λ_1 和 V_E 最大吸收波长 λ_2 处的吸光度值，根据 Lambert-Beer 定律 $A = \varepsilon bc$ 利用标准曲线法计算出吸光系数 $\varepsilon_{\lambda_1}^{V_C}$、

$\varepsilon_{\lambda_2}^{V_C}$、$\varepsilon_{\lambda_1}^{V_E}$ 和 $\varepsilon_{\lambda_2}^{V_E}$。然后测定 V_C 和 V_E 混合双组分试样在 λ_1 和 λ_2 处的吸光度值 A_{λ_1} 和 A_{λ_2}，根据吸光度的加和性列出式(3-4)和式(3-5)，解联立方程即可同时测出样品中 V_C 和 V_E 的含量 c_{V_C} 和 c_{V_E}。

$$A_{\lambda_1} = A_{\lambda_1}^{V_C} + A_{\lambda_1}^{V_E} = \varepsilon_{\lambda_1}^{V_C} bc_{V_C} + \varepsilon_{\lambda_1}^{V_E} bc_{V_E} \qquad (3-4)$$

$$A_{\lambda_2} = A_{\lambda_2}^{V_C} + A_{\lambda_2}^{V_E} = \varepsilon_{\lambda_2}^{V_C} bc_{V_C} + \varepsilon_{\lambda_2}^{V_E} bc_{V_E} \qquad (3-5)$$

【仪器和试剂】

1. 仪器

紫外分光光度计(UV1600 型或 UV-240 型)，厚度为 1.0 cm 的石英比色皿，1 000 mL、50 mL 容量瓶。

2. 试剂

V_C 标准贮备溶液(30.00 μg·mL⁻¹)：准确称取 30.00 mgV_C 于烧杯中，用少量去离子水溶解后，用无水乙醇定容于 1 000 mL 容量瓶中。

V_E 标准贮备溶液(30.00 μg·mL⁻¹)：准确称取 30.00 mgV_E 于烧杯中，无水乙醇溶解并定容于 1 000 mL 容量瓶中。

无水乙醇。

【实验步骤】

1. V_C 系列标准溶液的配制

分别准确移取 V_C 标准贮备溶液 2.00、4.00、6.00、8.00、10.00 mL 于 5 个 50 mL 容量瓶中，用无水乙醇稀释至刻度，摇匀备用。

2. V_C 吸收曲线的绘制

以无水乙醇为参比，在 200~320 nm 范围内测绘出 V_C 的吸收曲线，确定其最大吸收波长 $\lambda_{max}^{V_C}$，作为 λ_1。

3. V_E 系列标准溶液的配制

分别准确移取 V_E 标准贮备溶液 2.00、4.00、6.00、8.00、10.00 mL 于 5 个 50 mL 容量瓶中，用无水乙醇稀释至刻度，摇匀备用。

4. V_E 吸收曲线的绘制

以无水乙醇为参比，在 200~320 nm 范围内测绘出 V_E 的吸收曲线，确定其最大吸收波长 $\lambda_{max}^{V_E}$，作为 λ_2。

5. V_C 标准曲线的绘制

以无水乙醇为参比，在波长 λ_1 和 λ_2 处分别测定步骤 1 配制的 5 个 V_C 标准溶液的吸光度 A，绘制标准曲线。

6. V_E 标准曲线的绘制

以无水乙醇为参比，在波长 λ_1 和 λ_2 处分别测定步骤 3 配制的 5 个 V_E 标准溶液的吸光度 A，绘制标准曲线。

7. 未知液的测定

取未知液 5.00 mL 于 50 mL 容量瓶中，用无水乙醇稀释至刻度，摇匀。在 λ_1 和 λ_2

处分别测其吸光度 A。

【数据处理】

(1) 绘制 V_C 和 V_E 的吸收曲线，确定 λ_1 和 λ_2。

(2) 分别绘制 V_C 和 V_E 在 λ_1 和 λ_2 时的 4 条标准曲线，求出 4 条直线的斜率，即 $\varepsilon_{\lambda_1}^{V_C}$、$\varepsilon_{\lambda_2}^{V_C}$、$\varepsilon_{\lambda_1}^{V_E}$ 和 $\varepsilon_{\lambda_2}^{V_E}$。

(3) 列联立方程组，计算未知液中 V_C 和 V_E 的浓度。

【注意事项】

由于抗坏血酸(V_C)会缓慢地氧化成脱氢抗坏血酸，每次实验时必须现用现配。

【思考题】

1. 简述紫外吸收光谱法同时测量双组分含量的原理。
2. 使用本方法测定维生素 C 和维生素 E 是否灵敏？解释其原因。
3. 写出维生素 C 和维生素 E 的结构式，并解释一个是"水溶性"，一个是"脂溶性"的原因。

实验 4　邻二氮菲分光光度法测定铁的含量

【实验目的】

1. 通过分光光度法测定试样中铁的含量，并通过条件优化实验，学会选择和确定显色反应的适宜条件。

2. 了解分光光度计的构造、性能及使用方法。

3. 掌握邻二氮菲分光光度法测定铁的原理和方法。

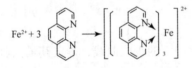

图 3-5　Fe^{2+} 与邻二氮菲生成极稳定的橙红色配合物

【实验原理】

邻二氮菲，又称 1,10-二氮菲或邻菲罗啉(1,10-phenanthroline)，是一种测定微量铁的优良显色剂。在 pH=2~9 的条件下，Fe^{2+} 与邻二氮菲生成配位比为 1:3 的极稳定的橙红色配合物(图 3-5)。配合物的 $\lg K_{稳}=21.3$，510 nm 处的摩尔吸光系数 $\varepsilon_{510}=1.1\times10^4$ L·mol^{-1}·cm^{-1}。

由于 Fe^{2+} 溶液在空气中部分被氧化成 Fe^{3+}，而 Fe^{3+} 会与邻二氮菲生成 1:3 的淡蓝色配合物影响测定，所以在显色前，必须用盐酸羟胺把 Fe^{3+} 全部还原为 Fe^{2+}：

$$2Fe^{3+}+2NH_2OH\cdot HCl \longrightarrow 2Fe^{2+}+N_2\uparrow+4H^++2H_2O+2Cl^-$$

测定时，控制溶液 pH=3 较为适宜，酸度过高时，反应进行较慢，酸度太低，则 Fe^{2+} 水解，影响显色。

用邻二氮菲测定铁时，有很多元素干扰测定，须预先进行掩蔽或分离。例如，钴、镍、铜、铅与显色剂邻二氮菲形成有色配合物；钨、铂、镉、汞与试剂生成沉淀，还有些金属离子如锡、铅、铋则在邻二氮菲铁配合物形成的 pH 范围内发生水解。因此，当这些离子共存时，应注意消除它们的干扰。

【仪器和试剂】

1. 仪器

分光光度计，1.0 cm 的玻璃比色皿。

2. 试剂

乙酸钠(1 $mol \cdot L^{-1}$)；NaOH(1 $mol \cdot L^{-1}$)；HCl(2 $mol \cdot L^{-1}$)；盐酸羟胺(100 $g \cdot L^{-1}$，临时配制)。

邻二氮菲(1.5 $g \cdot L^{-1}$)：0.15 g 邻二氮菲溶解在 100 mL $1:1$ 的乙醇水溶液中。

铁标准溶液(10.00 $\mu g \cdot mL^{-1}$)：准确称取 0.351 1 g $(NH_4)_2Fe(SO_4)_2 \cdot 6H_2O$ 于烧杯中，用 15 mL 的 2 $mol \cdot L^{-1}$ HCl 溶解，移入 500 mL 容量瓶中，以水稀释至刻度，摇匀。再稀释 10 倍成为含 Fe^{2+} 10.00 $\mu g \cdot mL^{-1}$ 的铁标准溶液。如以 $(NH_4)_2Fe(SO_4)_2 \cdot 12H_2O$ 配制铁标准溶液，则需标定。

【实验步骤】

1. 吸收曲线的绘制

用吸量管准确移取 10.00 $\mu g \cdot mL^{-1}$ 铁标准溶液 10.00 mL 于 50 mL 容量瓶中，加入 10% 盐酸羟胺溶液 1 mL，摇匀，加入 0.15% 邻二氮菲溶液 2 mL，乙酸钠溶液 5 mL，以蒸馏水稀释至刻度，摇匀。放置 10 min 后，在分光光度计上，用 1.0 cm 比色皿，以试剂空白为参比，在 $440 \sim 560$ nm 间，每隔 10 nm 测定一次吸光度，在最大吸收波长附近处多测定几点。然后以波长为横坐标，吸光度为纵坐标绘制吸收曲线，从吸收曲线上确定测定铁的适宜波长(即最大吸收波长)。

2. 测定条件的选择

(1) 邻二氮菲与铁的配合物的稳定性　按照上面溶液的配制方法重新配制溶液，在确定的最大吸收波长处，以试剂空白为参比，在加入显色剂后迅速盛装溶液并测定吸光度，即为零时刻溶液的吸光度。再经 5、10、20、30、60、120 min 后，分别测定溶液的吸光度。以时间(t)为横坐标，吸光度(A)为纵坐标，绘制 $A\text{-}t$ 曲线，从曲线上判断配合物的稳定情况。

(2) 显色剂浓度的影响　取 50 mL 容量瓶 8 个，用吸量管准确移取 10.00 $\mu g \cdot mL^{-1}$ 铁标准溶液 10.00 mL 于各容量瓶中，加入 10% 盐酸羟胺溶液 1 mL，充分摇匀，分别加入 0.15% 邻二氮菲溶液 0.00、0.50、1.00、2.00、3.00、4.00、6.00、8.00 mL，再加入乙酸钠 5 mL，蒸馏水稀释至刻度，摇匀备用。在该配合物的最大吸收波长处，用 1.0 cm 比色皿，以试剂空白为参比，测定不同显色剂用量时溶液的吸光度。然后以加入邻二氮菲的体积(mL)为横坐标，吸光度为纵坐标，绘制 $A\text{-}V$ 曲线，由曲线确定显色剂的最佳加入量。

(3) 溶液酸度对配合物的影响　取 50 mL 容量瓶 9 个，分别准确吸取 10.00 $\mu g \cdot$

L^{-1}铁标准溶液 10.00 mL，10%盐酸羟胺溶液 1 mL，摇匀，经 2 min 后，再加入 0.15% 邻二氮菲溶液 2 mL，然后在各容量瓶中，依次用吸量管准确加入 2 mol·L^{-1}HCl 溶液 0.5 mL、1 mol·L^{-1}NaOH 溶液 0.0、0.5、1.0、1.5、2.0、3.0、4.0、6.0 mL，以蒸馏水稀释至刻度，摇匀备用。用 pH 计测定各溶液的 pH。同时在选定的最大吸收波长下，用 1.0 cm 比色皿，以试剂空白为参比，测定各溶液的吸光度。最后以 pH 为横坐标，吸光度为纵坐标，绘制 A-pH 曲线，由曲线确定最适宜的 pH 范围。

（4）确定测定条件 根据以上条件实验的结果，确定邻二氮菲分光光度法测定铁的适宜条件并加以讨论。

3. 铁含量的测定

（1）标准曲线的绘制 取 50 mL 容量瓶 6 个，分别准确移取 10.00 μg·mL^{-1}铁标准溶液 0.00、2.00、4.00、6.00、8.00、10.00 mL 于各容量瓶中，各加 10%盐酸羟胺溶液 1 mL，充分摇匀，2 min 后再各加 0.15%邻二氮菲溶液 2 mL 和乙酸钠溶液 5 mL，以蒸馏水稀释至刻度，摇匀备用。在分光光度计上用 1.0 cm 比色皿，在选取的最大吸收波长处以试剂空白为参比，测定各溶液的吸光度，以铁的含量为横坐标，吸光度为纵坐标，绘制标准曲线。

（2）未知液铁含量的测定 吸取未知液 10 mL，按照与上述标准曲线相同的实验条件和步骤测定其吸光度。根据未知液的吸光度，根据标准曲线给出的线性回归方程计算试样中微量铁的含量，以每升未知液中含铁多少克表示（g·L^{-1}）。

【数据处理】

（1）记录分光光度计的型号、比色皿厚度，绘制吸收曲线和标准曲线。

（2）计算未知液中铁的含量，以每升未知液中含铁多少克表示（g·L^{-1}）。

【注意事项】

（1）试样和工作曲线的实验测定条件应保持一致。

（2）盐酸羟胺容易氧化，应现用现配。

【思考题】

1. 三价铁离子溶液在显色前加盐酸羟胺的目的是什么？

2. 实验中为什么要进行各种条件实验？

3. 如果试样中存在某种干扰离子，且该离子在测定波长下有吸收，该如何处理？

4. 实验中哪些试剂要准确配制，哪些不必准确配制？它们是否均应准确加入？为什么？

实验 5 不同溶剂中苯酚的紫外光谱研究

【实验目的】

1. 巩固紫外分光光度法的基本理论与基础知识，掌握不同溶剂对同一种物质的紫外吸收光谱的影响。

2. 了解单波长双光束分光光度计的构造和使用方法。

【实验原理】

具有不饱和结构的有机化合物，特别是芳香族化合物，在近紫外区（波长 200 ~ 400 nm）有特征吸收，这为有机化合物的结构鉴定提供了有用的信息。苯具有环状共轭体系，在紫外区有三个吸收谱带：E_1 吸收带，吸收峰在 184 nm 左右，ε_{max} 为 4.7×10^4 L·mol^{-1}·cm^{-1}；E_2 吸收带，吸收峰在 203 nm 处，ε_{max} 为 7.4×10^3 L·mol^{-1}·cm^{-1}，为中等强度吸收；B 吸收带，最大吸收峰在 255 nm 处，ε_{max} 为 230 L·mol^{-1}·cm^{-1}，吸收强度较弱。这些吸收带都是电子 $\pi-\pi^*$ 跃迁所产生的。而当苯环上的氢被助色团取代时，苯的吸收光谱会发生变化，复杂的 B 吸收带变得简单化，吸收峰向长波方向移动而发生红移，吸收强度增加。溶剂不同，芳香族化合物的紫外吸收光谱也有所不同。如苯酚的 2% 甲醇溶液的 E_1 吸收带最大吸收峰为 210.5 nm，ε_{max} 为 6 200 L·mol^{-1}·cm^{-1}；B 吸收带最大吸收峰为 270 nm，ε_{max} 为 1 450 L·mol^{-1}·cm^{-1}。但是当苯酚溶剂为水、乙醇或二者的混合物时，它的紫外特征吸收峰的位置也会发生变化。这种由有机溶剂，特别是极性溶剂对溶质紫外吸收峰的波长、强度及形状产生影响的现象称为溶剂效应。一般来说，溶剂极性增大，$n-\pi^*$ 跃迁产生的吸收带发生蓝移，而 $\pi-\pi^*$ 跃迁产生的吸收带发生红移。

【仪器和试剂】

1. 仪器

分光光度计（WFZ800-S 型双波长紫外–可见分光光度计等）及附件，容量瓶（50 mL）。

2. 试剂

苯酚标准溶液（500 mg·L^{-1}）：准确称取 0.050 0 g 苯酚于烧杯中，加蒸馏水使之溶解，移入 100 mL 容量瓶，用蒸馏水稀释至刻度，摇匀备用。

1:1（体积比）的乙醇水溶液；盐酸（4 mol·L^{-1}）；氢氧化钠（0.8 mol·L^{-1}）；1:1（体积比）的甲醇水溶液。

【实验步骤】

1. 溶液的配制

取 9 个洁净的 50 mL 容量瓶，按表 3-4 加入各种试剂（吸量管准确移取），用蒸馏水稀释至刻度，摇匀备用。参比为试剂空白。

表 3-4　各容量瓶应加入的试剂量

容量瓶序号	1#	2#	3#	4#	5#	6#	7#	8#	9#
苯酚标准溶液/mL	5	5	5	5	5	5	5	5	5
甲醇溶液/mL	2	2	2						
乙醇溶液/mL				2	2	2			
HCl 溶液/mL		5			5			5	
NaOH 溶液/mL			5			5			5

2. 测定吸收曲线

用 1.0 cm 比色皿，从 200~400 nm(每隔 5 nm)对溶液进行扫描，绘制上述各溶液的紫外吸收光谱图。

【数据处理】

(1) 记录各个溶液的吸收光谱图。

(2) 找出每个溶液的最大吸收波长并与苯酚溶液进行比较。

(3) 计算最大吸收波长处各个溶液的 ε_{max}。

【思考题】

1. 同一物质，在不同溶剂中吸收光谱有何不同？为什么？

2. 产生紫外吸收光谱的电子跃迁类型有哪些？

3. 影响紫外吸收光谱的因素有哪些？

4. 讨论共轭效应及溶剂效应是如何影响紫外吸收光谱的。

实验 6　高吸光度示差分析法测定铬

【实验目的】

1. 通过标准曲线的绘制及试样溶液的测定，了解高吸光度示差分析法的基本原理及方法优点。

2. 掌握分光光度计的使用。

【实验原理】

普通吸光光度法是基于测量试样溶液与试剂空白溶液(或溶剂)相比较的吸光度，从相同条件下所作的标准曲线来计算被测组分的含量，吸光光度法的准确度一般在 2%~5%，因此，它不适用于高含量组分的测定。

为了提高吸光光度法测定的准确度，使其适用于高含量组分的测定，可采用高吸光度示差分析法。示差法与普通吸光光度法的不同之处在于用一个标准溶液代替试剂空白溶液作为参比溶液，测量待测溶液的吸光度。其测定步骤如下：

(1) 将一个比待测溶液浓度稍小的参比溶液(浓度为 c_s)放入仪器光路中，调节透光率为 100%(或吸光度为 0)。

(2) 将待测溶液(浓度为 $c = c_s + \Delta c$)推入光路，读取表观吸光度 A_f(或表观透光率 T_f)。表观吸光度 A_f 实际上是由 Δc 引起的吸收大小，可表达为

$$A_f = ab(c - c_s) \tag{3-6}$$

即待测溶液 c_x 与参比溶液 c_s 的吸光度之差与这两个溶液的浓度差成正比。

无论普通吸光度法或高吸光度示差法，只要符合 Lambert-Beer 定律，而且测量误

差仅仅是由于吸光度读数的不确定所引起的，则可以方便地计算出分析的误差。

吸光光度法的光度误差的计算式为

$$\frac{\Delta c}{c} = \frac{0.434\,3\Delta T}{T\lg T} \tag{3-7}$$

高吸光度示差分析法的光度误差的计算式为

$$\frac{\Delta c}{c} = \frac{0.434\,3\Delta T_{f}}{T_{f}\lg(T_{f} \cdot T_{s})} \tag{3-8}$$

上两式中，ΔT 或 ΔT_{f} 是透光率的读数误差；T_{s} 是参比溶液的透光率。

光度误差与参比溶液的浓度有密切关系，随着参比溶液浓度的增加，光度误差也随之减小，高吸光度示差法充分利用了仪器的灵敏度，使其准确度与容量分析的准确度相接近。

本实验以 $Cr(NO_3)_3$ 为例，在 550 nm 进行普通吸光光度测量，并与高吸光度示差法进行比较。

【仪器和试剂】

1. 仪器

T6 新悦可见分光光度计及 1 cm 比色皿，移液管(10 mL)1 支，容量瓶(25 mL)17 个。

2. 试剂

0.250 0 mol·L^{-1} $Cr(NO_3)_3$ 溶液。

【实验步骤】

1. 标准溶液的配制

取 16 个 25 mL 容量瓶，用移液管分别加入 1.00、2.00、3.00、4.00、5.00、6.00、7.00、8.00、9.00、10.00、11.00、12.00、13.00、14.00、15.00、16.00 mL 的 0.250 0 mol·L^{-1} $Cr(NO_3)_3$ 溶液，用水稀释至刻度，摇匀。取 1 个 25 mL 容量瓶，移取 20 mL 待测试样溶液，用水稀释至刻度，摇匀。

2. 标准曲线的绘制及试样溶液的测定

用 1 cm 比色皿，在 550 nm 处测量下列溶液的吸光度。

(1) 以水作参比溶液，测量 1~6 mL 0.250 0 mol·L^{-1} $Cr(NO_3)_3$ 的吸光度。

(2) 以 5 mL 0.250 0 mol·L^{-1} $Cr(NO_3)_3$ 溶液为参比溶液，测量 6~11 mL 0.250 0 mol·L^{-1} $Cr(NO_3)_3$ 的吸光度。

(3) 以 10 mL 0.250 0 mol·L^{-1} $Cr(NO_3)_3$ 溶液为参比溶液，测量 12~16 mL 0.250 0 mol·L^{-1} $Cr(NO_3)_3$ 及待测试样溶液的吸光度。

【数据处理】

(1) 记录实验条件及测量数据，在同一坐标纸上绘制(1)~(3)组的吸光度对浓度的标准曲线。

(2) 从(3)组标准曲线上求算试样溶液的浓度。

(3) 若透光率的读数误差 $\Delta T = 0.01$，计算 (1)~(3) 组每个实验点的 $\dfrac{\Delta c}{c}$ 值，绘制 (1)~(3) 组的 $\dfrac{\Delta c}{c} - T$ 的图形，并讨论之。

【思考题】

1. 在普通分光光度法中，若透光率读数改变 0.01，最小误差点（即 $T = 36.8\%$）的相对百分误差是多少？

2. 根据实验数据，指出哪一个实验点的相对百分误差最低？比普通分光光度法中 T 为 36.8% 处精确多少倍？

实验 7 紫外分光光度法测定非那西丁的含量

【实验目的】

1. 了解 T6 紫外可见分光光度计的构造及使用方法。
2. 掌握用紫外分光光度法测定非那西丁含量的定量分析方法。

【实验原理】

非那西丁在 244 nm 处对紫外光有选择性吸收，在一定浓度范围内，吸光度与浓度的关系符合 Lambert-Beer 定律，故可用紫外分光光度法进行测定。本实验对非那西丁的测定，采用紫外分光光度法中常用的标准工作曲线法进行定量分析。

【仪器和试剂】

1. 仪器

T6 紫外可见分光光度计，1 cm 带盖石英比色皿一套，容量瓶（25 mL）6 个，移液管（5 mL）1 支。

2. 试剂

非那西丁标准溶液（100 μg·mL⁻¹）：准确称取非那西丁 0.050 0 g 于 50 mL 烧杯中，加入少许乙醇溶解，转移至 500 mL 容量瓶中，用水稀释至刻度，摇匀。

【实验步骤】

1. 绘制吸收曲线

移取 2.50 mL 非那西丁标准溶液于 25 mL 容量瓶中，用水稀释至刻度，摇匀。以水作参比，在 1 cm 石英比色皿中，从波长 215~270 nm 范围内，每隔 10 nm 测定吸光度值，绘制吸收曲线，找出最大吸收波长 λ_{max}。

2. 绘制工作曲线

移取 100 μg·mL⁻¹ 非那西丁标准溶液 0.50、1.00、1.50、2.00、2.50 mL 分别注入

25 mL 容量瓶中，以水稀释至刻度，摇匀。以水作参比，在最大吸收波长处(理论值 $\lambda_{max} = 244$ nm) 测各溶液的吸光度值。

3. 试样测定

另取一个 25 mL 容量瓶，移取 2 mL 待测试样溶液，用水稀释至刻度，摇匀，测定其吸光度值。

【数据处理】

(1) 记录非那西丁标准溶液在不同波长下的吸光度值，绘制 A–λ 曲线。

(2) 测定非那西丁标准系列溶液的吸光度值，绘制标准工作曲线 A–c。

(3) 从标准曲线上查出未知液中非那西丁的浓度，并计算出原未知液中非那西丁的含量($\mu g \cdot mL^{-1}$)。

【思考题】

1. 选择 λ_{max} 作为入射波长进行光度法测定有何原因？

2. 测试时将石英比色皿改为普通比色皿可以吗？为什么？

3.2　分子荧光分析法

3.2.1　基本原理

室温时，大多数物质的分子都处于基态的最低振动能级，当基态分子吸收一定的外界能量后，其外层电子从基态跃迁至激发态，激发态不稳定，当其返回基态时以发射辐射能的形式释放能量，这种现象称为分子发光。若分子是吸收了光能而被激发导致发光便称为光致发光。荧光分析是光致发光分析法。物质的基态分子受某一激发光源照射，跃迁至激发态后，在返回基态时，产生波长与入射光相同或较长的荧光，通过测定物质分子产生的荧光强度进行分析的方法称为分子荧光分析。

3.2.1.1　分子荧光光谱的产生

待测物质分子中的价电子在光致激发和去激发光的过程中，价电子可以处于不同的自旋状态，常用电子自旋状态的多重性来描述。大多数分子含有偶数个电子，处于基态时，这些自旋成对的电子在各个原子或分子轨道上运动，方向相反。电子的自旋状态可以用自旋量子数(m_s) 表示，$m_s = \pm \frac{1}{2}$，S 是分子中电子自旋量子数的代数和。如果是一个分子所有的电子自旋是成对的，则 $S = 0$，那么这个分子光谱项的多重性 $M = 2S + 1 = 1$，此时，所处的电子能态称为单重态(singlet state)。当配对电子中一个电子被激发到某一较高能级时，可能形成两种激发态：一种是受激电子在跃迁过程中自旋方向不发生变化，仍然与处于基态的电子配对(自旋相反)，则该分子处于激发单重态，以 S 表示；另一种是受激电子在跃迁过程中自旋方向改变，与处于基态的电子自旋平行，此时，

$S=1$，$M=2S+1=3$，则分子是处于激发三重态(triplet state)，用 T 表示。符号 S_0，S_1，S_2…分别表示基态、第一激发单重态和第二电子激发单重态，依次类推；T_1，T_2…则分别表示第一激发三重态和第二激发三重态，依次类推。根据洪特规则，在不同轨道上含有两个自旋相同电子的分子能量低于在同一轨道上有着两个自旋相反电子的分子能量。因此，在同样的分子轨道上，处于三重态分子的能量低于相应的单重态分子。

处于激发态的分子是不稳定的，它可能通过辐射跃迁和无辐射跃迁等去活化过程返回基态，其中以速率最快、激发态寿命最短的途径占优势。辐射跃迁主要是指通过发射荧光或磷光释放出多余能量；无辐射跃迁是指分子以热的形式释放多余能量，包括振动弛豫、内转换、系间跨越、外转换等。各种跃迁方式发生的可能性及程度与荧光物质分子结构和环境等因素有关。当处于基态分子吸收波长为 λ_1 和 λ_2 的辐射后，分别被激发至第一激发单重态(S_1)和第二激发单重态(S_2)的任一振动能级上，而后发生去活化过程。如图 3-6 所示，假设分子外层电子吸收辐射后被激发到 S_2 的某振动能级上。处于较高振动能级的电子，很快经振动弛豫、内转换等途径跃迁到 S_1 的最低振动能级。处于 S_1 最低振动能级的激发态分子，在 $10^{-9} \sim 10^{-7}$ s 的时间内，发射光量子回到基态的各振动能级上，即发生 $S_1 \rightarrow S_0$ 的辐射跃迁，就发射分子荧光。

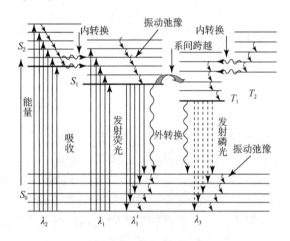

图 3-6   分子荧光与磷光的发生过程

3.2.1.2   激发光谱和荧光光谱

固定荧光的最大发射波长，将激发光的光源用单色器分光，测定不同波长的激发光照射下，荧光最强的波长处荧光强度的变化，以激发波长(λ)为横坐标，荧光强度(I_F)为纵坐标作图，便可得到荧光物质的激发光谱，如图 3-7 蒽的激发、荧光光谱所示。最大荧光强度所对应的波长被称为最大激发波长，用 λ_{ex} 表示。

发射光谱又称荧光光谱。将激发光波长固定在 λ_{ex} 处，而让物质发射的荧光通过单色器分光，再测定不同波长的荧光或磷光强度。以波长(λ)为横坐标，荧光强度(I_F)为纵坐标作图，便得到荧光发射光谱(图 3-7)。最大荧光强度处所对应的波长称为最大发射波长，用 λ_{em} 表示。

荧光物质的最大激发波长(λ_{ex})和最大发射波长(λ_{em})是鉴定物质的根据，也是定量

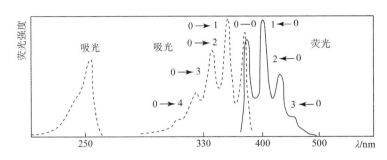

图 3-7　蒽的乙醇溶液激发、荧光光谱

- - -激发光谱；——荧光光谱

测定时最灵敏的条件。

荧光的发射光谱的形状与激发光波长无关。无论用什么波长的光激发，荧光光谱的形状、位置都相同。但激发波长不同时荧光物质发射的荧光强度不同，最大激发波长下产生的荧光最强。荧光光谱和激发光谱的形状呈镜像对称，这是由于第一电子激发态中各振动能级的分布与基态的振动能级分布类似导致的。

3.2.1.3　影响荧光强度的环境因素

（1）温度的影响

大多数荧光物质的溶液随着温度升高，其荧光效率和荧光强度将降低；相反，温度降低荧光效率将增强。

（2）溶剂的影响

溶剂的影响主要分两类：一类是跟溶剂的折射率和介电常数有关的溶剂效应；另一类是指荧光物质和溶剂分子间的特殊化学作用，如氢键的生成和化合作用，它取决于溶剂和荧光物质的化学结构。溶剂极性增大时，使荧光强度增加，荧光波长红移。溶剂对荧光强度和形状的影响主要表现在溶剂的极性、氢键及配位键的形成等。溶剂极性增大时，通常使荧光波长红移。氢键及配位键的形成更使荧光强度和形状发生较大的变化。

（3）溶液 pH 的影响

当荧光物质本身是弱酸或弱碱时，其荧光强度受溶液的 pH 影响较大。有些荧光物质在离子状态无荧光，而有些则相反；也有些荧光物质在分子和离子状态时都有荧光，但荧光光谱不同。因此，荧光分析中要注意对溶液 pH 的控制。

（4）溶液荧光的猝灭

荧光物质分子与溶剂分子或其他溶质分子相互作用，引起荧光强度降低、消失或荧光强度与浓度不呈线性关系的现象，称为荧光猝灭。引起荧光猝灭的物质称为猝灭剂，如卤素离子、重金属离子、氧分子、硝基化合物、重氮化合物和羰基化合物等。当荧光物质浓度过大时，会产生自猝灭现象。

3.2.1.4　荧光强度与溶液浓度的关系

当一束强度为 I_0 的紫外光照射一盛有溶液浓度为 c、厚度为 l 的液池时，可在液池的各个方向观察到荧光，其荧光强度为 I_F，透射光强度为 I_t，吸收光强度为 I_a。由于激发光的一部分能透过液池，因此，一般在激发光源垂直的方向测量荧光强度（I_F）。溶液的荧光强度与该溶液的吸光强度和荧光物质的荧光效率有关。

$$I_F = \Phi_F I_a \tag{3-9}$$

根据 Lambert-Beer 定律

$$I_a = I_0 - I_t$$

$$\frac{I_t}{I_0} = 10^{-\varepsilon lc}$$

$$I_t = I_0 \times 10^{-\varepsilon lc}$$

$$I_a = I_0 - I_0 \times 10^{-\varepsilon lc} = I_0(1 - e^{-2.303\varepsilon lc}) \tag{3-10}$$

对于很稀的溶液,试样溶液对激发光的吸收不足 2%,将上式按泰勒(Taylor)展开,并做近似处理后可得

$$I_F = 2.303\Phi_F I_0 \varepsilon lc \tag{3-11}$$

当荧光效率(Φ_F)、入射光强度(I_0)、物质的摩尔吸光系数(ε)、液层厚度(l)固定不变时,荧光强度(I_F)与溶液的浓度(c)成正比。可写成

$$I_F = Kc \tag{3-12}$$

式(3-12)为荧光分析的定量基础。但这种关系只有在 $\varepsilon lc \leq 0.05$ 的极稀的溶液中才成立。对于 $\varepsilon lc > 0.05$ 的较浓溶液,由于荧光猝灭现象和自吸收等原因,荧光强度与浓度不呈线性关系,将产生负偏差。

3.2.2　实验部分

实验 8　荧光光度法测定维生素 B₂ 的含量

【实验目的】

1. 学习和掌握荧光光度分析法的基本原理和方法。
2. 熟悉荧光分光光度计的结构和使用方法。
3. 掌握标准曲线法定量分析维生素 B₂ 的基本原理。

【实验原理】

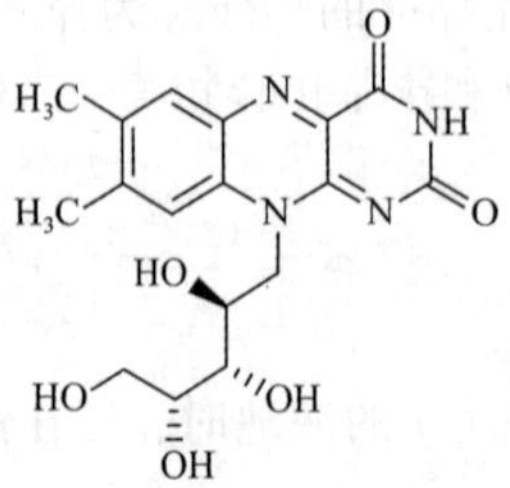

图 3-8　维生素 B₂ 化学结构式

维生素 B₂(即核黄素,Vitamin B₂)为橘黄色无臭的针状结晶,化学名称为 7,8-二甲基-10-(1-D-核糖醇基)异咯嗪,分子式为 $C_{17}H_{20}O_6N_4$,其结构简式如图 3-8 所示。

维生素 B₂ 微溶于水、乙醇、氯仿,不溶于乙醚等有机溶剂,易溶于乙酸,可溶于稀的 NaOH 和 NaCl 溶液。在酸性条件下,溶液中维生素 B₂ 比较稳定,耐热、耐氧化,但光照易分解,在碱性条件下,维生素 B₂ 分解的更快。

维生素 B_2 是水溶性维生素，也是人体所需的重要生物化学活性分子，具有重要的生理功能。维生素 B_2 不会蓄积在体内，所以时常要以食物或营养补品来补充。维生素 B_2 的检测方法有多种，如高效液相色谱法、荧光光度法、毛细管电泳法、分光光度法等。本实验采用荧光光度法测定其含量。维生素 B_2 在一定波长光照射下产生荧光。在稀溶液中，其荧光强度与浓度成正比，即

$$I_F = Kc$$

故可采用标准曲线法测定维生素 B_2 的含量。

维生素 B_2 溶液在 450~470 nm 蓝光的照射下，发出绿色荧光，其最大发射波长为 525 nm。其荧光在 pH=6~7 时最强，在 pH=11 时消失。维生素 B_2 在碱性溶液中经光线照射会发生分解而转化为光黄素，光黄素的荧光比核黄素的荧光强得多，故测维生素 B_2 的荧光时溶液要控制在酸性范围内，且在避光条件下进行。

本实验通过扫描激发光谱和发射光谱，确定激发光单色器波长和荧光单色器波长。其基本原则是使测量获得最强荧光，且受背景影响最小。激发光单色器的波长可依据激发光谱进行选择，荧光单色器波长可依据荧光光谱进行选择。

如仪器不能扫描，可选择激发光单色器波长为 465 nm，荧光单色器波长为 525 nm，此时可将 440 nm 的激发光及水的拉曼光(360 nm)滤除，从而避免了它们的干扰。

【仪器和试剂】

1. 仪器

荧光光度计 E（日立 F-2500 型或瓦里安 Cary Eclipase 型或 970 CRT 型或 PE LS-55 型等），吸量管，棕色容量瓶(1 000、100 、50 mL)，棕色试剂瓶。

2. 试剂

(1) 乙酸(分析纯，1%)；维生素 B_2(分析纯)；含维生素 B_2 的样品。

(2) 维生素 B_2 标准溶液的配制

① 维生素 B_2 标准贮备液(100.0 mg·L^{-1})　准确称取 0.100 0 g 维生素 B_2，将其溶解于少量的 1%乙酸中，转移至 1 000 mL 棕色容量瓶中，用 1%乙酸稀释至刻度，摇匀。

② 维生素 B_2 标准工作溶液(5.00 mg·L^{-1})　准确移取 50.00 mL 100.0 mg·L^{-1} 维生素 B_2 标准贮备液于 1 000 mL 棕色容量瓶中，用 1%乙酸稀释至刻度，摇匀。

(3) 维生素 B_2 片剂(市售)，配制待测液　选择多个药片研磨后，然后准确称取一个药片的质量以保证结果的可信度。为减少样品处理过程中耗时带来的误差，也避免样品中淀粉的干扰，将研磨样品用 1%乙酸溶液溶解，超声辅助溶解后 4 000 r·min^{-1} 离心 10 min，除去不溶的淀粉。在 1 000 mL 棕色容量瓶中定容。

以上操作注意避光，且所得溶液均应装于棕色试剂瓶中，置于冰箱冷藏保存。

【实验步骤】

1. 维生素 B_2 系列标准溶液的配制

分别吸取 1.00、2.00、3.00、4.00、5.00 mL 维生素 B_2 标准工作溶液于 50 mL 棕色容量瓶中，用 1%乙酸稀释至刻度，摇匀，得浓度分别为 0.10、0.20、0.30、0.40、

$0.50\ \mu g \cdot mL^{-1}$的维生素 B_2 系列标准溶液。

2. 未知试样的配制

吸取适量试样溶液于 50 mL 容量瓶中，用 1%乙酸稀释至刻度，摇匀。

3. 激发光谱和荧光发射光谱的绘制

（1）按照荧光分光光度计的操作规程开好仪器。打开氙灯，再打开主机，然后打开计算机启动工作站并初始化仪器。

（2）在工作界面上选择测量项目，设置适当的仪器参数，如灵敏度、狭缝宽度、扫描速度、纵坐标和横坐标间隔及范围等。具体操作参见荧光光度计使用说明。通过激发光谱扫描和发射光谱扫描确定激发光单色器波长 λ_{ex} 和荧光单色器波长 λ_{em}。具体步骤如下：

将 $0.30\ \mu g \cdot mL^{-1}$的维生素 B_2 标准溶液装入荧光比色皿中，设定一个发射波长（如 525 nm），在 350~530 nm 范围内扫描激发光谱，记录荧光发射强度和激发波长的关系曲线，确定维生素 B_2 的最大激发波长 λ_{ex}。固定该最大激发波长 λ_{ex}，在 450~700 nm 范围内扫描荧光发射光谱，记录荧光发射强度和荧光发射波长的关系曲线，确定最大荧光发射波长 λ_{em}。

4. 标准溶液及样品的荧光测定

依据激发光谱和荧光光谱得到的激发波长和荧光发射波长的数据，设定相应参数 λ_{ex} 和 λ_{em}。从稀到浓测量上述标准系列维生素 B_2 溶液的荧光发射强度，记录数据。以溶液的荧光发射强度 I_F 为纵坐标，标准溶液浓度为横坐标，绘制校正曲线，得到线性回归方程。

5. 未知样品的定量分析

在同样条件下测定未知溶液的荧光强度，并根据线性回归方程确定未知试样中维生素 B_2 的浓度，根据稀释倍数计算待测样品溶液中的维生素 B_2 的含量。

6. 关机

退出主程序，关闭计算机，先关主机，最后关氙灯。

【仪器操作步骤】

以 PE LS-55 型为例，简要介绍荧光分光光度计的操作流程。

1. 标准系列溶液的测定

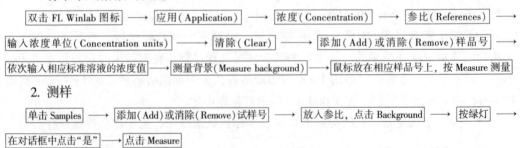

2. 测样

单击 Samples ⟶ 添加（Add）或消除（Remove）试样号 ⟶ 放入参比，点击 Background ⟶ 按绿灯 ⟶

在对话框中点击"是" ⟶ 点击 Measure

【数据处理】

（1）列表记录各项实验数据。

（2）采用 Excel、Origin 或 Sigmaplot 等绘图软件绘制维生素 B_2 激发光谱和荧光光谱，根据谱图确定最大激发光波长 λ_{ex} 和最大荧光发射光波长 λ_{em}。

（3）绘制维生素 B_2 的标准曲线，得出 I_F-c 线性回归方程，根据线性回归方程计算出维生素 B_2 片试液中维生素 B_2 的浓度，注意稀释倍数的换算。

（4）将维生素 B_2 片中的维生素 B_2 含量（mg/片）的测定值与药品说明书上的标示值比较。

【注意事项】

（1）在测量前，应仔细阅读仪器使用说明书，选择适宜的测量条件。在测量过程中，不可中途随意改变设置好的参数，如需改变，必须重做。

（2）测定次序应从稀溶液到浓溶液，以减少误差。

（3）使用荧光池应注意避免机械碰撞、磨损、划痕，拿取时手指不应接触四个光学面。

（4）测试样品时，浓度不宜过高，否则由于存在荧光猝灭效应，样品浓度与其荧光强度不成线性关系，造成较大测定误差。测试待测样品时，需保证样品浓度所测得的荧光值应在标准工作曲线的线性范围内。

【思考题】

1. 试解释荧光光度法较吸光光度法灵敏度高的原因。
2. 根据维生素 B_2 的结构特点，说明能发生荧光的物质应具有什么样的分子结构？
3. 怎样选择激发光单色器波长和荧光单色器波长？
4. 维生素 B_2 在 pH=6~7 时荧光最强，本实验为何在酸性溶液中测定？
5. 测定过程中应注意哪些问题？
6. 荧光光度计为什么不把激发光单色器和荧光单色器设计在一条直线上？

实验 9　荧光法测定阿司匹林中乙酰水杨酸和水杨酸的含量

【实验目的】

1. 掌握用荧光法测定阿司匹林中乙酰水杨酸和水杨酸的方法。
2. 掌握荧光光度分析法的基本原理。
3. 熟悉荧光分光光度计（或荧光光度计）的结构和使用方法。

【实验原理】

阿司匹林是一种抗菌消炎药，同时具有软化血管、预防心血管疾病、抗血栓形成等功效。阿司匹林药片的主要成分为乙酰水杨酸，它水解即生成水杨酸，因此在阿司匹林中都或多或少存在一些水杨酸。

乙酰水杨酸(ASA)是一种白色结晶或结晶性粉末，分子化学式为 $C_9H_8O_4$，无臭或微带乙酸臭，微溶于水，易溶于乙醇，可溶于乙醚、氯仿，水溶液呈酸性，也溶于较强的碱性溶液，同时分解。测定 ASA 含量的方法有很多，如酸碱滴定法、分光光度法、近红外漫反射法、高效液相色谱法、毛细管电泳法和荧光分析法等。水杨酸(SA)是一种脂溶性有机酸，白色针状晶体或毛状结晶性粉末，化学式为 $C_7H_6O_3$，易溶于乙醇、乙醚、氯仿，微溶于水，在沸水中溶解。用 300 nm 左右波长的光激发 SA，SA 可发射出荧光，最大发射波长为 412 nm，利用这个性质可采用荧光分光光度计检测样品中的 SA 含量。水杨酸和乙酰水杨酸的化学结构式如图 3-9 所示。

图 3-9　水杨酸和乙酰水杨酸的化学结构式

乙酰水杨酸和水杨酸的紫外吸收光谱重叠，常规的紫外吸收光谱法无法对二者进行同时的测定。目前报道的测定共存双组分的方法主要有高效液相色谱法、二阶导数分光光度法、Fe^{3+} 和水杨酸的络合比色法和荧光法。图 3-10 为 1%乙酸-氯仿中乙酰水杨酸和水杨酸的激发光谱和荧光光谱，由于二者都有苯环，具有一定的荧光效率。从图 3-10 中可以看出，乙酰水杨酸和水杨酸的激发波长和荧光发射波长均不同，且二者的最大发射波长相差较大，相互间的干扰较小。因此，利用此性质，以氯仿为溶剂，可在各自的激发波长和荧光发射波长下分别测定它们的含量。测定过程中加少许乙酸可以增加二者的荧光强度。

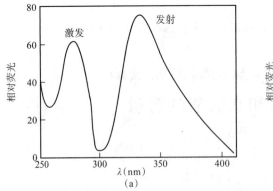 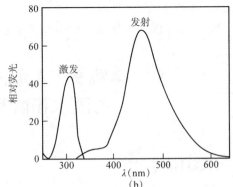

图 3-10　在 1%乙酸-氯仿中乙酰水杨酸(a)和水杨酸(b)的激发光谱和荧光光谱

【仪器和试剂】

1. 仪器

荧光分光光度计，荧光比色皿，容量瓶(1 000、100、50 mL)，吸量管(10 mL)。

2. 试剂

乙酰水杨酸贮备液：称取 0.400 0 g 乙酰水杨酸溶解于 1%乙酸-氯仿溶液中，用 1%乙酸-氯仿溶液定容于 1 000 mL 容量瓶中。

水杨酸贮备液：称取 0.750 g 水杨酸溶解于 1%乙酸–氯仿溶液中，并用其定容于 1 000 mL 容量瓶中。

【实验步骤】

1. 扫描乙酰水杨酸和水杨酸的激发光谱和荧光光谱

将乙酰水杨酸和水杨酸贮备液分别稀释 100 倍(每次稀释 10 倍，分二次完成)。用该溶液分别扫描乙酰水杨酸和水杨酸的激发光谱和荧光光谱，并分别找到它们的最大激发波长 λ_{ex} 和最大发射波长 λ_{em}。

2. 绘制标准曲线

(1) 乙酰水杨酸标准曲线　在 5 个 50 mL 容量瓶中，用吸量管分别加入 4.00 μg·mL^{-1} 乙酰水杨酸溶液 2.00、4.00、6.00、8.00、10.00 mL，用 1%乙酸–氯仿溶液稀释至刻度，摇匀。在乙酰水杨酸的最大激发波长 λ_{ex} 和最大发射波长 λ_{em} 分别测量上述乙酰水杨酸标准溶液的荧光强度。以测定的荧光强度 I_F 为纵坐标，标准溶液浓度为横坐标，绘制标准曲线，得到乙酰水杨酸的线性回归方程。

(2) 水杨酸标准曲线　在 5 个 50 mL 容量瓶中，用吸量管分别加入 7.50 μg·mL^{-1} 水杨酸溶液 2.00、4.00、6.00、8.00、10.00 mL，用 1%乙酸–氯仿溶液稀释至刻度，摇匀。在水杨酸的最大激发波长 λ_{ex} 和最大发射波长 λ_{em} 分别测量上述水杨酸标准溶液的荧光强度。以测定的荧光强度 I_F 为纵坐标，标准溶液浓度为横坐标，绘制标准曲线，得到水杨酸的线性回归方程。

3. 阿司匹林药片中乙酰水杨酸和水杨酸的测定

为了消除药片样品之间的差异，可取几片药片一起研磨，然后取部分有代表性的样品进行分析。将 5 片阿司匹林药片称量后磨成粉末，称取 400.0 mg 用 1%乙酸–氯仿溶液溶解，全部转移至 100 mL 容量瓶中，用 1%乙酸–氯仿溶液稀释至刻度，迅速通过定量滤纸过滤，用该滤液在与标准溶液同样条件下测量水杨酸荧光强度。

将上述滤液稀释 1 000 倍(用 3 次稀释来完成，每次稀释 10 倍)，与标准溶液同样条件测量乙酰水杨酸荧光强度。

【数据处理】

(1) 从绘制的乙酰水杨酸和水杨酸激发光谱和荧光光谱曲线上，确定它们的最大激发波长和最大发射波长。

(2) 分别绘制乙酰水杨酸和水杨酸标准曲线，并从标准曲线上确定试样溶液中乙酰水杨酸和水杨酸的浓度，并计算每片阿司匹林药片中乙酰水杨酸和水杨酸的含量(mg)，并将乙酰水杨酸测定值与说明书上的值比较。

【注意事项】

阿司匹林药片溶解后，1 h 内要完成测定，否则乙酰水杨酸含量将降低。

【思考题】

1. 标准曲线是直线吗？若不是，从何处开始弯曲？并解释原因。

2. 绘制乙酰水杨酸和水杨酸的激发光谱和发射光谱曲线，并解释这种分析方法可行的原因。

3.3 原子发射光谱法

3.3.1 基本原理

3.3.1.1 原子发射光谱的产生

原子是由原子核及不断绕核运动的电子构成的。每个电子处在一定的能级上，具有一定的能量。通常情况下，原子处于稳定的基态，原子中的电子也在各自的最低轨道能级上运动。当基态原子受到外来能量(如光能、电能、热能)的激发时，原子获得足够的能量，其外层电子会由基态跃迁到较高的能级上，即激发态。处于激发态的电子不稳定，在极短的时间内(约 10^{-8} s)便会从较高的能级跃迁回较低能级或基态，在这个过程中多余的能量以光的形式辐射出去，便形成一条光谱线。辐射光的能量等于跃迁前后两个能级的能量差，相应辐射光的频率 ν 或波长 λ 为

$$\Delta E = E_2 - E_1 = h\nu = hc/\lambda \qquad (3-13)$$

式中，E_2、E_1 分别是高能级、低能级的能量，通常以电子伏特(eV)为单位(1 eV = 1.602×10^{-19} J)；h 是普朗克常数(6.626×10^{-34} J·s)；c 是光在真空中的速度(2.997×10^8 m·s^{-1})。

每一种元素的原子都有各自特定的电子构型和能级层次，由于原子内的各个电子能级是量子化不连续的，激发后的电子在特定的轨道能级间跃迁，因此电子的跃迁也是不连续的。且每种元素的原子其电子能级很多，相应便得到一系列不同波长的元素的特征光谱线。每一种元素的原子都有一些不受其他元素干扰的特征谱线，通过检测这些特征光谱可鉴别某种元素的存在，这是原子发射光谱定性分析的依据。而每种元素特征光谱的发射强度与试样中元素的含量有关，可利用这些特征谱线的强度对待测元素进行定量分析，这就是原子发射光谱定量分析的基本依据。

3.3.1.2 谱线的强度

原子外层电子由某一激发态 j 跃迁到低能级 i 时，所发射的谱线强度与激发态原子数成正比。在热力学平衡时，单位体积的基态原子数 N_0 与激发态原子数 N_j 之间的分布遵循玻尔兹曼分布定律：

$$N_j = N_0 \cdot \frac{g_j}{g_0} \cdot e^{-\frac{E_j}{kT}} \qquad (3-14)$$

式中，g_j、g_0 是激发态与基态的统计权重(即在某一能级下可能具有几种不同的状态数)；E_j 是激发能；k 是玻尔兹曼常数；T 是激发温度。

单位时间内由 j 能态向 i 能态跃迁时发射的总能量为谱线强度，应等于单位时间内发射光子数乘以每个光子的能量，谱线强度的表达式如下：

$$I_{ji} = A_{ji} \cdot N_j \cdot h\nu_{ji} \qquad (3-15)$$

式中，I_{ji} 是由较高的 j 能态跃迁到较低的 i 能态所发射谱线的强度；A_{ji} 是两个能级间的跃迁几率；h 是普朗克常数；ν_{ji} 是发射谱线的频率。将式 (3-14) 代入式 (3-15)，可得

$$I_{ji} = A_{ji} \cdot N_0 \cdot \frac{g_j}{g_0} \cdot e^{-\frac{E_j}{kT}} \cdot h\nu_{ji} \qquad (3-16)$$

由式 (3-16) 可以看出，原子发射光谱的谱线强度与单位体积内的基态原子数 N_0、激发态和基态的统计权重之比以及跃迁几率成正比，与激发能成反比。激发温度对谱线强度的影响比较复杂，每种元素原子的不同谱线都有其最合适的激发温度，在此温度下，谱线强度达到最大。

在一定实验条件下，N_0 与试样中该元素浓度成正比。对某一谱线来讲，统计权重之比、跃迁几率、激发能是定值，当激发温度一定时，谱线强度与被测元素浓度成正比，即

$$I = ac \qquad (3-17)$$

式中，a 是与试样的蒸发、激发过程和试样组成等实验条件有关的一个参数。这就是原子发射光谱定量分析的依据。当待测元素含量较高时，元素的共振线常出现自吸甚至自蚀现象。原子发射光谱中，自吸和自蚀现象的出现会使光谱定量分析的灵敏度和准确度下降，所以在光谱分析中，应注意控制待测元素的含量，尽量避免选择自吸线作为元素的分析线。考虑到自吸效应，式 (3-17) 可修正为

$$I = ac^b \qquad (3-18)$$

式中，a 是比例系数，与试样的蒸发、激发过程以及试样的组成等有关；b 是自吸系数，当浓度很小无自吸现象时，$b = 1$，有自吸时，$b < 1$，并随浓度 c 的增加而减小。式 (3-18) 称为赛伯-罗马金公式。只有在恒定的实验条件下，待测元素在一定的含量范围内，a 和 b 才是常数。

3.3.2　实验部分

实验 10　火焰光度法测定饮料中的钾、钠

【实验目的】

1. 学习和熟悉火焰光度法测定饮料中钾、钠的方法。
2. 加深对火焰光度法原理的理解。
3. 了解火焰光度计的结构及使用方法。

【实验原理】

钾和钠是生命体重要的营养元素，它的丰缺与人类健康密切相关。很多饮料，如枣汁、运动型饮料等，都含有一定量的钾和钠元素。尤其是运动型饮料，钾和钠元素的含

量很高，不仅用来补充汗液中丢失的钠、钾，还有助于水在血管中的停留，使机体得到更充足的水分。如果运动饮料中的钠、钾含量太低，则起不到补充的效果；若太高，则会增加饮料的渗透压，引起胃肠不适，并使饮料中的水分不能尽快被肌体吸收。对于饮料中钾和钠元素含量的测定，传统的方法是原子吸收光谱法，该方法较为稳定，但线性范围太窄。也可以采用原子发射光谱法进行测定，但由于钾和钠极易电离，可以选用火焰光度法。

以火焰为激发源的原子发射光谱法叫作火焰光度法，它是利用火焰光度计测定元素在火焰中被激发时发射出的特征谱线的强度来进行定量分析。火焰所提供的能量比电火花小得多，只能激发电离能较低的元素（主要是碱金属和碱土金属），使之产生发射光谱。高温火焰可激发 30 种以上的元素产生火焰光谱。当样品溶液经雾化后喷入燃烧的火焰中，溶剂在火焰中蒸发，试样熔融转化为气态分子，继续加热又离解为原子，待测元素（如 K、Na）在火焰中被激发后，产生了发射光谱，光线通过滤光片（单色器）进行分光，使该元素特有波长的光照射到检测器进行光电转换，再经放大器放大后由检流计测量其强度。用火焰光度法进行定量分析时，若激发的条件保持一定，谱线强度与待测元素的浓度成正比。当浓度很低时，自吸现象可忽略不计，根据下式即可对待测元素进行定量：

$$I = ac \tag{3-19}$$

实验证明，待测液的酸含量（不论是 HCl、H_2SO_4 或 HNO_3）为 $0.02\ mol \cdot L^{-1}$ 时，对测定几乎没有影响，但太高时往往使测定结果偏低。如果溶液中盐的浓度过高，易发生堵塞，使结果大大降低。应及时停火，清洗。此外，K、Na 彼此的含量对测定也互有影响，为了免除这项误差，可加入相应的"缓冲溶液"，如在测 K 时，加入 NaCl 的饱和溶液；在测 Na 时，加入 KCl 的饱和溶液。

本实验使用液化石油气-空气火焰。

【仪器和试剂】

1. 仪器

火焰光度计（INESA FP6450 型等），吸量管（5、10 mL），曲颈小漏斗，振荡机，烧杯（100、250、500 mL），容量瓶（10、50、100、250 mL），可调温电热板，分析天平，聚乙烯试剂瓶，带塞锥形瓶（100 mL），漏斗。

2. 试剂

（1）K 贮备标准溶液（$1.000\ g \cdot L^{-1}$） 称取 0.476 7 g 于 105 ℃烘干 4~6 h 的 KCl（分析纯），溶于水后，移入 250 mL 容量瓶中，加水稀释至刻度，摇匀，转入聚乙烯试剂瓶中贮存。

（2）Na 贮备标准溶液（$1.000\ g \cdot L^{-1}$） 称取 0.635 4 g 于 110 ℃烘干 4~6 h 的 NaCl（分析纯），溶于水后，移入 250 mL 容量瓶中，加水稀释至刻度，摇匀，转入聚乙烯试剂瓶中贮存。

（3）K、Na 混合标准工作溶液 移取 5.00 mL K 贮备标准溶液，2.50 mL Na 贮备标准溶液于 50 mL 容量瓶中，加水稀释至刻度，摇匀。此标准溶液含 100 mg · L^{-1} K，含 50 mg · L^{-1} Na。

【实验步骤】

1. 标准系列溶液的配制

在 9 个 50.0 mL 容量瓶中，分别加入 0.00、2.00、4.00、6.00、8.00、10.00、12.00、16.00、20.00 mL K、Na 混合标准工作溶液，各瓶中分别含 K 浓度为：0、4、8、12、16、20、24、32、40 mg·L^{-1}，含 Na 浓度依次为：0、2、4、6、8、10、12、16、20 mg·L^{-1}。

2. 样品处理

（1）准确移取运动型饮料 5.00 mL 于锥形瓶中，加入浓 HNO_3 5 mL，在电热板上缓慢加热 30 min，待无明显气泡溢出，将样品溶液转入 50 mL 容量瓶中，定容备用。同时制作空白溶液。

（2）准确移取枣汁 20.00 mL，置于 250 mL 锥形瓶中，加入 10 mL HNO_3，2 mL $HClO_4$，盖上短颈小漏斗浸泡过夜。然后将锥形瓶移至电热板上缓慢加热，消化至溶液清亮并继续加热至近干。稍冷却，加少量水溶解后，移入到 100 mL 容量瓶中，加入 5.0 mL HNO_3，用水定容备用。同时制作空白溶液。

3. 校正曲线的绘制

仪器预热 10～20 min 后，由稀到浓依次测定标准系列溶液中 K、Na 的发射强度，每个溶液要测三次，取平均值。每个样品间用蒸馏水冲洗校零，排除样品间的互相干扰。以测定的发射强度为纵坐标，以相应溶液中 K、Na 的浓度为横坐标作校正曲线，得到各自的线性回归方程。

4. 未知样品含量的测定

火焰光度计上，以相同测定条件分别测定未知样品中 K、Na 的发射强度，依据线性回归方程计算样品中 K、Na 的含量。测定待测样品时，其浓度所测得的发射强度应在校正曲线的线性范围内。

【仪器操作步骤】

以 INESA FP6450 型火焰光度计为例，简要介绍仪器的操作步骤。

1. 开机检验

打开仪器背面电源开关，显示屏显示"火焰光度计"字样。打开空气压缩机电源，调节空气过滤减压阀使压力表显示 0.15 MPa。将进样口毛细管放入蒸馏水中，在废液口下放置废液杯。雾化器内应有水珠撞击，废液管应有水排出。

2. 点火

打开液化气钢瓶开关。向下按住燃气阀旋钮（LPG Valve 旋钮），从关闭位置向左旋转 90°，按住不放至点着火，点着后向里推一下旋钮再放手。点火完成后，把燃气阀向左转直到不能转动为止。

3. 调节火焰形状至最佳状态

点火后，由于进样空气的补充，使燃气得到充分燃烧。此时，一边察看火焰形状，一边调节微调阀（Fine Adjust 旋钮）控制火苗大小，使进入燃烧室的液化气达到一定值

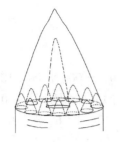

图 3-11　火焰形状最佳状态

（此时以蒸馏水进样），火焰呈最佳状态，即外形为锥形、呈蓝色，尖端摆动较小，火焰底部中间有 12 个小突起，周围有波浪形的圆环（图 3-11），整个火焰高度约 50 mm，火焰中不得有白色亮点。

4. 预热

仪器在进蒸馏水的条件下预热 30 min 左右，待仪器稳定后，方可进行正式测试。注意仪器点火后，不可空烧，一定要把毛细管放入蒸馏水中进样，同时废液管有水排出。

5. 测试操作

开机后，仪器进入自检，初始化成功后进入主菜单界面。主菜单界面包含 3 个菜单选项：【曲线标定】【样品测试】和【系统设置】。点击【系统设置】按钮进入该界面，依次设置计算方法、显示语言、浓度单位、测试元素和灵敏度，点击【保存设置】按钮后，点击屏幕右上角【Menu】回到主菜单界面。

在主菜单界面点击【曲线标定】进入该界面，表格上端显示对应元素的当前模拟值。表格中央为测试操作区域，可进行曲线标定操作，每个元素仪器可以标定 12 个曲线点。进样后，点选 C 列任意一行单元格，输入样品对应的浓度值并点击【ENTER】确认。点击该浓度值对应的 A 列空白单元格，当表格上端模拟值稳定后，点击操作表格下方的【确定】按钮。标准系列所有溶液标定完成后，点击【曲线】按钮可查看生成的校准曲线，点击【返回】按钮回到标定界面。

在主菜单界面点选【样品测试】按钮后，进入该界面。进样后，当表格上端浓度显示栏的数值稳定后，点击操作区域的【确认】按钮，当前测定浓度将自动记录在表格内。仪器可测定 100 行数据结果。

6. 关机步骤

仪器使用完毕后，务必用蒸馏水进样 5 min，清洗流路后，应首先关闭液化燃气罐的开关阀，此时仪器火焰逐渐熄灭。关闭燃气阀（LPG Valve），微调阀（Fine Adjust）不要关，下次开机点火仪器能保持原有的火焰大小。最后切断主机和空气压缩机的电源。

【数据处理】

以浓度为横坐标，K、Na 的发射强度为纵坐标，分别绘制 K、Na 的标准曲线。由未知试样的发射强度求出样品中的 K、Na 的含量（用质量分数表示）。

【思考题】

1. 火焰光度计中的滤光片有什么作用？
2. 如果标准系列溶液浓度范围过大，则标准曲线会弯曲，为什么会有这种情况？
3. 火焰光度法属于哪类光谱分析方法？用火焰光度法是否能测电离能较高的元素，为什么？
4. 请思考本实验引起误差的因素有哪些？

实验 11　ICP-AES 同时测定人发中的钙、镁和铁

【实验目的】

1. 掌握电感耦合等离子体原子发射光谱（ICP-AES）法的基本原理。
2. 了解 ICP-AES 光谱仪的基本结构。
3. 学习用 ICP-AES 法测定人发中微量元素的方法。

【实验原理】

头发作为人体的代谢场所之一，与人体保持着一定的平衡关系，并且与人体的健康状况密切相关。人发中元素的含量能够充分代表体内元素水平，反映人体的生理状况以及所处环境对人体生命活动的影响，为进行病理分析、临床诊断和环境污染检测提供科学依据。近年来，采用 ICP-AES 对人发中的金属元素进行分析已有很多报道。ICP-AES 法具有灵敏度高、线性范围宽、准确度及精密度好、可同时测定多种微量元素的特性，已得到广泛应用。

ICP-AES 是用电感耦合等离子体作为激发光源的一种发射光谱分析法。等离子体是氩气通过炬管时，在高频电场的作用下电离而产生的。它具有很高的温度，样品在等离子体中的激发比较完全。在等离子体某一特定的观测区，即固定的观察高度，测定的谱线强度与样品浓度具有一定的定量关系。通常用 1 次、2 次或 3 次方程拟合工作曲线。因此，只要测量出样品的谱线强度，就可算出其浓度。

【仪器和试剂】

1. 仪器
PSX 高频电感耦合等离子体光谱仪（美国 BAIRD 公司）。
2. 试剂
高纯氩气；碳酸钙（分析纯）；高纯金属镁；高纯金属铁；硝酸（优级纯）；二次蒸馏水；盐酸（优级纯）。

【实验步骤】

1. 阅读 PSX 高频电感耦合等离子体光谱仪说明书
2. 配制标准溶液和样品溶液
（1）配制标准贮备液（均为 1 mg·mL^{-1}）
① 称取 105～110 ℃ 干燥至恒重的 CaCO$_3$ 2.497 2 g，置于 250 mL 烧杯中，加水 20 mL，滴加 1∶1 HCl 至完全溶解，再加 10 mL 1∶1 HCl，煮沸除去二氧化碳，冷却后移入 1 000 mL 容量瓶中，用二次去离子水稀释至标线，摇匀。
② 称取 1.000 0 g 金属镁，加入 20 mL 水，慢慢加入 20 mL 的 HCl，待完全溶解后加热煮沸，冷却，移入 1 000 mL 容量瓶中，用二次去离子水稀释至标线，摇匀。

③ 称取 1.000 0 g 金属铁，用 30 mL 1:1 硝酸溶解(也可用 1:1 HCl 或 1:1 H_2SO_4 溶解)，溶解后加热除去二氧化氮，冷却，移入 1 000 mL 容量瓶中，用二次去离子水稀释至标线，摇匀。

(2) 标准工作溶液　将钙、镁和铁的标准贮备液均稀释成 0.01 mg·mL^{-1} 的工作液。

(3) 配制标准溶液　各取 5 个 100 mL 的容量瓶，分别加入 0.00、1.00、10.00、20.00、40.00 mL 的钙工作液；分别加入 0.00、0.50、2.00、10.00、20.00 mL 的镁工作液；分别加入 0.00、0.10、0.50、1.00、4.00 mL 的铁工作液。然后向各个容量瓶加入 5 mL 硝酸，用二次去离子水稀释至刻度，摇匀，标记为三种元素的 1~5 号标准溶液。

(4) 配制样品溶液　从后颈部剪取头发试样，将其剪成长约 1 cm 的发段，用洗发水洗涤，再用自来水冲洗多次，将其移入布氏漏斗中，用去离子水淋洗干净。将洗好的头发放到烘箱中 105 ℃ 干燥 2 h 至恒重，干燥器中冷却。准确称取试样 0.200 0 g 左右，置于 25 mL 烧杯中，加 10 mL 浓 HNO_3 在电热板上加热消解，待无发丝痕迹后加 2 mL 的 $HClO_4$ 蒸至冒烟。取下冷却后，加 2 mL 的 HCl(1:4) 提取，转移到 10 mL 比色管中，用水稀释至刻度后摇匀，上机测定。

3. 设置分析参数

(1) 打开计算机，打开 PXS 软件。

(2) 从主菜单中选择 Edit Analytical Task 程序。

① 用 Start New Analytical Task 程序建立分析任务，赋予名称。

② 在 Element Selection 程序中，用键盘输入分析元素，波长和光谱级如下：

元素	波长(nm)	光谱级
Ca	317.933	Ⅱ
Mg	279.553	Ⅱ
Fe	259.940	Ⅱ

③ 用 Calibration Data 程序输入 Ca、Mg 和 Fe 标准溶液的名称、单位和浓度值。

④ 在 Wash Flush Integration Time 程序中，按 F 键输入冲洗时间为 1 s；按 I 键输入曝光时间为 0.5 s。

⑤ 输入波长校正参数，包括标准溶液名称、阈值和扫描范围。

4. 点燃等离子体

按仪器说明书开机，先开循环冷却水，再开氩气，然后点燃等离子体。

5. 校正波长

6. 操作条件选择

(1) 入射功率　将观察高度和载气流量两个条件固定，把入射功率分别调至 0.6、0.7、0.8、0.9、1.0 kW，测定各元素的 4 号标准溶液和 1 号标准溶液(即空白溶液)的谱线强度(使用 Run Analytical Task 中的 Run Sample 程序进行测量)。根据各元素的信噪比大小选择出最佳的入射功率。

$$信噪比=(谱线强度-空白强度)/空白强度$$

信噪比越大越好。

(2) 观察高度　在选好的入射功率和固定的载气流量条件下，分别改变观察高度为

14、15、16、17、18 mm，测定谱线强度。同样计算出不同条件下的信噪比，并选择最佳的观察高度。

（3）载气流量　将入射功率和观察高度均调至已选值，改变载气气压分别为 16、17、18、19、20 psi(psi 为磅/平方英寸，1 psi = 6.89 kPa)以改变载气流量，测定不同条件下的谱线强度，通过比较信噪比找到最佳载气压力，并调至此值。

7. 制作工作曲线

首先测定标准溶液的谱线强度，并把测定结果存储。

然后选择主菜单中的 Curvefit Element 程序，用 Automated Curvefit 程序自动拟合线性工作曲线。

8. 样品测定

将样品溶液用蠕动泵输入等离子体中，运行 Run Sample 程序进行测量。计算机将测量结果处理后，以浓度的形式显示出来，将浓度值记录。测三次，取平均值。

9. 关机

测定结束后，将蒸馏水引入等离子体中清洗雾室及炬管。然后熄灭等离子体，关闭计算机，关闭氩气钢瓶，关循环冷却水，按与开机相反的顺序关闭仪器。

【数据处理】

（1）作标准样品的校准曲线。

（2）分别求出头发中 Ca、Mg、Fe 浓度$(g \cdot L^{-1})$。

【注意事项】

（1）应按高压钢瓶安全操作规定使用高压氩气钢瓶。

（2）仪器室排风良好，等离子炬焰中产生的废气或有毒蒸气应及时排除。

（3）点燃等离子体后，应尽量少开屏蔽门，以防高频辐射伤害身体。

（4）定期清洗炬管及雾室。

【思考题】

1. 仪器的最佳化过程有哪些重要参数？作用如何？
2. ICP-AES 法定量的依据是什么？怎样实现这一测定？

3.4　原子吸收光谱法

原子吸收光谱法是基于测量待测元素的基态原子对其特征谱线的吸收程度而建立起来的定量分析方法，又称原子吸收分光光度法，简称原子吸收法。原子吸收光谱法是 20 世纪 50 年代之后发展起来的一种新型仪器分析方法，由于它本身具有灵敏度高、选择性好、精密度和准确度高、可测定元素多、需样量少、分析速度快等优点而迅速发展，目前广泛应用于材料科学、环境科学、生命科学、生物资源开发、医药食品和农林产品等各个领域。

3.4.1　基本原理

3.4.1.1　原子吸收光谱的产生

原子吸收是一个受激吸收跃迁的过程。通常情况下，原子处于基态，当有辐射通过自由原子蒸气，且入射辐射的能量等于原子中外层电子由基态跃迁到较高能态（一般情况下都是第一激发态）所需的能量时，原子就产生共振吸收，电子由基态跃迁到激发态，从而产生原子吸收光谱。原子吸收光谱位于光谱的紫外区和可见区。

原子的能级是量子化的，所以原子对不同频率辐射的吸收是有选择性的。而各元素的原子结构和外层电子的排布不同，元素从基态（E_0）跃迁至第一激发态（E_1）时吸收的能量不同，因而各元素的共振吸收线具有不同的特征，以此可作定性分析。例如，基态Na原子可吸收波长为589.00 nm的光量子，基态Mg原子可吸收波长为285.21 nm的光量子。这种选择性吸收的定量关系服从下式：

$$\Delta E = E_1 - E_0 = h\nu = h\frac{c}{\lambda} \tag{3-20}$$

原子从基态跃迁到第一电子激发态所需能量最低，是最容易发生的（这时产生的吸收线称为主共振吸收线或第一共振吸收线），因此大多数元素的主共振线就是该元素的灵敏线，也是原子吸收光谱法中最主要的分析线。

3.4.1.2　基态原子数与待测元素含量的关系

在原子吸收光谱中，一般是将试样在2 000～3 000 K的温度下进行原子化，其中大多数试样分子被蒸发、解离，使待测元素转变为原子态，包括基态原子和激发态原子。根据热力学原理，在温度T一定，并达到热平衡时，激发态原子数N_j与基态原子数N_0的比值服从玻尔兹曼（Boltzmann）分布规律，可用玻尔兹曼方程式表示：

$$\frac{N_j}{N_0} = \frac{P_j}{P_0}\mathrm{e}^{-\frac{\Delta E}{kT}} \tag{3-21}$$

表3-5列出了四种元素共振线的N_j/N_0值。理论和实验证明，在原子吸收的测定条件下，N_j/N_0值一般在10^{-3}以下，即激发态原子数不足原子总数的0.1%，原子蒸气中基态原子的分布占绝对优势，因此可以把基态原子数N_0看作是吸收光源辐射的原子总数N。

表3-5　四种元素共振线的N_j/N_0值

元素	共振线/nm	P_j/P_0	激发能/eV	N_j/N_0		
				2 000 K	3 000 K	5 000 K
Cs	852.1	2	1.46	4.44×10^{-4}	7.42×10^{-3}	6.82×10^{-2}
Na	589.0	2	2.104	9.86×10^{-6}	5.83×10^{-4}	1.51×10^{-2}
Ca	422.7	3	2.932	1.22×10^{-7}	3.55×10^{-5}	3.33×10^{-3}
Zn	213.9	3	5.759	7.45×10^{-15}	5.50×10^{-10}	4.32×10^{-4}

在实际工作中，要求测定的并不是蒸气相中的原子浓度，而是被测试样中的某元素的含量。当试液原子化效率一定时，待测元素在吸收层中的原子总数 N 与试液中待测元素的浓度 c 呈线性关系，因此有

$$N \approx N_0 = Kc \tag{3-22}$$

式中，K 是与实验条件有关的比例常数。由此看出，基态原子数与试液中待测元素的浓度呈线性关系。

3.4.1.3　原子吸收光谱法定量公式

目前原子吸收分析是测量峰值吸收，具体做法是当空心阴极灯等锐线光源发射出的特征共振辐射通过待测元素的原子蒸气时，测定待测元素原子蒸气对该特征谱线的吸收程度。

分析线被吸收的程度，可用 Lambert-Beer 定律表示：

$$A = -\lg(I_0/I) = abN_0 \tag{3-23}$$

式中，A 是吸光度；a 是吸收系数；b 是吸收层厚度，在实验中为一定值；N_0 是待测元素的基态原子数。由式(3-22)和式(3-23)可知

$$A = K'c \tag{3-24}$$

式中，K' 在一定实验条件下是一常数，因此吸光度与浓度成正比，此关系式就是原子吸收光谱法定量分析的依据。吸光度 $A = -\lg T = \lg(I_0/I)$。

3.4.2　实验部分

实验 12　火焰原子吸收光谱法测定自来水中的钙

【实验目的】

1. 掌握火焰原子吸收光谱法的基本原理。
2. 熟悉原子吸收分光光度计的结构、部件及工作原理。
3. 学习火焰原子吸收分光光度计的操作技术和操作条件的选择。
4. 学习利用火焰原子吸收光谱法定量分析水质中痕量元素的方法。

【实验原理】

钙离子溶液雾化成气溶胶后进入火焰，在火焰温度下气溶胶中的钙元素变成钙原子蒸气，钙原子蒸气吸收从光源——钙空心阴极灯辐射出的钙特征谱线($\lambda = 422.7$ nm)。在恒定的实验条件下，吸光度与溶液中钙离子浓度成正比，即 $A = K'c$。定量分析常采用标准曲线法和标准加入法。

标准曲线法是配制已知浓度的标准溶液系列，在一定的实验条件下，按照浓度从低到高的顺序依次测出它们的吸光度，以标准溶液的浓度 c 为横坐标，相应的吸光度 A 为

纵坐标，绘制标准曲线。原始试样经适当处理后，在与测量标准溶液吸光度相同的实验条件下测定其吸光度，根据试样溶液的吸光度，在标准曲线上即可查出试样溶液中被测元素的含量，再换算成原始试样中被测元素的含量。该法适用于分析组成较为简单的试样。

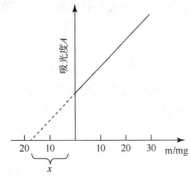

图 3-12　标准加入法

当试样的组成比较复杂，配制的标准溶液与试样组成之间存在较大的差别时，常采用标准加入法。标准加入法又称标准增量法和直线外推法。该法是取若干容量瓶，分别加入等体积的试样溶液，从第二份开始分别按比例加入不等量的待测元素的标准溶液，然后用溶剂稀释定容，依次测出它们的吸光度。以加入的标样质量 m（或浓度 c）为横坐标，相应的吸光度 A 为纵坐标，绘出标准曲线（图 3-12）。反向延长所绘的标准曲线与横坐标相交，交点至原点的距离即为待测元素的质量（或浓度）。

分析方法的精密度高低，偶然误差的大小，可用仪器测量数据的标准偏差 RSD 来衡量，对于仪器分析方法要求 $RSD<5\%$。分析方法是否准确、是否存在较大的系统误差，常通过回收试验加以检查。回收试验是在测定试样的待测组分含量（X_1）的基础上，加入已知量的该组分（X_2），再次测定其组分含量（X_3），从而可计算：

$$回收率 = [(X_3 - X_1)/X_2] \times 100\% \tag{3-25}$$

对微量组分回收率要求在 $95\% \sim 110\%$。

自来水中其他杂质元素对钙的原子吸收光谱测定基本没有干扰，试样经适当稀释后，即可采用标准曲线法进行定量测定。

【仪器和试剂】

1. 仪器

原子吸收分光光度计：TAS990 型（普析通用分析仪器厂）或其他型号，钙空心阴极灯，空气压缩机，乙炔钢瓶，分析天平，容量瓶，吸量管等。

2. 试剂

（1）钙标准贮备液（1 000 μg·mL^{-1}）　将 2.497 2 g 在 110 ℃烘箱中烘干过的碳酸钙于硝酸溶液（1:4）中溶解，用去离子水稀释到 1 L，即配得浓度为 1 000 μg·mL^{-1} 的钙标准贮备液。

（2）去离子水和自来水样。

【实验步骤】

1. 标准曲线法测定

（1）配制钙标准工作液（25.0 μg·mL^{-1}）　用吸量管准确吸取 2.50 mL 1 000 μg·mL^{-1} 钙标准贮备液，置于 100 mL 容量瓶中，用去离子水稀释至刻度，摇匀备用。

（2）配制标准溶液系列　取 5 个 100 mL 容量瓶，分别加入 25.0 μg·mL^{-1} 钙标准工作液 0.00、20.00、40.00、60.00、80.00 mL，用去离子水稀释至刻度，摇匀备用。该系列标准溶液浓度分别为 0.0、5.0、10.0、15.0、20.0 $\mu g \cdot mL^{-1}$。

（3）配制待测水溶液　准确吸取 25.00 mL 自来水样于 50 mL 容量瓶中，加入去离子水稀释至刻度，摇匀，得样品 A；准确吸取 25.00 mL 自来水样于 50 mL 容量瓶中，加入 25.0 $\mu g \cdot mL^{-1}$ 钙标准工作液 10.00 mL，用去离子水稀释至刻度，摇匀，得样品 B。

（4）以去离子水为空白，测定上述各溶液的吸光度，以标准曲线法求出自来水中钙的含量，并计算样品测定的回收率。

2. 标准加入法测定

（1）配制钙标准工作液（10.0 $\mu g \cdot mL^{-1}$）　准确吸取 1.00 mL 1 000 $\mu g \cdot mL^{-1}$ 钙标准贮备液，置于 100 mL 容量瓶中，用去离子水稀释至刻度，摇匀备用。

（2）吸取 5 份 10.00 mL 自来水样，分别置于 25 mL 容量瓶中，各加入 10.0 $\mu g \cdot mL^{-1}$ 钙标准工作液 0.0、1.0、2.0、3.0、4.0 mL 于容量瓶中，以去离子水稀释至刻度，配制成一组标准溶液。

（3）以去离子水为空白，测定上述各溶液的吸光度。采用标准加入法求出自来水中钙的含量。

3. 按照仪器操作规程使用原子吸收分光光度计

在测定之前，先用去离子水喷雾，调节读数至零点，然后按照浓度由低到高的原则，依次测定溶液的吸光度。本实验以 TAS990 型原子吸收分光光度计为例（其他型号依具体仪器而定），设置下列测量条件：

钙吸收线波长：422.7 nm；

空心阴极灯电流：3.0 mA；

燃气流量：1.7 $L \cdot min^{-1}$；

燃烧器高度：6.0 mm；

光谱通带宽度：0.4 nm。

4. 关机

测定结束后，先吸喷去离子水，清洁燃烧器，然后关闭仪器。关仪器时，必须先关闭乙炔，再关闭电源，最后关闭空气。

【数据处理】

1. 标准曲线法

（1）记录钙系列标准溶液的吸光度，然后以吸光度为纵坐标，系列标准溶液浓度为横坐标，绘制标准曲线，求出线性回归方程和相关系数。根据样品 A 的吸光度得出分析试样中钙的浓度，再换算为自来水中钙的浓度（$\mu g \cdot mL^{-1}$）。

（2）由样品 A、B 中钙的浓度和加入已知量的钙浓度，计算样品测定的回收率。

（3）记录样品测定的 *RSD*。

2. 标准加入法

绘制标准溶液系列的吸光度对钙质量的标准曲线，将标准曲线延长至与横坐标相交处，则交点至原点间的距离对应于 10.00 mL 自来水样中钙的质量，进而计算出自来水中钙的含量，以 $\mu g \cdot mL^{-1}$ 计。

【注意事项】

（1）单光束仪器一般预热 10~30 min。

（2）严格按照仪器操作规程进行操作，注意安全。点燃火焰时，应先开空气，后开乙炔。熄灭火焰时，先关闭乙炔后关闭空气，并检查乙炔钢瓶总开关关闭后压力表指针是否回到零，未归零表示未关紧。

（3）因待测元素为微量，测定中要防止污染、挥发和吸附损失。

【思考题】

1. 试述火焰原子吸收光谱法具有哪些特点？
2. 为什么燃烧器高度的变化会明显影响钙的测量灵敏度？
3. 试述标准曲线法的特点及适用范围。若试样成分比较复杂，应如何进行测定？

实验 13　火焰原子吸收光谱法测定井水、河水中的镁

【实验目的】

1. 进一步熟悉原子吸收分光光度计的基本构造及其操作方法。
2. 掌握火焰原子吸收光谱法测定镁的实验条件。
3. 掌握标准加入法在测定分析金属元素等实际样品中的原理与应用。

【实验原理】

环境水样，如地表水（河水等）、地下水（井水等）以及污水等试样中常常含有较多对钙、镁等金属离子测定有干扰的物质，采用络合滴定法、电位分析法等往往难以得到理想的分析结果。现行的各类标准方法多建议采用原子吸收光谱法进行测定。

测定环境水样中的镁时，首先采集具有代表性的水样，用滤膜除去不溶物后，将样品试液吸入空气-乙炔火焰中，在火焰的高温下，镁化合物离解为基态镁原子蒸气，基态镁原子对镁空心阴极灯发射的特征共振辐射产生吸收。扣除试剂空白，根据原子吸收定量公式 $A=K'c$，采用标准加入法，确定环境水样中的镁含量。

环境水样中常见的阴离子磷酸根（PO_4^{3-}）易与镁离子在原子化过程中形成不易离解的磷酸盐，降低了镁的原子化效率，从而对测定产生较大的负干扰。加入较大量的氯化锶（$SrCl_2$）后，由于 Sr^{2+} 与 PO_4^{3-} 形成了热稳定性更高的 $Sr_3(PO_4)_2$，可有效地抑制 PO_4^{3-} 对镁测定的干扰。

【仪器和试剂】

1. 仪器

原子吸收分光光度计(TAS-986 型/GGX-Ⅱ型),镁空心阴极灯,乙炔钢瓶,空气压缩机,容量瓶(1 L、100 mL)。

2. 试剂

(1) HCl(1∶1);HCl(1%)水溶液。

(2) 镁标准贮备液(1.000 $mg \cdot mL^{-1}$) 称取高纯金属镁 1.000 g 于 100 mL 烧杯中,以少量 HCl(1∶1)溶解后转入 1 L 容量瓶中,用 1% HCl 定容,摇匀。

(3) 镁标准溶液(10.00 $mg \cdot mL^{-1}$) 准确移取 1.00 mL 镁标准贮备溶液于 100 mL 容量瓶中,用去离子水稀释、定容、摇匀(临用前配制)。

(4) 氯化锶溶液(5%) 称取氯化锶($SrCl \cdot 6H_2O$)15 g 于 500 mL 烧杯中,加水至 300 mL 溶解,过滤至试剂瓶中备用。

(5) 去离子水。

【实验步骤】

1. 设置仪器测定条件

镁空心阴极灯波长 285.2 nm,通带宽度 0.2 nm,灯电流 1.0 mA,燃烧器高度 5~6 mm,乙炔流量 2.0 $mL \cdot min^{-1}$,空气流量 7.0 $mL \cdot min^{-1}$。

2. 样品溶液的配制

在 5 个 100 mL 容量瓶中,各加入 4.00 mL 过滤后的井水样品或 10.00 mL 过滤后的河水样品,再各加入 10 mL 5%氯化锶溶液除去杂质离子 PO_4^{3-}对 Mg^{2+}测定的干扰,然后分别加入 10.00 $\mu g \cdot mL^{-1}$的镁标准溶液 0.00、0.50、1.00、1.50、2.00 mL,用去离子水定容、摇匀。

3. 根据仪器操作步骤按浓度由低到高的顺序测定溶液的吸光度

【数据处理】

(1) 标准曲线的绘制 以镁标准溶液的吸光度 A 为纵坐标,各溶液中加入的镁标准溶液的浓度 c 为横坐标,绘制标准曲线。

(2) 用直线外推法求得水样中镁的含量。

【注意事项】

(1) 实验时应打开通风设备,使金属蒸气及时排出到室外。

(2) 点火时,先打开空气压缩机后再打开乙炔钢瓶;熄火时,则先关闭乙炔钢瓶,后关闭空气压缩机。室内若有乙炔气味,应立即关闭乙炔气源,通风,排除隐患后再继续实验。

(3) 关掉灯电源后再更换空心阴极灯,以防触电或造成灯电源短路。

(4) 钢瓶附近严禁烟火,废液管应水封,以免回火。

【思考题】

1. 原子吸收光谱法为什么要用空心阴极灯？
2. 简述原子吸收分光光度计的组成以及各部分的作用。

实验 14　火焰原子吸收光谱法测定样品中的铜含量

【实验目的】

1. 通过实验掌握火焰原子吸收光谱法的基本原理和原子吸收分光光度计的使用。
2. 进一步学习火焰原子吸收光谱法测量条件的选择方法。
3. 掌握标准曲线法测定微量元素的实验方法。

【实验原理】

铜是原子吸收光谱分析中经常测定并且最容易测定的元素，在空气-乙炔火焰(贫燃焰)中进行，测定干扰少。采用火焰原子吸收分光光度法进行测定时，首先将被测样品转变为溶液，经雾化系统导入火焰中，在火焰原子化器中，通过火焰燃烧提供的高温完成干燥、熔融、挥发、离解等原子化过程，使被测元素转化为气态的基态原子。本次实验依据原子吸收光谱法的定量分析公式 $A=K'c$，采用标准曲线法测定未知试液中铜的含量。

【仪器和试剂】

1. 仪器

原子吸收分光光度计(WFX-IE2 型，带有 D_2 灯自动扣除背景装置)，铜空心阴极灯，容量瓶(50 mL)，吸量管(5 mL)。

2. 试剂

200 μg·mL⁻¹的铜标准贮备溶液。

【实验步骤】

1. 设置原子吸收分光光度计的测量条件

以 WFX-IE2 型原子吸收分光光度计为例(其他型号依具体仪器而定)，设置下列测量条件：

光源：Cu 空心阴极灯；

灯电流：3 mA；

波长：324.8 nm；

狭缝宽度：0.1 nm；

压缩空气压力：0.2~0.3 MPa；

乙炔压力：0.06~0.07 MPa；

乙炔流量：2 L·min^{-1}；

火焰高度：6~7 cm 左右。

2. 开机流程

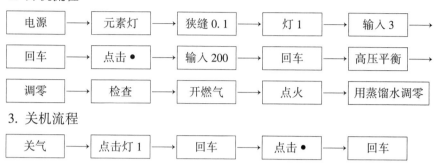

3. 关机流程

| 关气 | → | 点击灯1 | → | 回车 | → | 点击 ● | → | 回车 |

4. 铜标准溶液系列的配制

配制浓度为 200 μg·mL^{-1} 的铜标准贮备溶液，分别吸取铜标准贮备溶液 0.00、1.00、2.00、3.00、4.00、5.00 mL，移入 50 mL 容量瓶中，用去离子水稀释至刻度，摇匀备用。系列铜标准溶液的浓度依次为 0、4、8、12、16、20 μg·mL^{-1}。

5. 铜测量条件的选择

（1）乙炔流量和燃烧器高度的选择　在上述仪器操作条件下，选用浓度为 8 μg·mL^{-1} 的铜标准溶液，按照表3-6 列出的燃烧器高度和乙炔流量，测量吸光度，选定吸光度值最大时的燃烧器高度值和乙炔流量值作为最终测定铜试液的测量条件。

表 3–6　乙炔流量和燃烧器高度的选择

燃烧器高度/格	乙炔流量/(mL·min^{-1})	吸光度 A	燃烧器高度/格	乙炔流量/(mL·min^{-1})	吸光度 A
4	12		8	12	
	13			13	
	14			14	
	15			15	
5	12		9	12	
	13			13	
	14			14	
	15			15	
6	12		10	12	
	13			13	
	14			14	
	15			15	
7	12		11	12	
	13			13	
	14			14	
	15			15	

（2）灯电流的选择　采用(1)中选定的燃烧器高度和乙炔流量，按表3-7改变灯电流并测定溶液的吸光度以选择合适的灯电流。选择原则是在保证光源稳定和适当光强度输出的情况下，尽可能选择较小的灯电流。

表 3-7 灯电流的选择

灯电流/mA	吸光度 A	灯电流/mA	吸光度 A
2.0		4.0	
3.0		5.0	
3.5			

（3）狭缝宽度的选择　采用以上选择的条件，按表 3-8 列出的狭缝宽度测量溶液的吸光度，选择合适的狭缝宽度。

表 3-8 狭缝宽度的选择

狭缝宽度/nm	吸光度 A	狭缝宽度/nm	吸光度 A
0.2		1.0	
0.5		2.0	

6. 绘制标准曲线

用原子吸收分光光度计，在步骤 5 所选择的最佳测量条件下，于波长 324.8 nm 处，以空白试剂调零，按照浓度由低到高的顺序，依次测定铜系列标准溶液的吸光度。

7. 未知溶液的测定

取一个 50 mL 容量瓶，加入 1.00 mL 铜未知液，用蒸馏水稀释至刻度，摇匀。按与测定系列标准溶液相同的条件测定该稀释未知液的吸光度值。

【数据处理】

以各铜标准溶液的吸光度对其浓度作图，绘制铜标准曲线。求出稀释后的铜未知样浓度 $c_稀$，并计算出原来未知液的铜含量。

$$c_未 = c_稀 \times 50 (\mu g \cdot mL^{-1})$$

【注意事项】

（1）$\boxed{\bullet}$ 表示高压值，当屏幕显示数值大于 95 以后，才可以按 $\boxed{高压平衡}$ 键。

（2）打开燃气的操作步骤

① 打开空气压缩机(先开红灯，再开绿灯)。

② 燃气为乙炔，助燃气为空气。先打开助燃气开关，调节表盘数值为 0.3 MPa，再打开燃气开关，调节表盘数值为 0.05~0.07 MPa。

（3）乙炔钢瓶的使用　打开主阀，将减压阀调节至表盘数值显示为 0.15 左右。

【思考题】

原子吸收光谱法中，吸光度与样品质量浓度之间有何关系？当质量浓度较高时一般会出现什么情况？

实验 15 石墨炉原子吸收光谱法测定水样中铜的含量

【实验目的】

1. 了解石墨炉原子化的原理，熟悉石墨炉原子吸收光谱仪的基本结构。
2. 初步掌握石墨炉原子吸收光谱法分析的操作程序和实验技术。
3. 了解石墨炉原子吸收光谱法定量分析的过程及特点。

【实验原理】

虽然火焰原子吸收光谱法在分析中被广泛应用，但由于其雾化效率低等原因使测定灵敏度较低。石墨炉原子吸收法利用电能转变的热能使试样在高温石墨管中完全蒸发，充分原子化，成为基态原子蒸气，待测元素的基态原子对空心阴极灯发射的特征辐射进行选择性吸收，在一定浓度范围内，其吸收强度与试液中待测元素的含量成正比，即 $A = K'c$。石墨炉原子吸收光谱法的原子化效率和灵敏度都比火焰原子吸收光谱法高，其灵敏度可达 10^{-14} g，且试样用量少（$1 \sim 100$ μL），检出限低。

本实验是利用石墨炉原子吸收法在硝酸介质中对铜进行定量测定。

【仪器和试剂】

1. 仪器

石墨炉原子吸收光谱仪，铜空心阴极灯。

2. 试剂

（1）硝酸(优级纯)；二次蒸馏水。

（2）铜标准溶液 I（500 mg·L^{-1}） 称取 0.500 0 g 优级纯的铜于 250 mL 烧杯中，缓缓加入 20 mL 硝酸(1∶1)，加热溶解，冷却后转移至 1 L 容量瓶中，用二次蒸馏水稀释至刻线，摇匀备用。

（3）铜标准使用液 II（0.5 mg·L^{-1}） 将铜标准溶液 I 准确稀释 1 000 倍。

【实验步骤】

1. 铜标准溶液系列的配制

取 5 个 100 mL 容量瓶，各加入 10 mL 0.2% 的硝酸溶液，然后分别加入 0.00、2.00、4.00、6.00、8.00 mL 铜标准使用液 II，用二次蒸馏水稀释至刻度，摇匀，该系列铜标准溶液浓度分别为 0、10、20、30、40 μg·L^{-1}。

2. 试样溶液的准备

吸取自来水 5 mL 于 100 mL 容量瓶中，加入 10 mL 0.2% 的硝酸，然后用二次蒸馏水稀释至刻度，摇匀备用。

3. 仪器操作

打开石墨炉冷却水和保护气，调节保护气压力到 0.24 MPa，打开石墨炉电源开关，启动计算机和原子吸收分光光度计，参照如下步骤进行操作，预热仪器 20 min。

（1）启动软件后点击"操作"下拉菜单的"编辑分析方法"，选择"石墨炉原子吸收"，然后选择元素为铜，点击"确定"，在弹出的界面中，注意选择铜灯对应的元素灯位数字，按实验条件设置好对应的实验参数（铜空心阴极灯波长：324.8 nm；灯电流：3 mA；狭缝：0.5 nm），并按需要设置好其余的实验条件。

（2）点击"新建"菜单，选择刚刚创建的文件，联机。在弹出的仪器控制界面中，点击自动增益后，尝试点击短、长、上、下，看主光束值，调节主光束值，如果超出140%，则点击一下自动增益后继续调节，直至最大后点击完成。调节石墨管位置（按上、下、前、后，调节吸光度值至最大）。

（3）调节完毕即可进行实验。先调零，然后按表 3-9 所列的石墨炉升温程序设置实验条件进行测试。

表 3-9　石墨炉升温程序

元素	干燥			灰化			原子化			净化/清除		
	温度/℃	斜坡/保持时间/(s/s)	氩气流量/(mL·min⁻¹)	温度/℃	斜坡/保持时间/(s/s)	氩气流量/(mL·min⁻¹)	温度/℃	斜坡/保持时间/(s/s)	氩气流量/(mL·min⁻¹)	温度/℃	斜坡/保持时间/(s/s)	氩气流量/(mL·min⁻¹)
Cu	120	10/30	200	850	150/20	200	2 100	0/3	0	2 500	0/3	200

4. 测量

测量前先空烧石墨管调零，然后按浓度从低至高依次测量系列铜标准溶液和自来水试样的吸光度，每次进样量 50 μL，每个溶液测定三次，取平均值。

5. 结束

实验结束，退出主程序，分别关闭氩钢瓶气阀和冷却水，关闭石墨炉原子吸收分光光度计电源，关闭计算机。套上仪器防护罩，填好仪器使用记录本，做好实验室清洁工作。

【数据处理】

（1）记录实验条件。

（2）列表记录测量的铜标准溶液系列的吸光度值，然后以吸光度为纵坐标，铜标准溶液浓度为横坐标，绘制工作曲线。

（3）记录水样的吸光度，根据标准曲线的线性回归方程计算水样中铜的含量。

【注意事项】

（1）实验前应仔细了解仪器的构造及操作步骤和注意事项，以便实验能顺利进行。

（2）使用微量注射器时，要严格按照教师指导进行，防止损坏器具。

【思考题】

1. 简述空心阴极灯的工作原理。

2. 在实验中通入氩气的作用是什么？

3. 比较火焰原子化法和无火焰原子化法的优缺点。

3.5　红外吸收光谱法

利用物质的分子对红外辐射的吸收，得到与分子结构相对应的红外光谱图，从而鉴别分子结构的方法，称为红外吸收光谱法(infrared absorption spectrometry，IR)，也称为红外分光光度法。红外吸收光谱主要是由分子中所有原子的多种形式的振动引起的，属于分子振动转动光谱。当一定频率的红外光照射分子时，如果分子中某个基团的振动频率和红外辐射的频率一致，这个基团就会吸收该特定频率的红外辐射而产生红外吸收。如果用连续改变频率的红外光照射某样品，由于样品对不同频率红外光的吸收情况存在差异，使通过样品后的红外光在一些波长范围内变弱，在另一些范围内仍然较强，将分子吸收红外光的情况用仪器记录下来，就得到该样品的红外吸收光谱图。

红外吸收光谱可直接测定气体、液体和固体样品，并且具有用量少、分析速度快、不破坏样品的特点，是鉴定化合物分子结构最有效的方法之一。各种化合物分子结构不同，分子中各个基团的振动频率不同，其红外吸收光谱也不同。除光学异构体、某些高聚物以及分子量只有微小差异的化合物外，凡是结构不同的化合物，其红外光谱一定有所差异，因而红外光谱具有很强的特异性，可进行有机化合物的结构分析和定性鉴定。红外光谱吸收谱带的强度与分子组成或基团的含量有关，可用于定量分析和纯度鉴定。

3.5.1　基本原理

3.5.1.1　红外吸收光谱产生的条件

红外吸收光谱是由于样品分子吸收电磁辐射导致振动-转动能级跃迁而形成的。但样品分子不是吸收任意一种电磁辐射就能导致振动-转动能级的跃迁，分子产生红外吸收光谱必须同时满足以下两个条件：

① 只有当电磁辐射的能量($E = h\nu$)等于分子的两个振动能级的能量差(ΔE)时，分子才吸收辐射由低振动能级 E_1 跃迁到高振动能级 E_2，即 $\Delta E = E_2 - E_1$ 时，产生红外吸收。由于振动能级又叠加了不同的转动能级，因此红外光谱为连续的带状吸收光谱。

② 分子振动过程中，必须伴随瞬时偶极矩的变化。红外光谱产生的实质是外界光辐射的能量通过偶极矩的变化转移到了分子内部，分子才会吸收该特定频率的红外辐射发生振动能级跃迁而产生红外光谱。因此，尽管一个分子有多种振动方式，但是只有使分子的偶极矩发生变化的振动方式才是红外活性的。

如 CO、HCl 分子的正负电荷中心不重叠，即瞬时偶极矩 $\Delta\mu \neq 0$，故分子中原子的振动会引起偶极矩的变化，会产生红外吸收，这种振动称为红外活性振动；反之，则称为非红外活性振动，如单原子分子 Ne、He 和同核分子 N_2、O_2、H_2 等的振动不会产生偶极矩变化，是非红外活性的，不会产生红外吸收。

3.5.1.2　分子的振动类型

双原子分子振动模型把两个质量分别为 M_1 和 M_2 的原子看作刚性小球，连接两原子的化学键看作无质量的弹簧，弹簧的长度就是化学键的长度。影响分子简正振动频率的因素是相对原子质量和化学键的力常数。化学键的力常数越大，折合相对原子质量越小，振动频率就越高，吸收峰出现在高波数区；反之则出现在低波数区。

分子的简正振动可分为两大类：伸缩振动和弯曲振动(也称变形振动)。

① 伸缩振动　指化学键两端的原子沿键轴方向做来回周期运动，用 ν 表示。伸缩振动又分为对称伸缩振动 ν_s 和不对称伸缩振动 ν_{as}。

② 弯曲振动　指使化学键的键角发生周期性变化的振动，用 δ 表示。弯曲振动根据振动方向不同分为位于分子平面上振动的面内弯曲振动和垂直于分子平面振动的面外弯曲振动，具体又可分为：剪式振动 β、平面摇摆振动(面内摇摆振动) ρ、非平面摇摆振动(面外摇摆振动) ω 以及扭曲振动 γ。

以亚甲基为例，其振动方式如图 3-13 所示。

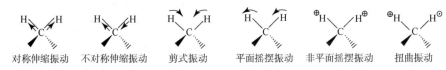

对称伸缩振动　　不对称伸缩振动　　剪式振动　　平面摇摆振动　　非平面摇摆振动　　扭曲振动

图 3-13　亚甲基的振动模式
⊕，⊙分别表示运动方向垂直纸面向里与向外

3.5.1.3　红外吸收峰的强度

红外吸收峰的强度取决于分子振动时偶极矩的变化，而偶极矩与分子结构的对称性有关。分子结构的对称性越高，振动中分子偶极矩变化越小，吸收峰强度就越弱。一般地，极性较强的基团振动，如 C=O 和 C—X 等，吸收强度较大；极性较弱的基团振动，如 C=C、C—C、N=N 等，吸收较弱。红外光谱吸收峰的强度一般分为以下五个等级，见表 3-10 所列。

表 3-10　红外光谱吸收峰的强度等级

吸收峰强度等级	极强峰(vs)	强峰(s)	中强峰(m)	弱峰(w)	极弱峰(vw)
摩尔吸收系数 $\varepsilon_{max}/(L \cdot mol^{-1} \cdot cm^{-1})$	>100	20~100	10~20	1~10	<1

3.5.1.4　基团频率和特征吸收峰

红外吸收光谱最大的特点就是具有特征性。复杂分子中存在许多原子基团，各个原子基团在分子被激发后，都会产生其特征性的振动，从而产生特征吸收峰。吸收峰的位置和强度取决于分子中各基团(化学键)的振动形式和所处的化学环境。因此，只要掌握了各种基团的振动频率及其位置规律，就可以用红外光谱来鉴定化合物中存在的基团及其在分子中的相对位置。

红外光波长范围是 0.75~1 000 μm，分为近红外光区(25~1 000 μm，即 13 300~4 000 cm⁻¹)、中红外光区(2.5~25 μm，即 4 000~400 cm⁻¹)和远红外光区(0.75~2.5 μm，即 400~10 cm⁻¹)，常见的化合物在 4 000~650 cm⁻¹ 区域内有特征基团频率，因而对中

红外光区的吸收光谱研究最为广泛。

（1）基团频率区

中红外光区可以分为 4 000~1 300 cm^{-1} 和 1 300~400 cm^{-1} 两个区域。最具有分析价值的基团频率出现在 4 000~1 300 cm^{-1}，这一区域称为基团频率区、官能团区或特征区。此区内的吸收峰是由伸缩振动产生的吸收带，比较稀疏，容易辨认，常用于鉴定官能团。基团频率区又可细分为三个区域：

① 4 000~2 500 cm^{-1} 为 X—H 伸缩振动区，X 可以是 C、N、O 或 S 等原子。

② 2 500~1 900 cm^{-1} 为叁键和累积双键伸缩振动区，主要包括 —C≡C、—C≡N 等叁键的伸缩振动及 —C=C=C、—C=C=O 等累积双键的不对称伸缩振动。

③ 1 900~1 300 cm^{-1} 为双键伸缩振动区，主要包括 C=O 伸缩振动、C=C 伸缩振动、苯的衍生物中 C—H 面外和 C=C 面内变形振动的泛频吸收。

受分子内部基团或外部介质的影响，特征频率会在一个较窄的范围内产生位移，由于这种位移与分子结构的细节相关联，因此不但不会影响吸收峰的特征性，还可以为分子结构的确定提供一些基团连接方式等有用信息。

（2）指纹区

在 1 300~400 cm^{-1} 区域内，除重原子单键的伸缩振动外，还有变形振动产生的谱带。这种振动与整个分子的结构有关。当分子结构稍有不同时，该区的吸收带就有细微的差异，并显示出分子特征，就像人的指纹一样，因此称为指纹区。指纹区对于指认结构类似的化合物很有帮助，可作为化合物存在某种基团的旁证。

① 1 300~900 cm^{-1} 区域是 C—O、C—N、C—F、C—P、C—S、P—O、Si—O 等单键的伸缩振动和 C=S、S=O、P=O 等双键的伸缩振动吸收频率区以及一些变形振动吸收频率区。

② 900~400 cm^{-1} 为一些重原子伸缩振动和一些变形振动的吸收频率区。利用这一区域苯环的 =C—H 面外弯曲振动吸收峰和 1 650~2 000 cm^{-1} 区域苯环的 =C—H 弯曲振动的倍频或组合频吸收峰，可以确定苯环的取代类型，某些吸收峰也可以用来确认化合物的顺反构型。

3.5.1.5 分析方法

在红外吸收光谱中，常用波长(λ)和波数(σ)表示谱带的位置，但更常用波数(σ)表示。若波长以 μm 为单位，波数就以 cm^{-1} 为单位，二者的关系如下：

$$\sigma(cm^{-1}) = 1/\lambda(cm) = 10^4/\lambda(\mu m) \tag{3-26}$$

红外光谱一般用透过率-波长(T-λ)和透过率-波数(T-σ)曲线描述，多用 T-σ 曲线描述。T-σ 曲线上的吸收峰是红外图谱上的"谷"。如图 3-14 所示为丙酮的红外吸收光谱图。

一条红外吸收曲线，可由吸收峰的位置（峰位）、吸收峰的形状（峰形）和吸收峰的强度（峰强）来描述。其中，峰位由化学键力常数、化学键两端的原子质量、内部影响因素及外部影响因素等决定。依据各种化学键的振动类型不同，通常将红外光谱划分为九个主要区段，见表 3-11 所列。具体常见官能团的特征吸收频率见附录 7。

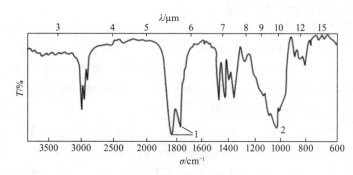

图 3-14　丙酐的红外吸收光谱图

峰谷 1、2 为红外吸收峰

表 3-11　红外光谱的九个重要区段

波数/ cm^{-1}	波长/μm	振　动　类　型
3 750~3 000	2.7~3.3	ν_{OH}、ν_{NH}
3 300~2 900	3.0~3.4	ν_{CH}(—C≡C—H、Ar—H、R_2C=CH—)，极少数可到 2 900 cm^{-1}
3 000~2 700	3.3~3.7	ν_{CH}(—CH_3、—CH_2—、R_3C—H、—CHO)
2 400~2 100	4.2~4.9	$\nu_{C≡C}$、$\nu_{C≡N}$
1 900~1 650	5.3~6.1	$\nu_{C=O}$(醛、酮、酸、酯、酸酐、酰胺)
1 675~1 500	5.9~6.2	$\nu_{C=C}$(脂肪族及芳香族)、$\nu_{C=N}$
1 475~1 300	6.8~7.7	$\delta_{C—H}$(R_3C—H)(面外)
1 300~1 000	7.7~10.0	$\nu_{C—O}$、$\nu_{C—O—O}$、$\nu_{C—N}$(醇、醚、胺)
1 000~650	10.0~15.4	$\delta_{C=C—H、Ar—H}$(面外)

3.5.1.6　影响红外吸收光谱的因素

基团频率主要由基团中原子的质量和原子间的化学键力常数决定。然而，同样的基团在不同的分子和不同的介质环境中，基团频率可能会出现在一个较大的范围。了解影响基团频率的因素，对解析红外光谱和推断分子结构均十分有用。影响基团频率位移的因素分为内部因素和外部因素。

（1）内部因素

① 电子效应　包括诱导效应、共轭效应和中介效应等，它们都是由于化学键的电子分布不均匀而引起的。

诱导效应（I 效应）：由于取代基具有不同的电负性，通过静电诱导作用，引起分子中电子分布的变化，从而改变了化学键的力常数，使基团的特征频率发生位移。例如，当C=O邻位有电负性大的原子或官能团时，会使电子云从偏向氧原子而转向双键中间，增加 C=O 双键的力常数，吸收频率向高波数位移。

共轭效应（C 效应）：由分子中双键 π-π 共轭所引起的基团频率位移。共轭效应使共轭体系中的电子云密度趋于平均化，结果使原来的双键略有伸长（电子云密度降低），力常数减小，吸收频率向低波数位移。

中介效应(M 效应)：当含有孤对电子的原子，如 O、S、N 等，与具有多重键的原子相连时，具有类似共轭的作用，称为中介效应。由于含有孤对电子的原子的共轭作用，使 C=O 上的电子云偏向氧原子，C=O 双键的电子云密度平均化，造成 C=O 键的力常数下降，使吸收频率向低波数位移。

空间位阻效应：指分子存在某种或某些基团，因空间位阻作用影响到分子中正常的共轭效应，从而导致吸收谱带位移，多向高波数移动。

环张力效应：环张力即键角张力，环越小，张力效应越大。随着环张力的增大，环外双键振动吸收向高波数位移，环内双键振动吸收向低波数位移。

场效应：当分子的立体结构决定了某些基团靠得很近时，原子或官能团的静电场通过空间相互作用使相应的振动谱带发生位移。

② 氢键的影响 氢键的形成使电子云密度平均化，从而使伸缩振动频率降低。游离羧酸的 C=O 键频率出现在 1 760 cm^{-1} 左右，而在固体或液体中，由于羧酸形成二聚体，C=O 键频率出现在 1 700 cm^{-1}。分子内氢键不受浓度影响，分子间氢键受浓度影响较大。

③ 振动耦合 当两个振动频率相同或相近的基团相邻且有一公共原子时，由于一个键的振动通过公共原子使另一个键的长度发生改变，产生一个"微扰"，从而形成强烈的振动相互作用。其结果是使振动频率一个向高频移动，另一个向低频移动，谱带发生分裂。振动耦合常出现在一些二羰基化合物中，如羧酸酐。

④ Fermi 共振 当一个振动的倍频与另一振动的基频接近时，由于发生相互作用而产生很强的吸收峰或发生裂分，这种现象称为 Fermi 共振。

（2）外部因素

外部因素主要指测定化合物时物质的状态、溶剂效应以及仪器单色器光学性能的好坏。

① 物质的状态 同一物质因状态不同会有不同的红外光谱，这是由于状态不同分子间相互作用力大小不一所致。如物质在气态时，分子之间距离大，相互作用力很弱，彼此影响很小，因此常常在观察到振动吸收光谱的同时也能看到转动吸收光谱的精细结构。

② 溶剂的影响 在实际测定中，常常由于溶剂的种类、溶液浓度以及测定时温度的不同，即使同一种物质，也很难得到一样的红外谱图。在极性溶剂中，极性基团的伸缩振动频率常常随溶剂极性的增大而减小，但是强度增大。

同一种化合物在不同的溶剂中吸收频率不同。在非极性溶剂中，化合物的特征频率变化不大。在红外光谱测定中常用的溶剂有 CCl_4、CH_3Cl、CS_2、CH_3CN 等。

3.5.2 实验部分

实验 16 溴化钾压片法测绘抗坏血酸的红外吸收光谱

【实验目的】

1. 了解红外光谱的原理，掌握傅里叶变换红外光谱仪的基本结构和使用方法。

2. 掌握溴化钾压片法测绘固体样品的红外光谱技术。

3. 结合理论教学，初步训练对红外吸收光谱图的解析。

【实验原理】

常用的红外光区为中红外光区（波长范围是 $2.5 \sim 25~\mu m$，波数范围是 $4~000 \sim 400~cm^{-1}$），属于分子的基本振动区。一般的红外吸收分光光度计的波数范围是 $4~000 \sim 400~cm^{-1}$。分子吸收一定频率的红外线后，分子振动-转动能级由基态跃迁至激发态产生红外吸收峰，所以中红外光谱又称为分子的振转光谱。由于分子振动能级间的能级差较大，转动能级间的能级差较小，如双原子分子 $\Delta E_{振动} = 0.05 \sim 1.0~eV$，$\Delta E_{转动} < 0.05~eV$，所以在振动能级跃迁过程中会伴随转动能级的跃迁，因此当用红外光照射分子时，测不到单根的纯振动谱线，而是由多根相隔很近的谱线（转动吸收）所组成的吸收带，最终使红外吸收光谱呈现为带状光谱。

抗坏血酸即维生素 C，其结构类似葡萄糖，是一种多羟基化合物。图 3-15 为抗坏血酸的结构式。抗坏血酸的官能团主要有 $C=O$、$O-H$、$C=C$ 等，基团不同，振动形式不同，吸收峰的位置也不同。

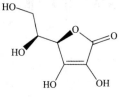

图 3-15 抗坏血酸结构式

【仪器和试剂】

1. 仪器

IR200 型傅里叶变换红外光谱仪及其所属压片附件。

2. 试剂

（1）溴化钾（KBr） 用光谱纯的 KBr 在玛瑙研钵中研磨后，置于烘箱中在 120 ℃下烘干 8 h 除去水分。检验水分是否除掉的方法：取少量烘干的 KBr 进一步研磨后压片，测绘其红外光谱图，然后检查在 3 300 cm^{-1} 左右处是否存在水的羟基峰。如果没有羟基峰存在，说明水已全部除掉，可将 KBr 转移到磨口瓶中，再将磨口瓶置于干燥器中保存备用。也可以用报废了的 KBr 旧窗片或切割 KBr 盐窗时剩下的边角余料进行研磨压片。

（2）抗坏血酸（分析纯）。

【实验步骤】

（1）用牛角勺估量取 10 mg 左右的抗坏血酸置于干净的玛瑙研钵中，在红外灯下研磨成细粉，然后加入样品质量 100～200 倍的干燥 KBr 进行混合研磨，使两者尽量混匀研细，使颗粒直径小于 2 μm（实际上凭经验判断）。研磨时最好戴口罩，以防 KBr 吸收操作者呼出的水蒸气。

（2）用不锈钢匙取混磨好的样品移入压片模具中，使样品粉末分布均匀后，用压舌盖好，移入手动压片机中，将其竖直，调整好压力，压 2～3 min 即可。将压片模具取出，得一透明圆片。将该圆片装在试样环上，插入仪器的样品槽中，测定抗坏血酸的红外吸收光谱图。

（3）一般来说，先做纯 KBr 背景压片，测得背景红外光谱图；再做样品 KBr 压片，测得抗坏血酸的红外光谱图。

【数据处理】

红外光谱图解析过程多采用两区域法。它是将光谱按特征区（4 000~1 300 cm⁻¹）和指纹区（1 300~400 cm⁻¹）划为两个区域，先识别特征区中第一强峰的起源（由何种振动引起）及可能归属（属于什么基团），再找出该基团所有或主要的相关吸收峰，以确定第一强峰的归属。然后解析特征区的第二强峰及其相关吸收峰，依此类推。有必要时再解析指纹区的第一、第二……强峰及其相关吸收峰。采取"抓住"一个最强峰，解析一组相关峰的方法。它们可以互为旁证，避免孤立解析。较简单的谱图，一般解析三、四组相关峰即可解析完毕，但结果的最终判定，一定要与标准光谱图对照。为了便于记忆，将解析程序归纳为五句话："先特征，后指纹；先最强，后次强；先粗查，后细找；先否定，后肯定；一抓一组相关峰""先特征，后指纹；先最强，后次强"指先从特征区的第一个强峰入手，因为特征区峰少，易辨认。"先粗查，后细找"指先按待查吸收峰位，查光谱图上的九个重要区域（表 3-11），初步了解吸收峰的起源及可能归属，这一步可称为粗查，根据粗查提供的线索，细找基团排列表（参考附录 8），根据此表所提供的相关位置、数目，再到未知物的光谱上去查找这些相关峰，若找到所有或主要相关峰，则此吸收峰的归属一般可以确定。"先否定，后肯定"指由不存在吸收峰而否定官能团的存在，比存在吸收峰而肯定官能团的存在确凿有力，因此在粗查与细找过程中，采取先否定的办法，以便逐步缩小范围。"一抓一组相关峰"是指避免孤立解析，应解析一组相关峰才能确认一个官能团的存在。

上述程序适用于解析比较简单的红外光谱图。复杂化合物的光谱，由于多官能团间的相互作用使得解析很困难，可先粗略解析，然后对照标准光谱进行定性分析，或进行综合光谱解析。

本实验采用与抗坏血酸的标准谱图对照的方法进行定性分析。

【注意事项】

（1）压片模具的压杆、压台、压片模都用工具钢制成并经淬火处理，在大的压力下不发生变形，但是如果压舌由于放的不完全竖直，稍微有些倾斜，就容易把压舌压碎。如果压模孔内有样品黏附在边上，或者生锈，都应清理干净再加压舌。压舌与样品的接触面是经过精细加工后电镀而成的镜面，操作过程中注意保护好这个镜面，这样才可以保证压片表面光滑，以减少光的散射。

（2）采用压片法制备样品时应注意以下三点

① 碱金属卤化物会和样品发生离子交换，产生相应的杂质吸收峰。

② 样品在压片过程中会发生物理变化（如多晶转换现象）或化学变化（部分分解）使谱图面貌出现差异。因此，对于某些无机化合物、糖、固态酸、胺、亚胺、胺盐、酰胺等物质，用 KBr 压片法来制备样品不一定合适。

③ 压片时一定要将压模孔内壁和压舌的侧面清理干净，以免压舌位置放置不正，将压舌压坏。

在红外光谱测定中，要高度重视样品的制备，如果样品制备不好就得不到一个好的谱图，对红外光谱图的解析也就失去了可靠的依据。

（3）仪器操作要按操作规程进行。

（4）玛瑙研钵和模具使用前一定要擦洗干净。

（5）制备样品压片之前，充分了解研磨的样品能否分解或者爆炸、有无腐蚀性等。

【思考题】

1. 分子中存在哪些振动形式？

2. 红外光谱的特征频率会受到哪些因素影响？

3. 只用红外光谱就可以确定分子结构吗？

实验 17 苯甲酸和丙酮红外吸收光谱的测定

【实验目的】

1. 进一步学习用红外吸收光谱进行化合物的定性分析。

2. 熟悉红外分光光度计的工作原理及其使用方法。

3. 掌握用压片法制作固体试样晶片的方法。

4. 掌握液膜法测绘物质红外光谱的方法。

【实验原理】

一般地，将中红外区分为官能团区 $4\ 000 \sim 1\ 300\ cm^{-1}$ 和指纹区 $1\ 300 \sim 400\ cm^{-1}$ 两个区域来解析红外光谱，将未知样的红外光谱谱图与谱库中标准化合物谱图（或红外光谱图册中的谱图）对比，确定匹配度。酸和酮在 $1\ 900 \sim 1\ 650\ cm^{-1}$ 范围内出现强吸收峰，这是 C=O 的伸缩振动吸收带，其位置相对较固定且强度大，很容易识别。由于 C=O 伸缩振动实际受到样品的状态、相邻取代基团、共轭效应、氢键、环张力等因素的影响，其吸收带实际位置会有所差别。

由苯甲酸（C_6H_5—COOH）分子结构可知，分子中各原子基团的基频峰的频率在 $4\ 000 \sim 650\ cm^{-1}$ 范围内吸收峰的归属见表 3-12 所列。

表 3-12 原子基团的基频峰的频率范围

原子基团的基本振动形式	基频峰的频率/cm^{-1}	原子基团的基本振动形式	基频峰的频率/cm^{-1}
ν_{C-H}（Ar 上）	3 077, 3 012	δ_{O-H}	935
$\nu_{C=C}$（Ar 上）	1 600, 1 582, 1 495, 1 450	$\nu_{C=O}$	1 400
δ_{C-H}（Ar 上邻接五氢）	715, 690	δ_{C-O-H}（面内弯曲振动）	1 250
ν_{C-H}（形成氢键二聚体）	3 000~2 500（多重峰）		

酮的羰基比相应醛的羰基在稍低的频率处吸收，饱和脂肪酮在 $1\ 715\ cm^{-1}$ 左右有吸收。同样，双键的共轭会造成吸收向低频移动，酮与溶剂之间的氢键也将降低羰基的吸收频率。

不同相态（固体、液体、气体及黏稠样品）物质的制备方法不同，因为制备方法的选择、制样技术好坏直接影响红外谱带的频率、数目和强度。

1. 气体试样

可在玻璃气槽(图 3-16)内进行测定,它的两端粘有红外透光的 NaCl 或 KBr 盐窗。先将气槽抽真空,再将试样注入。

2. 液体和溶液试样

(1) 液体池法　沸点较低(<100 ℃)、挥发性较大的试样,可注入封闭液体池(图 3-17)中,其液层厚度一般为 0.01~1 mm。

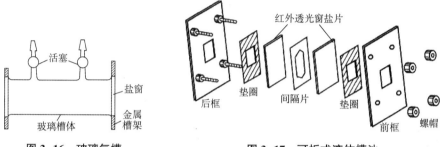

图 3-16　玻璃气槽　　　　　图 3-17　可拆式液体槽池

(2) 液膜法　用滴管吸取沸点较高(≥100 ℃)的试样或黏稠样品 1~2 滴,直接滴在两个 KBr(或 NaCl)晶体窗片(盐片)之间,使之形成一个薄的液膜。流动性较大的样品,可选择不同厚度的垫片来调节液膜厚度。

3. 固体试样

(1) 压片法(图 3-18)　将 1~2 mg 试样与 100~400 mg 纯 KBr 研细均匀,置于干燥的模具中,用 $(5~10)\times10^7$ Pa 压力在油压机上压成透明薄片,即可测定。试样和 KBr 都要经干燥处理。由于中红外光的波长是从 2.5 μm 开始的,因此样品研磨的粒度应小于 2 μm,以免散射光影响。

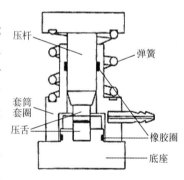

图 3-18　压片机和压片模具

(2) 石蜡糊法　需要准确知道样品是否含有—OH 基团时,为避免 KBr 中水的影响,采用此法。将干燥处理后的试样研细,与液体石蜡或全氟代烃等悬浮剂混合,在玛瑙研钵中研成均匀的糊状,涂在盐片上测定。

(3) 薄膜法　适用于熔点低、熔融时不发生分解或升华或与其他物质发生化学反应的物质,主要用于高分子化合物的测定。可将样品直接加热熔融后涂制或压制成薄膜,也可将试样溶解在低沸点的易挥发溶剂中,涂在盐片上,待溶剂挥发后成膜测定。

【仪器和试剂】

1. 仪器

TJ270-30A/岛津 FTIR-8400S 型或其他型号的红外分光光度计,磁性样品架,可拆式液体池,手压式压片机和压片模具,红外干燥灯,玛瑙研钵,试样勺,镊子等。

2. 试剂

苯甲酸(分析纯);无水丙酮(分析纯);溴化钾(优级纯)。

【实验条件】

压片压力：1.2×10^5 kPa；

测定波数范围：$4000 \sim 400$ cm^{-1}；

扫描速度：3 档；

室内温度：$18 \sim 20$ ℃；

室内相对湿度：<65%。

【实验步骤】

1. KBr 压片法测绘固体样品苯甲酸的红外光谱

（1）仪器准备　按红外光谱仪操作规程开机，预热 $10 \sim 30$ min，运行红外操作软件，设置仪器参数与测量参数及谱图输出保存路径等。

（2）制样

① 取预先在 110 ℃烘干 48 h 以上并保存在干燥器内的 KBr 150 mg 左右，置于洁净的玛瑙研钵中，研磨成均匀粉末，颗粒粒度约为 2 μm 以下。

② 将 KBr 粉末转移到干净的压片模具中，堆积均匀，用手压式压片机用力加压约 30 s，制成透明试样薄片。小心从压模中取出晶片，装在磁性样品架上，并保存在干燥器内。

③ 另取一份 150 mg 左右 KBr 置于洁净的玛瑙研钵中，加入 $1 \sim 2$ mg 苯甲酸标样，同以上操作研磨均匀、压片并保存在干燥器中。

（3）红外谱图的测定

① 以纯 KBr 晶片为参比，采集背景光谱后，将苯甲酸试样晶片置于主机的试样窗口上，测绘苯甲酸试样的红外吸收光谱。

② 扫谱结束后，取出样品架，取下薄片，将压片模具、试样架等擦洗干净，置于干燥器中保存好。

（4）记录和解析红外光谱图　进行谱图处理和检索，确认其化学结构。

2. 液体试样丙酮的红外光谱的测绘

（1）液体池法　以 CCl$_4$ 溶剂为空白，将一定浓度的丙酮 CCl$_4$ 稀溶液注入封闭液体池中，保持液层厚度为 0.2 mm，在 $4\,000 \sim 400$ cm^{-1} 范围进行扫描，得到其吸收光谱。然后进行谱图处理和检索，确认其化学结构。

（2）液膜法　用滴管取少量液体样品丙酮，滴到液体池的一块盐片上，盖上另一块盐片（稍微转动驱走气泡），使样品在两盐片间形成一层透明薄液膜。固定液体池后将其置于红外光谱仪的样品室中，测定样品的红外光谱图。

【数据处理】

（1）记录实验条件。

（2）在苯甲酸、丙酮试样的红外吸收光谱图上，标出各特征吸收峰的波数，并确定其归属。

（3）使用分子式索引、化合物名称索引从萨特勒标准红外光谱图集中查得苯甲酸、丙酮的标准红外光谱图，将苯甲酸、丙酮试样光谱图与其标样光谱图中各吸收峰的位置、形状和相对强度逐一进行比较，并得出结论。

【注意事项】

（1）KBr 应干燥无水，固体试样研磨和放置均应在红外灯下进行，防止吸水变潮；KBr 和样品的质量比约在（100~200）：1 之间。

（2）可拆式液体池的盐片应保持干燥透明，切不可用手触摸盐片表面；每次测定前后均应在红外灯下反复用无水乙醇及滑石粉抛光，用镜头纸擦拭干净，在红外灯下烘干后，置于干燥器中备用。注意盐片不能用水冲洗。

（3）制得的晶片必须无裂痕，局部无发白现象，如同玻璃般完全透明，否则应重新制作。晶片局部发白，表示压制的晶片薄厚不均匀；晶片模糊，表示晶体吸潮，水在光谱图 3 450 cm^{-1} 和 1 640 cm^{-1} 处出现吸收峰。

（4）试样的浓度和测试厚度应选择适当，以使光谱图中大多数吸收峰的透射比处于 20%~80% 范围内。

（5）红外光谱的试样可以是液体、固体或气体，一般要求样品是单一组分的纯化合物，纯度应 ≥98% 或符合商业规格，才能与纯化合物的标准红外光谱图进行对照。

【思考题】

1. 红外光谱制样方法有几种？分别适用于哪些样品？
2. 如何进行红外吸收光谱的定性分析？
3. 芳香烃的红外特征吸收在谱图的什么位置？
4. 羟基化合物谱图的主要特征是什么？
5. 测绘红外光谱时，对固体试样的制样有何要求？
6. 红外光谱实验室为什么要求温度和相对湿度维持一定的指标？
7. 在含氧有机化合物中，如果 1 900~1 600 cm^{-1} 区域有一个强吸收谱带，能否判定分子中含有羰基？

实验 18　红外光谱法定性测定三溴苯酚

【实验目的】

1. 掌握红外光谱待测定样品的制备方法。
2. 学会熟练使用红外光谱仪。
3. 进一步巩固学习如何由红外光谱鉴别官能团。

【实验原理】

本实验采用 KBr 压片法测定固体试样三溴苯酚的结构。在红外光谱仪的 4 000~400 cm^{-1} 范围进行扫描，得到其吸收光谱。进行谱图处理和检索，确认其化学结构。

【仪器和试剂】

1. 仪器

红外光谱仪，压片机，玛瑙研钵，可拆式液体池，盐片。

2. 试剂

溴化钾(光谱纯)；三溴苯酚(AR)。

【实验步骤】

取三溴苯酚样品 1~2 mg，在玛瑙研钵中充分研磨后，加入 100 mg 干燥的 KBr，继续研磨至颗粒的直径大小约为 2 μm 且完全混匀。取出混合物装在干净的压模内并铺洒均匀，然后放在压片机上于 29.4 MPa 下压制 1 min，制成透明薄片。以纯 KBr 晶片为参比，采集背景光谱后，将此片装于样品架上，放在红外光谱仪的样品池中。先粗测透光率是否超过 40%，若达到 40% 以上，即可进行扫描。从 4 000 cm^{-1} 扫描到 650 cm^{-1}，若未达到 40%，则重新压片。扫描结束后，取出薄片，按要求将模具、样品架等擦净收好。

【数据处理】

将扫描得到的谱图进行官能团分析，找出主要吸收峰的归属。

【注意事项】

固体样品经压模后应随时注意防止吸水，否则压出的片子易粘在模具上。

【思考题】

1. 红外光谱仪与紫外–可见分光光度计在光路设计上有何不同？为什么？
2. 为什么红外光谱法要采用特殊的制样方法？

第4章 电化学分析法

电化学分析法是根据物质的电学及电化学性质进行分析的方法。通常是将待测试液与合适的电极构成一个化学电池，通过测量化学电池的某些物理量来确定物质的化学组成或含量。它是仪器分析的一个重要的分支。根据测定物理量的不同，电化学分析可分为电位分析法、电导分析法、电解分析法、库仑分析法和伏安分析法。电化学分析的特点是灵敏度高、准确度好、选择性强、仪器简单、方法灵活多样、应用范围广。

4.1 电位分析法

电位分析法是利用化学电池电极电位与溶液中某种离子活度(或浓度)之间的对应关系测定待测物质活度(或浓度)的一种电化学分析方法。根据原理的不同，电位分析法可分为直接电位法和电位滴定法。直接电位法是通过直接测定化学电池的电极电位，根据能斯特方程求得待测物质的含量。电位滴定法是通过测量滴定过程中指示电极的电极电位的变化来确定滴定终点，再根据滴定过程中所消耗的标准溶液的体积和浓度计算待测物质的含量。

4.1.1 基本原理

电位分析法是通过在零电流的条件下测定参比电极和指示电极之间的电位差，利用指示电极的电极电位与待测离子活度之间的关系，确定待测物质的含量。测量电位时，将参比电极和指示电极插入待测溶液构成工作电池，电池组成为

$$(-)指示电极 | 待测溶液 \| 参比电极(+)$$

该电池电动势为

$$E_{电池} = \varphi_{参比} - \varphi_{指示}$$

式中，$\varphi_{参比}$ 是参比电极的电极电位，在测定过程中保持恒定；$\varphi_{指示}$ 是指示电极的电极电位，电池的电动势随着指示电极的电极电位的变化而发生相应的变化。指示电极的电极电位与待测离子活度之间的关系符合能斯特方程

$$\varphi_{指示} = \varphi^{\ominus} + \frac{0.059\,2}{n} \lg \frac{\alpha_{Ox}}{\alpha_{Red}} \tag{4-1}$$

通过离子计(或 pH 计)测定电池电动势(或 pH)，就可以求得待测物质的含量。

4.1.1.1 直接电位法

直接电位法测定离子活度(浓度)的常用方法主要有:标准曲线法、标准加入法和直读法。

(1)标准曲线法

配制一系列含待测离子的标准溶液,分别测定其相应的电动势,绘制 $E-\lg c$ 关系曲线,即得到标准曲线。再在相同的条件下,测定待测溶液的电动势 E_x,从标准曲线上即可找出溶液中相对应的待测离子浓度 c_x。

根据能斯特方程可知,在一定条件下,电池电动势(E)与待测离子的活度(α)的对数值呈线性关系,但在分析工作中要求测定的是离子浓度。活度与浓度之间的关系为

$$\alpha = \gamma c \tag{4-2}$$

式中,γ 是离子活度系数。

当 γ 固定不变时,电池电动势与离子浓度的对数值呈线性关系。因此,在实际工作中,为了固定溶液离子强度,使溶液的活度系数不变,需要向标准溶液和待测溶液中加入大量的不干扰待测离子测定的惰性电解质溶液,同时还需要根据电极的使用条件加入适当的 pH 缓冲溶液,以及为掩蔽干扰离子而加入掩蔽剂。这种混合溶液称为总离子调节缓冲剂(TISAB)。

标准曲线法是最常用的测量方法之一,它可以对多个试样进行定量分析,操作简单,适用于试样组分较为简单、浓度变化较大的试样的测定。

(2)标准加入法

标准曲线法要求标准溶液与待测溶液具有相近的离子强度和组成,如果待测试样组成复杂,会引起活度系数变化产生较大误差,不宜采用标准曲线法测定,常采用的方法是标准加入法。

标准加入法的具体方法为:首先测定体积为 V_x,浓度为 c_x 的待测试样的电动势 E_x,然后在待测溶液中,加入体积为 V_s,浓度为 c_s 的标准溶液(通常 $c_s \gg c_x$,$V_s \ll V_x$),在相同条件下,测定该溶液的电动势 E_{x+s}。利用两次测量得到的电动势之差,根据能斯特方程即可计算出待测离子的浓度。

(3)直读法

在 pH 计或离子计上直接读出待测溶液 pH 或 pM 值的方法,称为直读法。例如,在测定待测溶液 pH 时,以 pH 玻璃电极为指示电极,饱和甘汞电极为参比电极,构成如下测量电池:

(-)pH 玻璃电极|待测溶液或标准缓冲溶液‖饱和甘汞电极(+)

该电池的电动势为

$$E_x = \varphi_{甘汞} - \varphi_{玻璃} = A + 0.0592\, pH_x \tag{4-3}$$

在实际测定待测溶液的 pH 时,需要先用 pH 标准缓冲进行定位校准,其电动势为

$$E_s = B + 0.0592\, pH_s \tag{4-4}$$

式中,A、B 是常数;pH_s 是标准缓冲溶液的 pH 值。

合并式(4-3)和式(4-4),得

$$pH_x = pH_s + \frac{E_x - E_s}{0.059\ 2} \tag{4-5}$$

该式求得的 pH 是以标准缓冲溶液为标准的相对值。

4.1.1.2　电位滴定法

电位滴定法是利用滴定过程中电位的变化确定滴定终点的滴定分析方法。它与普通滴定法的区别在于它是以电极电位的突跃代替指示剂颜色的突变确定滴定终点。它不需要测定电极电位的准确值，只需要测定电位的突跃范围即可。电位滴定法比直接电位法具有更高的准确度和精密度。它可用于浑浊、有色和缺乏合适指示溶液的滴定；可用于浓度较稀、反应不很完全，如很弱的酸、碱的滴定；可用于混合物溶液的连续滴定和非水介质中的滴定，并易于实现滴定的自动化。

电位滴定终点的确定方法通常有 $E-V$ 曲线法，$\Delta E/\Delta V-V$ 曲线法和 $\Delta^2 E/\Delta V^2-V$ 曲线法(图 4-1)。

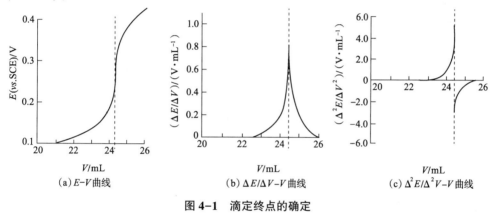

图 4-1　滴定终点的确定

（1）$E-V$ 曲线法

以加入的滴定剂的体积 V 为横坐标，测得的电动势 E 为纵坐标，绘制滴定曲线，即得到 $E-V$ 曲线，如图 4-1(a)所示，滴定曲线斜率最大处为滴定终点。

（2）$\Delta E/\Delta V-V$ 曲线法

$\Delta E/\Delta V-V$ 曲线法又称一阶微商法。当滴定曲线比较平坦、滴定突跃不明显或滴定终点难以确定时，可采用一阶微商法。$\Delta E/\Delta V$ 表示在 $E-V$ 曲线上，滴定剂体积改变一个单位引起 E 改变的大小。从 $E-V$ 曲线上可以看出：远离滴定终点时，随体积 V 改变，引起 E 的变化很小，即 $\Delta E/\Delta V$ 很小；靠近滴定终点，V 改变一个单位，E 的改变逐渐增大；滴定终点处，V 改变一个单位，E 的改变最大，即 $\Delta E/\Delta V$ 达到最大值；滴定终点后，$\Delta E/\Delta V$ 又逐渐减小。以 $\Delta E/\Delta V$ 为纵坐标，V 为横坐标绘制曲线，即得到 $\Delta E/\Delta V-V$ 曲线，如图 4-1(b)所示。曲线上的最高点所对应的体积 V 为滴定终点时所消耗滴定剂的体积。曲线最高点是用外延法绘出的。

（3）$\Delta^2 E/\Delta V^2-V$ 曲线法

$\Delta^2 E/\Delta V^2-V$ 曲线法又称二阶微商法。$\Delta^2 E/\Delta V^2$ 表示在 $\Delta E/\Delta V-V$ 曲线上，滴定剂体积改变一个单位引起的 $\Delta E/\Delta V$ 改变的大小。在 $\Delta E/\Delta V-V$ 曲线上可以看出，在滴定终点前，$\Delta E/\Delta V$ 逐渐增大，$\Delta E/\Delta V$ 的变化为正值；在滴定终点后，$\Delta E/\Delta V$ 逐渐减小，$\Delta E/\Delta V$

的变化为负值。在滴定终点时，由滴定剂体积变化引起的在$\Delta E/\Delta V$的变化刚好为0。以$\Delta^2 E/\Delta V^2$为纵坐标，V为横坐标绘制曲线，即得到$\Delta^2 E/\Delta V^2 - V$曲线，如图4-1(c)所示。曲线上$\Delta^2 E/\Delta V^2 = 0$的点所对应的体积即为滴定终点体积。

应用二阶微商法也可直接计算出滴定终点，其原理是：在二阶微商值出现相反符号的两个体积V_1和V_2之间，一定会出现$\Delta^2 E/\Delta V^2 = 0$的一点，这一点所对应的体积为终点体积，所对应的电位为终点电位。计算公式分别为

$$V_{终} = V_1 + (V_2 - V_1)\frac{\Delta^2 E_1/\Delta V_1^2}{(\Delta^2 E_1/\Delta V_1^2) + |\Delta^2 E_2/\Delta V_2^2|} \tag{4-6}$$

$$E_{终} = E_1 + (E_2 - E_1)\frac{\Delta^2 E_1/\Delta V_1^2}{(\Delta^2 E_1/\Delta V_1^2) + |\Delta^2 E_2/\Delta V_2^2|} \tag{4-7}$$

电位滴定法适用于各类化学滴定法，包括酸碱滴定、配位滴定、氧化还原滴定和沉淀滴定，关键是根据不同的滴定类型选择合适的电极来构成工作电池。利用电位滴定法还可以测定某些化学常数以及对混合溶液进行连续滴定等。

4.1.2 实验部分

实验 19 氟离子选择性电极测定水中氟含量

【实验目的】

1. 学会用直接电位法测定溶液中离子含量的原理和方法。
2. 了解离子选择电极的性能、使用条件及注意事项。
3. 熟悉 ZD-2 型自动电位滴定仪的操作。

【实验原理】

氟广泛存在于自然水体中，水中氟含量的高低对人体健康有一定影响。氟的含量太低易诱发龋齿，过高则会发生氟中毒现象。饮用水中氟含量的适宜范围为 0.5 ~ 1.5 mg·L^{-1}。

水中氟的测定有比色法和电位法，前者的测量范围较宽，但干扰因素多，往往要对试样进行预处理。后者的测量范围虽不如前者宽，但已能满足水质分析的要求，而且操作简便，干扰因素少，不必进行预处理。因此，电位法正在逐步取代比色法，成为测定氟离子的常规分析方法。

本实验用氟离子选择电极测定水中含氟量，是基于含氟量在 $1 \sim 10^{-6}$ mol·L^{-1}时其电位与$\lg\alpha_{F^-}$呈线性关系，遵循能斯特方程，即

$$\varphi = k - \frac{2.303RT}{F}\lg\alpha_{F^-} = k - \frac{2.303RT}{F}\lg\gamma \cdot c \tag{4-8}$$

当溶液中离子强度一定时，活度系数γ为常数，式(4-8)可简化为

$$\varphi = k' - \frac{2.303RT}{F}\lg c_{F^-} = k' - 0.0592\lg c_{F^-} = k' + 0.0592pF \qquad (4-9)$$

测定时将氟离子选择电极(作指示电极)与甘汞电极(作参比电极)组成工作电池,电池电动势为

$$E_{电池} = E^{\ominus} - 0.0592pF \qquad (4-10)$$

可用离子计或其他毫伏计、精密酸度计等直接测出。

本实验用标准工作曲线法进行测定,即配制一系列的氟标准溶液,分别测出 $E_{电池}$,然后用 $E_{电池}$ 对 $\lg c_{F^-}$ (或 $pF = -\lg c_{F^-}$)作图,可得工作曲线。再在同样条件下测定水样中相应的 $E_{电池}$,则可以在曲线上求得未知液中 F^- 的浓度。

凡能与 F^- 生成稳定配合物或难溶沉淀的元素,如 Al^{3+}、Fe^{3+}、Cu^{2+}、Mg^{2+} 等离子会干扰测定,常用柠檬酸、磺基水杨酸、EDTA 等掩蔽之。在酸性溶液中由于 H^+ 与部分 F^- 形成 HF 或 H_2F^-,会降低 F^- 离子的浓度;在碱性溶液中由于电极材料 LaF_3 薄膜与 OH^- 离子发生作用,生成 $La(OH)_3$ 沉淀而使 F^- 离子浓度增加。因此,必须控制合适的 pH,才能准确地进行测定。实验中加入总离子强度调节缓冲液(TISAB),使溶液控制在 F^- 离子选择电极最适宜测定的 pH=5~6 范围内;并配合掩蔽水样中某些干扰测定的离子;由于溶液离子强度大,可维持活度系数恒定,故能从测定结果直接得出 F^- 的浓度。

【仪器和试剂】

1. 仪器

ZD-2 型自动电位滴定仪,氟离子选择电极,饱和甘汞电极,电磁搅拌器,容量瓶、吸量管、小烧杯等玻璃仪器。

2. 试剂

(1)氟标准贮备液　将分析纯 NaF 于 120 ℃干燥 2h,冷却后准确称取 0.2210 g,溶于蒸馏水中,并转入 1 000 mL 容量瓶中,稀释至刻度,混匀,贮于聚乙烯塑料瓶中,得 1.00 L 100μg·mL⁻¹ 的氟标准贮备液。

(2)总离子强度调节缓冲溶液(TISAB)　将 500 mL 蒸馏水加到 1 000 mL 烧杯中,加入 57 mL 冰醋酸,58 g 氯化钠,12 g 柠檬酸钠($Na_3C_6H_5O_7 \cdot 2H_2O$),搅拌使之溶解,将烧杯放入冷水浴中,把 pH 玻璃电极和参比电极插入溶液中,缓慢加入 6 mol·L⁻¹ NaOH(约 125 mL)直到 pH 在 5.0~5.5 之间,冷却至室温,转移至 1 000 mL 的容量瓶中,稀释至刻度,混匀。

【实验步骤】

1. 样品预处理

(1)水样的采集和保存应使用聚乙烯瓶采集和贮存水样。如果水样中氟化物含量不高、pH 在 7 以上,也可以用硬质玻璃瓶贮存。

(2)如果水样较清洁,可直接进行测定。

(3)对于偏碱或偏酸性污水,应先用 1 mol·L⁻¹ HCl 或 1 mol·L⁻¹ NaOH 调节 pH 至中性,再进行测定。

(4)如水样污染严重,要进行预蒸馏处理后,再进行测定。

2. 标准系列溶液的配制

（1）用移液管吸取氟标准贮备液 10 mL 于 100 mL 容量瓶中，稀释至刻度，摇匀，即得 10.0 $\mu g \cdot mL^{-1}$ 的氟标准溶液。

（2）吸取上述溶液 1.00、2.00、4.00、6.00、8.00 mL 分别加入 5 个 50 mL 容量瓶中，加入 10 mL TISAB 溶液，稀释至刻度，摇匀，即得 F^- 浓度分别为 0.20、0.40、0.80、1.20、1.40、1.60 $mg \cdot L^{-1}$ 标准系列溶液。

3. 测量

将标准溶液按浓度由低到高逐个转入小塑料烧杯中，然后将处理好的氟离子选择电极及甘汞电极插入溶液中，电磁搅拌 5 min 后，读取平衡电位值。在每次测量（更换溶液）之前，都要用蒸馏水冲洗电极，并用滤纸吸干。

4. 绘制标准工作曲线

作 $E(mV)$–$\lg c_{F^-}$ 图，即得标准工作曲线。

5. 水样的测定

吸取含氟水样 25.00 mL（所取体积视浓度而定）于 50 mL 容量瓶中，加入 TISAB 缓冲液 10 mL，加蒸馏水至刻度，混匀。按上述操作同法测定电位，然后在工作曲线上查得氟含量 $\rho(mg \cdot L^{-1})$。

实验完毕，清洗电极至要求的电位值后保存。

【数据处理】

表 4-1　实验数据

溶液	标准溶液					水样
	1	2	3	4	5	6
体积/mL						25.00
浓度/($mg \cdot L^{-1}$)						
$-\lg c_{F^-}$（或 pF）						
E/mV						

$$水样中氟的含量 = \frac{c_x \times 50.00}{25.00}(mg \cdot L^{-1})$$

【思考题】

1. 用工作曲线法测定时，样品的组成应与标准溶液基本相同，这是为什么？
2. 氟离子选择电极在使用时应注意哪些问题？

实验 20　电位滴定法测定氯离子含量

【实验目的】

1. 掌握电位滴定法的原理和方法。

2. 通过实验学会 ZD-2 型自动电位滴定仪的操作。

【实验原理】

电位滴定法是基于滴定到化学计量点附近时，电位发生突变来确定滴定终点的方法。

本实验是在被测氯离子溶液中插入银电极作指示电极，玻璃电极(或双盐桥甘汞电极)作参比电极，组成工作电池。随着 $AgNO_3$ 标准溶液的加入，产生 AgCl 沉淀，使被测氯离子浓度不断发生变化，因而指示电极的电位也相应地改变。在化学计量点附近离子浓度发生突变，致使电位突变。因此，由测量工作电池的电动势变化，就可以确定滴定终点。

本实验利用基准物质 NaCl 标定 $AgNO_3$ 的浓度，并用自动电位滴定法测定氯离子的含量。为避免由于 AgCl 沉淀吸附溶液中的离子(Ag^+ 和 Cl^-)而引起误差，在试液中加入 $Ba(NO_3)_2$ 溶液以抑制这种吸附作用。

【仪器和试剂】

1. 仪器

ZD-2 型自动电位滴定仪，电磁搅拌滴定装置，银电极、玻璃电极或双盐桥参比电极，滴定管，吸量管，移液管，小烧杯，搅拌子。

2. 试剂

$AgNO_3$ 溶液($0.01\ mol \cdot L^{-1}$)；NaCl 溶液($0.01\ mol \cdot L^{-1}$)；固体 $Ba(NO_3)_2$；HNO_3 溶液($6\ mol \cdot L^{-1}$)；H_2SO_4 溶液($1:1$)；H_2O_2 溶液(30%)；NaOH 溶液($0.05\ mol \cdot L^{-1}$)。

【实验步骤】

1. 样品预处理

(1) 如果水样比较清洁，可取适量水样置于 100 mL 烧杯中，用 HNO_3 调节溶液 pH 为 3~5，进行电位滴定。

(2) 污染较小的水样可加 HNO_3 处理。如果水样中含有有机物、氰化物、亚硫酸盐或者其他干扰物，可于 100 mL 水样中加入 $1:1\ H_2SO_4$，使溶液呈酸性，煮沸 5 min 除去挥发物。必要时，再加入适量 H_2SO_4 使溶液保持酸性，然后加入 3 mL 30% H_2O_2 溶液煮沸 15 min，并经常添加蒸馏水使溶液体积保持在 50 mL 以上。加 NaOH 溶液使溶液呈碱性，再煮沸 5 min，冷却后过滤，用水洗涤沉淀和滤纸，洗涤液和滤液定容后备用。亦可在煮沸冷却后定容，静置使之沉淀，取上清液进行测定。

2. $0.01\ mol \cdot L^{-1}$ $AgNO_3$ 溶液的标定(手动)

(1) 按照 ZD-2 型自动电位滴定仪的使用方法，安装好仪器，插入电源线，打开电源开关，电源指示灯亮，预热 15 min。

(2) 将 $AgNO_3$ 溶液注入滴定管中，打开活塞，调好零点。

(3) 吸取 $0.01\ mol \cdot L^{-1}$ NaCl 溶液 10 mL 于 50 mL 烧杯中，用蒸馏水稀释至约 30 mL，加入 3 滴 $6\ mol \cdot L^{-1}$ HNO_3 和约 0.5 g $Ba(NO_3)_2$，将搅拌子放在溶液中，然后将玻璃电极(或双盐桥甘汞电极)和银电极浸入溶液(注意：为防止玻璃泡碰破，安装玻璃电极时,其高度应稍高于银电极),将滴定管尖端也插入溶液内。

(4)点击"功能"调节至"手动","设置"调节至"测量","pH/mV"调节至"mV",此时显示屏所显示的读数即为被测溶液起始电位。开启搅拌开关,调节好搅拌速度,不断按下"滴定开始"按钮,溶液滴下。滴定开始时每次可以加入 $0.5 \sim 1$ mL $AgNO_3$ 溶液,搅拌约 30 s,待平衡,读其电位值。临近化学计量时每次加入 $0.1 \sim 0.2$ mL $AgNO_3$,化学计量点后每次加入约 0.5 mL $AgNO_3$,记录 $4 \sim 5$ 次读数后,即可结束滴定。

(5)另取一份基准 NaCl 溶液平行测量一组数据。

3. 水样中氯离子含量的测定(自动)

(1)吸取水样 25.00 mL,加 3 滴 6 mol · L^{-1} HNO_3 和 0.5g $Ba(NO_3)_2$,放入搅拌子。

(2)在滴定管中加入 $AgNO_3$ 标准溶液,调好零点,将电极、滴定管和被测溶液安装好。

(3)按照电位自动滴定的使用方法,进行终点电位设定和预控点电位设定,开动搅拌开关。

(4)按一下"滴定开始"按钮,滴定灯闪亮,仪器即开始滴定。到达终点后,滴定灯不再闪亮,过 10 s 左右,终点灯亮,滴定结束。

(5)记录滴定管内消耗的 $AgNO_3$ 的体积。

(6)重复上述操作,再测一组平行数据。

【数据处理】

(1)以 NaCl 标定 $AgNO_3$ 浓度时所用 $AgNO_3$ 的体积为横坐标,相应的 mV 值为纵坐标,绘制 E-V 滴定曲线。

(2)在 E-V 曲线上作两条对横坐标夹角为 45°的切线,切线间的平行等分线与曲线的交点即为终点。或作 $\frac{\Delta E}{\Delta V}$-$V$ 曲线,或用二阶微商法确定滴定终点。

(3)由 E-V 曲线求出终点时消耗的 $AgNO_3$ 体积,并根据下式计算 $c_{(AgNO_3)}$:

$$c_{AgNO_3} = \frac{c_{NaCl} V_{NaCl}}{c_{AgNO_3}} (mol \cdot L^{-1})$$

(4)由曲线查出终点时的电位值,供自动滴定时调节终点电位用。

(5)根据自动滴定时消耗 $AgNO_3$ 的体积,由下式计算每升原液中含氯离子的含量:

$$c_{Cl^-} = \frac{c_{AgNO_3} V_{AgNO_3} \times 35.45}{25.00} \times 10^3$$

式中,V_{AgNO_3} 是滴定至终点时耗去的 $AgNO_3$ 溶液的体积。

【思考题】

1. 试写出实验中测量电池的符号。

2. 如以 Cl^- 来滴定 Ag^+,滴定曲线的形状发生什么变化?化学计量点时的电位值又如何变化?

3. 试比较电位滴定中,用作图法确定滴定终点的三种方法。

实验 21　电位滴定法测定某弱酸的 K_a 值

【实验目的】

1. 掌握电位滴定法测定一元弱酸离解常数的方法。
2. 掌握确定电位滴定终点的方法。
3. 学习使用自动电位滴定计。

【实验原理】

用电位滴定法测定弱酸离解常数 K_a，组成的测量电池为：

$$\text{pH 玻璃电极} \mid \text{H}^+(c=x) \parallel \text{KCl(aq)}, \text{Hg}_2\text{Cl}_2, \text{Hg}$$

当用 NaOH 标准溶液滴定弱酸溶液时，滴定过程中溶液 pH 的变化由 pH 玻璃电极测量，pH 值直接在 pH 计上读出。

若分别以 pH 对滴定剂体积 V、$\Delta\text{pH}/\Delta V$ 对 V、$\Delta^2\text{pH}/\Delta V^2$ 对 V 作图，可以求出滴定终点体积，或用二阶微商法算出终点体积。

由终点体积算出弱酸原始浓度，并算出终点时弱酸盐的浓度 $c_盐$。

弱酸 K_a 由下式计算：

$$c_{\text{OH}^-} = \sqrt{K_b c_盐} = \sqrt{\frac{K_w}{K_a} c_盐} \tag{4-11}$$

则

$$K_a = \frac{K_w c_盐}{c_{\text{OH}^-}^2} \tag{4-12}$$

【仪器和试剂】

1. 仪器

自动电位滴定仪，pH 玻璃电极，饱和甘汞电极。

2. 试剂

NaOH 标准溶液（0.100 0 mol·L^{-1}）；一元弱酸（乙酸）。

【实验步骤】

（1）用 pH=6.86 和 pH=4.00 的标准缓冲溶液校准 pH 计。

（2）准确移取 25.00 mL 0.1 mol·L^{-1} 乙酸溶液至干净的 100 mL 烧杯中。烧杯置于滴定装置的搅拌器上，将电极架下移，使 pH 玻璃电极和饱和甘汞电极插入待测液。

（3）将装有 NaOH 标准溶液的滴定管装好，记录此时溶液的 pH 值，开始滴定。每滴入 0.2 mL NaOH 标准滴定液后，记录滴入的 NaOH 标准溶液体积及对应的溶液 pH。接近终点时，每次滴加 0.1 mL NaOH 标准溶液。

用二阶微商法算出终点 pH 后，可用自动电位滴定计进行自动滴定。

【数据处理】

（1）绘制 pH-V、（$\Delta pH/\Delta V$）-V、（$\Delta^2 pH/\Delta V^2$）-V 图，并从图上找出终点体积。
（2）根据二阶微商法计算终点体积 $V_{终}$ 和终点 pH，计算出 OH⁻ 浓度。
（3）由终点体积计算一元弱酸的原始浓度

$$c_x = \frac{c_{碱} V_{终}}{25.00}$$

再计算终点时弱酸盐的浓度 $c_{盐}$。
（4）计算弱酸的离解常数 K_a

$$K_a = \frac{K_w c_{盐}}{c_{OH^-}^2}$$

【注意事项】

（1）玻璃电极使用时必须小心，以防损坏。
（2）新的或长期未用的玻璃电极使用前应在蒸馏水或稀 HCl 中浸泡 24h。

【思考题】

1. 测定未知溶液 pH 时，为什么要用 pH 标准缓冲溶液进行校准？
2. 测得的弱酸 K_a 与文献值比较是否有差异？如有，说明原因。
3. 用 NaOH 溶液滴定 H_3PO_4 溶液，滴定曲线形状如何？如何计算 K_{a1}、K_{a2} 和 K_{a3}？

实验 22　自动电位滴定法测定混合碱中 Na_2CO_3 和 $NaHCO_3$ 的含量

【实验目的】

1. 了解自动电位滴定仪的工作原理和基本构造，学会其使用方法。
2. 掌握用 HCl 标准溶液自动 pH 滴定测量混合碱各组分含量的方法。

【实验原理】

混合碱中 Na_2CO_3 和 $NaHCO_3$ 含量的测定，在经典的滴定分析中一般采用双指示剂法。虽然该法简单，但由于 Na_2CO_3 被滴定至 $NaHCO_3$ 的一步中，终点不够明显，所以误差比较大。电位(或 pH)滴定是以测量溶液的电位(或 pH)并找出滴定过程中电位(或 pH)的突跃来确定终点的，故准确度比较高，适用于上述滴定。

本实验以 HCl 标准溶液滴定混合碱中的 Na_2CO_3 和 $NaHCO_3$，从理论上的计算得到，第一化学计量点的 pH 为 8.31，第二化学计量点的 pH 为 3.89。自动 pH 滴定时，以这两个 pH 设置仪器的终点控制值。

【仪器和试剂】

1. 仪器

自动电位滴定仪，pH 玻璃电极，饱和甘汞电极，玻璃器皿 1 套。

2. 试剂

pH 为 4.00 和 9.18(25 ℃)的标准缓冲溶液各一瓶；HCl 溶液(0.05 mol·L^{-1})；无水 Na$_2$CO$_3$；酚酞(含 1%酚酞的 90%乙醇溶液)；甲基橙(0.1%水溶液)。

【实验步骤】

1. 准备工作

(1) 熟悉自动电位滴定仪的工作原理及结构，了解玻璃电极和饱和甘汞电极的使用方法，接好仪器线路并进行操作预试。

(2) 仪器校正　仪器启动正常后，将电极插入 pH = 9.18 的标准溶液中，轻轻摇动烧杯，从附录 2 中查得该测量温度下此标准缓冲溶液的 pH，用于校正仪器。然后测量 pH = 4.00 的标准缓冲溶液的 pH，记录为 A 值，并从附录 2 中查得该测量温度下此标准缓冲溶液的 pH，记录为 B 值，令 A−B=Δ，当测量溶液 pH 处于 4 附近时，仪器上读数得到的 pH 应减去校正差值Δ，才是该溶液的实际 pH。

(3) 将 0.05mol·L^{-1}的 HCl 溶液装入滴定管，把滴定管夹稳在支架上。滴定管的出口接在电磁阀的乳胶管上。

2. 滴定

(1) HCl 标准溶液的标定　准确称取无水 Na$_2$CO$_3$ 0.40~0.50 g(准确至 0.1 g)，置于 50 mL 烧杯中，加入少量的二次去离子水溶解，转移到 50 mL 容量瓶中，用二次去离子水稀释至刻度，摇匀。

称取 5.00 mL 上述溶液于 50 mL 烧杯中，加入 20 mL 二次去离子水及甲基橙指示剂，放入一个搅拌子，把烧杯置于滴定台上，插入电极(注意电极插入的深度，防止被搅拌子碰撞)，开动搅拌器把溶液搅拌均匀，设置终点 pH 的控制值(3.89+Δ)，启动滴定开始开关，进行自动 pH 滴定。到达终点并自动停止滴定后，读取 HCl 溶液所消耗的体积。重复滴定一次。

(2) 试样的测定　准确称取混合碱试样 0.60~0.65 g，置于 50 mL 烧杯中，加入少量的二次去离子水溶解，转移到 50 mL 容量瓶中，用二次去离子水稀释至刻度，摇匀。称取 5.00 mL 试液于 50 mL 烧杯中，加入二次去离子水 20 mL，进行自动电位滴定。首先设置第一终点的 pH = 8.31，并加入酚酞指示剂作终点比较。到达第一终点后读取 HCl 溶液所消耗的体积 V_1(mL)。然后设置第二终点的 pH=3.89+Δ，并加入甲基橙指示剂作终点比较，继续滴定。到达第二终点后读取 HCl 溶液所消耗的体积 V_2(mL)。重复测定一次。

【数据处理】

(1) 列出计算 HCl 标准溶液浓度的公式，求出其准确浓度及两次标定的相对偏差(要求≤0.4%)。

（2）列出计算混合碱中 Na_2CO_3 和 $NaHCO_3$ 百分含量的公式，求出两次测定的结果及相对偏差。

【注意事项】

（1）由于无水 Na_2CO_3 和混合碱试样均极易吸水，所以称量时速度要快，可减少称量误差。

（2）用标准缓冲溶液进行仪器的定位校正时，有时数值不太稳定，需反复摇动烧杯，观察读数的变化情况，直到数值稳定为止。如果发现仪器在使用过程中定位点有漂移，则在做完标定的滴定以后，重新定位，以确定终点的准确性。

（3）每次滴定完，在上下移动电极及滴液毛细管时，要注意毛细管内有无气泡及管尖有无挂上液滴，如果有，应小心除去，以提高测定的精密度和准确性。

（4）若能配上自动滴定管，将使操作更为方便和省时，需熟练掌握自动滴定管的使用方法。

【思考题】

1. 试比较双指示剂滴定法和自动 pH 滴定法混合碱组分含量的优缺点。

2. 在试样测定中，第二终点的 pH 控制值为什么是"3.89+Δ"，而第一终点不必加"Δ"？

3. 使用 pH 玻璃电极和饱和甘汞电极时应注意哪些问题？

4. 混合碱通常是指 NaOH、$NaHCO_3$ 和 Na_2CO_3 的可能混合物，如何从两次滴定终点所消耗的 HCl 标准溶液的体积 V_1 和 V_2，判断混合碱的组成？若试样是单一组分，则 V_1 和 V_2 的关系又如何？

4.2 电导分析法

电解质溶液能够导电，而且其导电过程是通过溶液中离子的迁移运动来进行的。溶液的导电能力与溶液中正负离子的数目、离子所带的电荷量、离子在溶液中迁移的速率等因素有关。当溶液中离子浓度发生变化时，其电导也随之变化。测定溶液的电导值以求得溶液中某一物质的浓度的方法称为电导分析法。电导分析法可分为直接电导法和电导滴定法两类。

电导分析法具有简单、快速、不破坏被测样品等优点，广泛应用于许多领域。但由于一种溶液的电导是其中所有离子的电导之和，因此，电导测量只能用来估算离子总量，而不能区分和测定单个离子的种类和数量。

4.2.1 基本原理

4.2.1.1 直接电导法

电解质溶液的电导是在外电场的作用下，通过正离子向阴极迁移，而负离子向阳极迁移来实现的。度量其导电能力大小的物理量称作电导，用符号 G 表示，其单位是西门子，它与电阻(R)互为倒数关系：

$$G = \frac{1}{R} \tag{4-13}$$

在温度、压力等恒定的条件下，电解质溶液的电阻公式为

$$R = \rho \frac{1}{A} \tag{4-14}$$

式中，比例系数 ρ 为溶液的电阻率，它的倒数($1/\rho$)称为电导率，用 κ 表示，其单位是西·米$^{-1}$，符号为 $S \cdot m^{-1}$。那么电导可表示为

$$G = \kappa \frac{A}{l} \tag{4-15}$$

电导池是用于测量溶液电导的专用装置，它由两个固定表面积和距离的电极构成，对于一定的电导电极，电极面积(A)与电极间距(l)固定，因此，l/A 为定值，称为电导池常数，单位是 cm^{-1}，用符号 θ 表示：

$$\theta = \frac{l}{A} \tag{4-16}$$

所以，电导率与电解质溶液的浓度和性质有关。

(1) 在一定范围内，离子的浓度越大，单位体积内离子的数目越多，导电能力越强，电导率就越大。

(2) 离子的迁移速率越大，电导率就越大。电导率与离子的种类有关，还与影响离子的迁移速率的外部因素如温度、溶剂黏度等有关。

(3) 离子的价态越高，携带的电荷越多，导电能力越强，电导率就越大。

为了比较不同电解质溶液的导电能力，引入了摩尔电导率 Λ_m 的概念：$\Lambda_m = \dfrac{\kappa}{c}$，表示距离为单位长度的两电极板间含有单位物质的量的电解质溶液的电导。

摩尔电导率 Λ_m 的单位是 $S \cdot cm^2 \cdot mol^{-1}$。由于规定了溶液中电解质的物质的量，摩尔电导率随溶液浓度的降低而增大。当无限稀释时，溶液中各离子之间的相互影响可以忽略，摩尔电导率达到极大值，此值称为无限稀释摩尔电导率，用 $\Lambda_{0,m}$ 表示。因此，溶液的无限稀释摩尔电导率是各离子的无限稀释摩尔电导率之总和。即

$$\Lambda_{0,m} = \Lambda_{0,m+} + \Lambda_{0,m-} \tag{4-17}$$

式中，$\Lambda_{0,m+}$、$\Lambda_{0,m-}$ 分别是正、负离子无限稀释摩尔电导率。在一定的温度和溶剂条件下，$\Lambda_{0,m}$ 是一定值，该值在一定程度上反映了各离子导电能力的大小。

直接电导法可以用来进行水质监测，它是检验水质纯度的最佳方法之一。电导率是水质的一个重要指标，它反映了水中电解质的总量。同时，直接电导法可以进行大气监测，当测定大气污染气体(如 CO_2、CO、SO_2、N_xO_y 等)时，可利用气体吸收装置，通过反应前后吸收液电导率的变化来间接反映所吸收的气体浓度。该方法灵敏度高、操作简单，并可获得连续读数，在环境检测中广泛应用。

4.2.1.2　电导滴定法

电导滴定是一种容量分析方法。在电导滴定中，将一种电解质溶液作为滴定剂加于

被测电解质溶液中，由于它们之间发生化学反应，所生成的反应产物与原来反应物的电导不同，从而使得整个溶液的电导随滴定的加入而变化。以测得的溶液的电导为纵坐标，加入滴定剂的量为横坐标，绘制滴定曲线，求其滴定终点。因为电解质的不同，所得滴定曲线也各异。

电导滴定法一般用于酸碱滴定和沉淀滴定，但不适用于氧化还原滴定和络合滴定，因为在氧化还原或络合滴定中，往往需要加入大量其他试剂以维持和控制酸度，所以在滴定过程中溶液电导的变化就不太显著，不易确定滴定终点。

4.2.2　实验部分

实验 23　电导分析法测定水质纯度

【实验目的】

1. 掌握电导分析法的基本原理。
2. 学会用电导分析法测定水纯度的实验方法。
3. 掌握电导池常数的测定技术。

【实验原理】

水溶液中的离子，在电场作用下具有导电能力。水质纯度的一项重要指标是其电导率的大小。电导率越小，即水中离子总量越小，水质纯度就越高；反之，电导率越大，离子总量越多，水质纯度就越低。普通蒸馏水的电导率为 $3 \times 10^{-6} \sim 5 \times 10^{-6}$ S·cm^{-1}，去离子水的电导率可达 1×10^{-7} S·cm^{-1}。

【仪器和试剂】

1. 仪器

电导仪，电导电极。

2. 试剂

去离子水；蒸馏水；自来水；KCl 标准溶液。

【实验步骤】

1. 测定电导池常数

仔细阅读电导仪的使用说明书，掌握电导仪的正确使用方法。将电导仪接上电源，开机预热。安装电导电极，用蒸馏水冲洗几次，并用滤纸吸去水珠。将洗干净的电导电极再用 KCl 标准溶液清洗，并用滤纸沾去水珠。随后浸入待测的 KCl 标准溶液中，启动测量开关进行测量，由测量结果确定电导池常数。

2. 水质电导率的测定

取去离子水，蒸馏水和自来水分别置于 3 个 50 mL 烧杯中，用蒸馏水、待测水样依次清洗电极，逐一进行测量。

【数据处理】

（1）计算出所使用的电导电极的电导池常数。
（2）计算出测定水样的电导率和电阻率。

【注意事项】

（1）使用电导仪之前，请仔细阅读电导仪的使用说明书，掌握电导仪的正确使用方法。
（2）电导电极的清洗要正确，方法要得当，否则影响测定结果。

【思考题】

1. 测定电导时，为什么要用交流电源？能不能使用直流电源？为什么？
2. 电导分析法测定高纯水时，随待测液在空气中的放置时间增长，电导增大，试分析可能的原因是什么？

实验 24　电导滴定法测定乙酸的离解常数

【实验目的】

1. 熟悉电导滴定法的基本原理。
2. 掌握电导滴定法测定弱酸离解常数的实验方法。

【实验原理】

溶液的电导随离子的数目、电荷和大小而变化，也随着溶剂的某些特性（如黏度）的变化而变化。这样就可以预料不同种类的离子对给定溶液产生不同的电导。因此，如果溶液中一种离子通过化学反应被另一种大小或电荷不同的离子取代，必然导致溶液的电导发生显著变化。电导滴定法正是利用这个原理完成待测物质的定量测定的。

一种电解质溶液的总电导，是溶液中所有离子电导的总和。即

$$G = \frac{1}{1\,000\theta} \sum c_i \lambda_i \tag{4-18}$$

式中，c_i 是 i 种离子的浓度（mol·L^{-1}）；λ_i 是其摩尔电导；θ 是电导池常数。

弱酸的离解常数（α）与其电导的关系可以表示为

$$\alpha = G_c / G_{100\%} \tag{4-19}$$

式中，G_c 是任意浓度时实际电导值，它是实验中实际测量得到的；$G_{100\%}$ 是同一浓度完全解离时的电导值，它可以从不同的滴定曲线计算而得。

乙酸在溶液中的离解平衡为

$$HAc \rightleftharpoons H^+ + Ac^-$$
$$c(1-\alpha) \qquad c\alpha \qquad c\alpha$$

离解常数 K_a 为

$$K_a = \frac{C_{H^+}C_{Ac^-}}{C_{HAc}} = \frac{c\alpha^2}{1-\alpha} \tag{4-20}$$

根据电解质的电导具有加和性的原理，对任意浓度乙酸在完全离解时的电导值能从有关滴定曲线上求得。假如选用 NaOH 滴定乙酸溶液和 HCl 溶液，可从滴定曲线上查得有关电导值后，按下式计算乙酸在 100% 解离时的电导值。

$$G_{HAc(100\%)} = G_{NaAc} + G_{HCl} - G_{NaCl} \tag{4-21}$$

式中，G_{NaAc} 为乙酸被 NaOH 标准溶液滴定至终点的电导值；G_{NaCl} 为 HCl 被滴定至终点的电导值。

【仪器和试剂】

1. 仪器

电导仪，电导电极(铂黑电极)，电磁搅拌器。

2. 试剂

乙酸溶液($0.1 \text{ mol} \cdot L^{-1}$)；NaOH 标准溶液($0.200\ 0 \text{ mol} \cdot L^{-1}$)；HCl 溶液($0.1 \text{ mol} \cdot L^{-1}$)。

【实验步骤】

(1) 预热电导仪，连接电导电极。

(2) 移取约 $0.1 \text{ mol} \cdot L^{-1}$ 乙酸溶液 20 mL 于 250 mL 的烧杯中，加蒸馏水 170 mL，将烧杯放在电磁搅拌器上，插入洗净的电导电极，注意不能影响搅拌磁子的转动。开动电磁搅拌器，调节搅拌速度，使溶液不出现涡流。

(3) 用 $0.200\ 0 \text{ mol} \cdot L^{-1}$ 的 NaOH 标准溶液滴定，首先记录乙酸未滴定时的读数，然后每次滴加 0.5 mL，读一次电导值，直到滴定约 20 mL。

(4) 同实验步骤(2)和(3)，用 $0.200\ 0 \text{ mol} \cdot L^{-1}$ 的 NaOH 溶液滴定约 $0.1 \text{ mol} \cdot L^{-1}$ 的 HCl 溶液 20 mL。

【数据处理】

(1) 绘制乙酸和 HCl 的电导滴定曲线。

(2) 从两种滴定曲线的终点所消耗的 NaOH 溶液的体积，分别计算乙酸和 HCl 的准确浓度。

(3) 按实验原理中式(4-18)，校正 G_{NaAc}、G_{HCl} 和 G_{NaCl}、G_{HAc} 相同的物质的量浓度时的数值，再按式(4-21)求乙酸在 100% 解离时的电导值，进而从式(4-19)和式(4-20)计算出乙酸的解离常数 K_a。

【思考题】

1. 用 NaOH 滴定乙酸和 HCl 的电导滴定曲线为何不同？

2. 本实验所使用方法测定弱酸的离解常数 K_a，有哪些特点？
3. 如果准确测定 K_a 值，在滴定实验中应着重控制哪些影响因素？

4.3　电解分析法和库仑分析法

电解分析（electrolytic analysis）是以称量沉积于电极表面的沉积物的质量为基础的一种电分析方法。它是一种较古老的方法，又称电重量法（electrogrvimetry），它有时也作为一种分离手段，能方便地除去某些杂质。

库仑分析法是一种绝对量的分析技术。凡能与电解时所产生的试剂迅速反应的物质皆可测定。但值得注意的是，为准确进行电量测定，必须使工作电极上没有其他的电极反应发生，电流效率必须达到 100%，这是库仑分析的先决条件。

4.3.1　基本原理

电解是借外部电源的作用，使电化学反应向着非自发的方向进行。电解过程是在电解池的两个电极上加直流电压，改变电极电位，使电解质在电极上发生氧化还原反应，同时电解池中有电流通过。

电解分析是采用电解后阴极的增重来做定量的。如果用电解过程中消耗的电量来定量，这就是库仑分析。因为在现实实验中，测量增重远没有测量电量容易、准确，所以若以分析为目的的测量和研究，更多的是使用库仑分析法。

4.3.1.1　法拉第定律

库仑分析法理论基础就是法拉第定律，又称电解定律。

法拉第第一定律：物质在电极上析出产物的质量 W 与电解池的电量 Q 成正比。

法拉第第二定律：电解 B^{n+} 离子时，在电解液中每通入 1 法拉第的电量，则析出的 B 物质的量为 1 mol。

$$m_B = \frac{QM_B}{F} = \frac{M_r}{nF}It \tag{4-22}$$

式中，m_B 是电极上析出的待测物质 B 的质量（g）；F 是法拉第常数（96 487 C·mol^{-1}）；M_B 是待测物质 B 的摩尔质量（g·mol^{-1}）；I 是电流（A）；Q 是电量（C）；t 是时间（s）；M_r 是物质的相对分子质量；n 是电极反应中转移的电子数。

电解过程中，在电极上析出的物质的质量与通过电解池的电量之间的关系遵守法拉第定律，如果通过电解池的电流是恒定的（$Q = It$），则有：

$$W = It\, M/nF \tag{4-23}$$

如果电流不恒定，而随时间不断变化，则

$$Q = \int_0^\infty I\mathrm{d}t \tag{4-24}$$

根据法拉第定律，可用重量法、气体体积法或其他方法测得电极上析出的物质的量，再求出通过电解池的电量。反之，测量通过电解池的电量，则可求算出电极上析出的物质的量。库仑分析法也是建立在电解过程上的分析法，它是通过测量电解过程所消耗的电量来进行分析的，主要用于微量或痕量物质的分析。

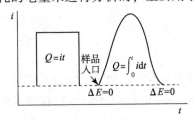

图4-2 微库仑的电流-时间曲线

微库仑分析法也是一种利用电生滴定剂滴定被测物质，与库仑滴定法的不同之处是该法的电流不是恒定的，而是随被测物质的含量大小自动调节。微库仑法分析过程中电流是变化的，所以也称动态库仑分析法。微库仑分析过程的电流-时间关系如图4-2所示。此方法灵敏度很高，适于微量和痕量分析。

4.3.1.2 库仑分析法的基本要求

库仑分析法的基本要求是电极反应单一，电流效率必须达到100%。

电流效率是指电解池流过一定电量后，某一生成物的实际质量与理论生成质量之比。

$$电流效率 = \frac{i_{样}}{i_{样} + i_{溶} + i_{杂}} = \frac{i_{样}}{i_{总}}$$

影响电流效率的因素有：溶剂的电极反应；溶液中杂质的电解反应；水中溶解氧；电解产物的再反应；充电电容。

4.3.2 实验部分

实验 25 库仑滴定法测定维生素 C 片中 Vc 的含量

【实验目的】

1. 了解库仑分析仪的原理和构造，掌握其使用方法。
2. 学会库仑滴定测定维生素 C 含量的原理和方法。
3. 学习库仑滴定的基本操作技术。

【实验原理】

库仑滴定法是用恒电流电解产生滴定剂，在电解池中与被测定物质定量反应来测定该物质的一种分析方法。根据法拉第定律可定量计算：

$$m = \frac{M}{n} \frac{it}{96\ 487} = \frac{MQ}{96\ 487n} \tag{4-25}$$

式中，m 是电解时于电极上析出物质的质量(g)；M 是析出物质的摩尔质量；Q 是通过的电量(C)；n 是电解反应时电子的转移数；i 是电解时的电流强度(A)；t 是电解时间

（s）；96 487 是法拉第常数。

滴定过程的反应可表示为：

电极反应（阳极）：$2X^-(Br^-, I^-) = X_2 + 2e^-$

（阴极）：$2H^+ + 2e^- = H_2$

化学反应：

本实验是利用电解产生的 X_2 在指示系统的极化电极上还原，产生迅速变化的阴极电流来指示终点。当恒电流电解开始时，X^- 在工作电极上氧化产生滴定剂 X_2 与溶液里的被测物质 Vc 反应又变为 X^-，此时溶液中将没有过剩的滴定剂 X_2，指示电极上就没有明显变化的电流产生。当被测物质 Vc 被消耗尽时，电解产生的 X_2 在溶液里迅速增加，从而指示电极上不断增大其还原量，随之呈现迅速上升的阴极电流，以此指示滴定终点。

【仪器和试剂】

1. 仪器

KLT-1 型通用库仑仪及配套电解池，磁力搅拌器，刻度移液管，量筒，烧杯等。

2. 试剂

（1）市售维生素 C 片。

（2）电解液　$0.3 \text{ mol} \cdot \text{L}^{-1}$ HCl 与 $0.1 \text{ mol} \cdot \text{L}^{-1}$ KBr 的混合液。

（3）Vc 溶液的配制　准确称取一片维生素 C 片的质量，加水溶解，配成 100 mL 溶液。

【实验步骤】

1. 仪器准备

连接好仪器、电解池的连线，打开电源，预热仪器。本实验中电解阳极为有用电极，即电解中二芯红线接双铂片的接线接头，黑线接砂芯与电解液隔离的铂丝阴极（内充混合液）。测量电极的大二芯红黑夹子分别夹在两片互相独立且面积较小的指示铂片上。终点指示方式选择"电流上升法"，量程开关选择 10 mA。按下"极化电位"和"启动"按键，调节补偿极化电位为 0.4 左右，使 50 μA 表头指示至 25 左右。弹起"极化电位"按键，让表头指针往回稳定。将盛有电解液（70 mL 左右，浸没双铂片）的电解池置于搅拌器上（池内放入搅拌子）。插入电极，开启搅拌，调节好适当的搅拌速度。

2. 预电解

从电解池加液侧管中滴入几滴 Vc 溶液，将"工作、停止"开关置于"工作"位置，指示灯亮时，则按一下电解按钮，灯灭，开始电解（预电解），数码显示器开始计数。电解至终点时表头指针开始向右面突变，红灯亮。记录预电解值。重复几次，了解仪器确定终点的灵敏程度。

3. 测量

电解滴定至终点后，弹起"启动"按键，仪器自动清零，向电解池内加入 1.00 mL Vc 溶液，启动库仑计开始库仑滴定，当终点指示灯亮时，记录电解库仑值(mQ)，重复加入 1.00 mL Vc 溶液平行 4 次测定。记录每次的库仑值，至 5 次平行测定的相对标准偏差≤0.2%为合格。

4. 结束实验

经教师检查合格后，关闭仪器电源，拆除电极接线，洗净电解池及电极(注意清洗铂丝阴极隔离管)，将库仑池放在不易碰到的位置，结束实验。

【数据处理】

(1) 记录称量维生素 C 片的质量。

(2) 将 5 次平行测定的基本数据记录于表 4-2 中。

表 4-2　平行测定数据

Vc 溶液测量次数	电量(mQ)	Vc 溶液测量次数	电量(mQ)
第一次		第四次	
第二次		第五次	
第三次		相对标准偏差	

(3) 计算维生素 C 片剂中 Vc 的质量百分含量。

【思考题】

1. 你认为应从哪几方面着手，提高库仑滴定实验的准确度？
2. 为什么库仑滴定正式标定前要进行预电解？
3. 恒电流库仑滴定必需满足的基本条件是什么？

4.4　伏安和极谱分析法

伏安法是一种特殊的电解方法。该方法以小面积、易极化的电极作为工作电极，以大面积、不易极化的电极作参比电极组成电解池，电解被分析物质的稀溶液，由所测得的电流-电压特性曲线来进行定性和定量分析。以滴汞电极作为工作电极的伏安法称为极谱法；以固态电极(如金电极、汞膜电极)作为工作电极时称为伏安法。伏安法由极谱法发展而来，极谱法是伏安法的特例。

4.4.1　基本原理

以测定电解池电解过程中的 i-V 曲线为基础的分析方法称伏安分析法，其原理图如图 4-3 所示。将外加电压从小到大逐渐增大，并同时记下不同电压时相应的电解电流值，以电解过程所测得的电流(用 i 表示)为纵坐标，电压(用 V 表示)为横坐标作图，得到 i-V 曲线，即为电解过程的伏安曲线，如图 4-4 所示。电压初始升高时，仅有微小的电流流过，这时的电流称为"残余电流"或背景电流。当外加电压到达离子析出电位时，在工作电极上迅速发生反应，电解电流急剧增加，直至达到一定的平衡。图 4-5 为极谱法测定 Pb^{2+} 的极谱波，对于极谱分析、溶液静止、电极很小、电流密度大，电解反应电极表面周围的离子浓度迅速降低，溶液本体中离子来不及扩散到电极表面进行补充，而会至使电极表面附近离子浓度降低，从而产生了浓差极化。在②~④段，由于滴汞表面的浓差极化，有 $i_{扩散} = K(c - c_s)$ (K 为尤科维奇常数，$K = 607nD^{1/2}m^{2/3}t^{1/6}$)，外加电压继续增加，c_s 趋近于 0，($c - c_s$) 趋近于 C 时，这时电流的大小完全受溶液浓度 C 来控制，即为极限电流 i_d，则有 $i_d = Kc$，这是极谱分析定量的基础。当电流等于极限扩散电流的 1/2 时所对应的电位称为半波电位($E_{1/2}$)，由于不同物质其半波电位不同，因此半波电位可作为极谱定性分析的依据。

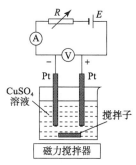

图 4-3 电解 $CuSO_4$ 溶液的伏安分析法原理图

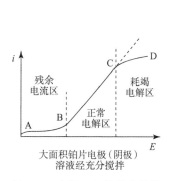

图 4-4 电解过程的伏安曲线

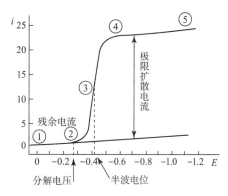

图 4-5 电解 Pb^{2+} 的极谱图

伏安法的工作电极主要有两类：一类是汞电极，如挤压式悬汞电极、挂吊式悬汞电极、汞膜电极(以石墨电极为基质，在其表面上镀上一层汞得到)；另一类是其他固体电极，如玻碳电极、铂电极和金电极等。汞电极不适合在较正电位下工作，而固体电极则可以。

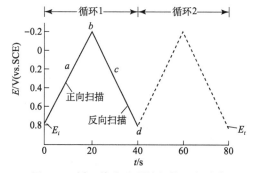

图 4-6 循环伏安法所施加的三角波电位

循环伏安法(CV)有"电化学谱(electrochemical spectroscopy)"之称，已广泛应用于无机物和有机物电极过程的研究以及生物化学和高分子化学中多电子传递过程的表征。它是将固定面积的工作电极和参比电极之间加上对称的三角波扫描电压，记录工作电极上得到的电流与施加电位的关系曲线，即循环伏安图(图 4-6)，起扫电位为 0.8V，反向起扫电位为 -0.2V，终点又会扫到 0.8V。

溶出伏安法是将电化学富集与测定方法有机地结合在一起的一种电化学方法。方法最大的优点是灵敏度非常高，阳极溶出法检出限可达 10^{-12} mol·L^{-1}，常用于测量痕量金属。溶出伏安法的灵敏性取决于有效预浓缩步骤和可产生非常有用的信号——背景比值的先进测量程序的结合。因为金属被预先浓缩到电极上（100~1 000倍），同溶液相伏安测量相比，检测极限被降低了2~3个数量级。因此，在浓度低于 10^{-10} mol·L^{-1} 的多种矿石中利用价格较低的设备可同时检测4~6种金属。

溶出伏安分析是一种两步技术，第一步是沉积步骤，是指溶液中金属离子的一小部分在汞电极上电解沉积或预先浓缩金属。接下来是溶出步骤（测量步骤），指将沉积物溶解（溶出）。根据沉积物的属性和测量步骤，可以应用溶出分析的不同形式。

溶出伏安法包括阳极溶出伏安法和阴极溶出伏安法。阳极溶出伏安法是将待测离子先电解富集于工作电极上，再使电位从负向正扫描，使其自电极溶出，并记录溶出时的氧化波，根据氧化波的高度，即峰电流的大小来确定待测离子的含量。这种阳极溶出的电压-电流曲线，波形一般呈倒峰状。在一定条件下，其峰高与浓度呈线性关系，而且不同离子在一定的电解液中具有不同的峰电位。因此，峰电流和峰电位可作为定量和定性分析的基础。对于线性扫描溶出伏安过程，溶出峰电流 i_p 可简单地表示为：$i_p = -Kc$。如果富集（淀积）过程为待测物质在电极表面的还原反应，溶出过程为富集在电极表面的待测物质发生氧化反应重新进入溶液，则为阳极溶出伏安法。如待测物质首先在电极表面氧化富集，然后再还原溶出，进入溶液，则为阴极溶出伏安法。

4.4.2　实验部分

实验 26　阳极溶出伏安法测定溶液中的铜含量

【实验目的】

1. 掌握线性扫描溶出伏安法的原理及实验技术。
2. 掌握应用本法测定溶液中铜离子的方法。
3. 了解电化学分析仪器的使用。

【实验原理】

先将欲测物质部分地用控制电位（恒电位）电解的方法富集于工作电极上（悬汞电极、汞膜电极或固体微电极），然后进行电位扫描使待测物质从电极上"溶出"进入溶液，记录溶出过程的 i-E 曲线进行分析的方法，称为溶出伏安法。电位扫描方式可以采用线性扫描、脉冲、方波或交流电压，分别称为线性扫描溶出伏安法、脉冲溶出伏安法、方波溶出伏安法和交流溶出伏安法。如果在较负的电位下富集，向更正的电位扫描，为阳极溶出伏安法；如果在较正的电位下富集，向更负电位方向扫描，为阴极溶出伏安法。图 4-7 为溶出伏安法示意。

在富集（淀积）阶段，溶液应进行搅拌或采用旋转电极方式，以提高工作电极表面的富集量。在平衡阶段，溶液应停止搅拌或电极旋转，使溶液充分静止，以使在溶出过程中得到纯的扩散电流。在溶出阶段，进行电位扫描，富集在电极表面的欲测物质氧化为离子重新进入溶液，并得到溶出峰电流，以此进行定量分析。

该法用的是先富集后测定，所以灵敏度很高。本实验条件下测定范围在 $1 \times 10^{-5} \sim 5 \times 10^{-7}$ mol·L^{-1}。所得的电流呈倒峰状，应用该方法可以测定溶液中的 31 种金属元素。

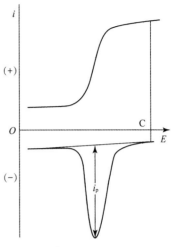

图 4-7　溶出伏安曲线

【仪器和试剂】

1. 仪器

（1）LK98BⅡ型电化学分析仪/CHI660E 电化学工作站。

（2）CLJ 2000 磁力搅拌器。

（3）三电极系统　金电极（工作电极），银/氯化银电极（参比电极），铂电极（对电极）。

（4）微量平头注射器（100 μL）一支，移液管（1 mL）一支，烧杯（50 mL）若干，容量瓶（50 mL）若干。

2. 试剂

（1）铜标准液（10^{-2} mol·L^{-1}）；HCl 溶液（1 mol·L^{-1}）；铜未知样液。

（2）初始电解液的配制　移取 20.00 mL 铜未知试液和 0.4 mL 1 mol·L^{-1} HCl 溶液于电解池中，作为初始电解液。

【实验步骤】

（1）电化学分析仪使用方法

① 使用 LK98BⅡ型电化学分析仪，首先开机、联机初始化、预热仪器，并设置如下实验参数：

灵敏度：10 μA　　　　滤波参数：50 Hz　　　　放大倍数：4

初始电位：0.100 0 V　　电沉积电位：0.100 0 V　　终止电位：0.500 0 V

扫描速度：0.200 0 V·s^{-1}　电沉积时间：10 s　　　平衡时间：10 s

② 若使用 CHI660E 电化学工作站，首先连接电极线，分别为白色——参比电极（Ag/AgCl），红色——对电极（Pt），绿色——工作电极（金），打开电化学工作站，并将电极插入电解烧杯中，打开测试软件，并按如下顺序完成一次扫描。

a. 富集：【Setup】-【Technique】-【Potentiometric stripping analysis】，并更改参数：

沉积电位：0.1 V　　沉积时间：10 s　　　终点电位：0 V

溶出电流：0　　　采样间隔：0.01　　　静止时间：0

158 仪器分析实验

开始 run 界面，计时的同时开启搅拌器，计时时间到达 10s 时立即关闭搅拌器。停止运行。

b. 溶出测定：【Setup】-【Technique】-【Linear Sweep Voltammetry】，并更改参数：

起始电位：0.100 0 V　　终点电位：0.500 0 V　　扫描速度：0.05 V·s^{-1}

静止时间：2 s　　　　灵敏度：e^{-6}

开始 run 界面，注意不要开启搅拌器，保持溶液静止。

（2）电极预处理　使用纳米抛光粉对实验所用金电极抛光，之后进行超声清洗后备用。

（3）使用 LK98BⅡ电化学分析仪/CHI660E 电化学工作站测定未知铜溶液的溶出曲线，并确定倒峰电流，至少平行 3 次。

（4）在上面测过的未知试液中依次准确加入 10、20、30、40 μL 铜标准溶液，搅拌均匀后进行测定，并保存溶出曲线以及记录峰电流等相关信息，每份溶液至少平行 3 次。

（5）依次按操作说明关机，将电极线摆放好，清洗并擦干电极，放回原处。

【数据处理】

（1）将 3 次平行测定的基本数据记录在表 4-3 中。

表 4-3　数据记录

	i_{p1}	i_{p2}	i_{p3}
未知铜溶液			
加入 10 μL 铜标液			
加入 20 μL 铜标液			
加入 30 μL 铜标液			
加入 40μL 铜标液			

（2）用 Origin 软件绘制 i_p-加入铜溶液浓度的标准加入曲线，并计算回归方程和相关系数。

（3）计算未知铜溶液浓度。

【思考题】

1. 为什么溶出曲线呈倒峰型？
2. 线性溶出伏安分析的原理是什么？
3. 简述阳极溶出伏安法和阴极溶出伏安法的相似和不同之处。

第5章 色谱分析法

色谱学是现代分离、分析技术中的重要方法之一，也是一门新兴的学科。将色谱学分离技术应用于分析化学中，就是色谱分析。由于其具有高分离效能、高检测性能、分析时间快速等特点而成为现代仪器分析方法中应用最广泛的一种方法。它的分离原理是使混合物中各组分在两相间进行分配，其中一相是不动的，称为固定相；另一相是携带混合物流过此固定相的流体，称为流动相。当流动相中所含混合物经过固定相时，就会与固定相发生作用。由于各组分在性质和结构上的差异，与固定相发生作用的大小、强弱也有差异，因此在同一推动力作用下，不同组分在固定相中的滞留时间有长有短，从而按先后不同的次序从固定相中流出。这种借在两相间分配原理不同而使混合物中各组分分离的技术，称为色谱分离技术或色谱法（又称色层法、层析法）。色谱法具有分离效率高，分析速度快，样品用量少，灵敏度高，分离和测定同时完成，应用范围广，易于自动化等优点。

5.1 气相色谱法

气相色谱法是英国生物化学家 Martin A. J. P. 等人于 1952 年创立的一种极为有效的分离方法。气相色谱法能获得很高的柱效，通过配备高灵敏度的检测器，可以实现多组分复杂混合物的分离、测定。具有选择性高、灵敏度高、分析速度快、分离效能高等特点，因此被广泛应用于石油化工、食品工业、生物技术、医药卫生、农副产品及环境保护等领域。

5.1.1 基本原理

气相色谱法是一种以气体为流动相、固体或液体为固定相的色谱分析方法。被分离组分在两相间进行多次分配，利用各组分在两相间分配系数的差异，达到分离的目的。根据所用固定相状态的不同可分为气–固色谱（GSC）和气–液色谱（GLC）。气–固色谱法以氧化铝、硅胶、活性炭等表面积大且具有一定活性的吸附剂为固定相，主要用于一些低沸点物质和永久性气体的分离分析。当多组分的混合物样品进入色谱柱后，吸附力弱的组分先被分离出来，吸附力强的组分后被分离出来。如此，各组分根据吸附和解吸附能力的不同得以在色谱柱中被分离，依次进入检测器中被检测、记录下来。

气–液色谱中，固定相由载体和固定液组成，固定液对各种有机物都具有一定的溶解度。固定液的选择要根据"相似相溶"原理，由于不同的物质在固定液中的溶解性不同，因此当样品中含有多个组分时，经过一段时间后，各组分在柱中的运行速度也就不同。溶解度小的组分先离开色谱柱，而溶解度大的组分后离开色谱柱。这样，各组分根据溶解度的不同在色谱柱中被分离，然后依次进入检测器中被检测、记录下来。

5.1.2　实验部分

实验 27　气相色谱法测定食用酒中乙醇含量

【实验目的】

1. 了解气相色谱仪的基本构造、工作原理和使用方法。
2. 掌握内标法进行定量分析的原理、方法及特点。

【实验原理】

普通白酒中乙醇的含量通常为 40% ~ 50%，利用气相色谱法能够高效、快速、准确地对其中的乙醇含量进行测定。利用气相色谱法进行定量分析时，当被测组分含量较低或者只有部分组分出峰时，不适合用归一法，可采用内标法。采用内标法进行定量分析时，只要求待测组分能够出峰即可。

内标法是一种常用的色谱定量分析方法，它是一种在一定量(m)的样品中加入一定量(m_{iS})的内标物，根据内标物的峰面积、质量及待测组分的峰面积计算待测组分质量(m_i)的方法。用内标法进行定量分析，必须满足以下条件：

① 被测样品在给定的测试条件下应具有很好的稳定性。

② 内标峰应在各待测组分之间或与之相近。

③ 内标物能与样品互溶但不发生化学反应。

④ 内标物浓度应与待测组分浓度相近，使其峰面积与待测组分相差不多。

⑤ 内标物应具有较高的纯度。

被测组分的质量分数可用下式计算：

$$\omega_i = \frac{m_i}{m} = \frac{A_i f_i}{A_{iS} f_{iS}} \cdot \frac{m_{iS}}{m} \tag{5-1}$$

式中，A_i 是样品溶液中组分 i 的峰面积；A_{iS} 是样品溶液中内标物的峰面积；m_{iS} 是样品溶液中内标物的质量；m 是样品的质量；f_i 是待测组分 i 相对于内标物的相对定量校正因子。f_i 可通过测定待测组分与内标物的标准溶液求得，计算公式如下：

$$f_i = \frac{f_i'}{f_{iS}'} = \frac{m_i'}{A_i'} \cdot \frac{A_{iS}'}{m_{iS}'} = \frac{m_i' A_{iS}'}{m_{iS}' A_i'} \tag{5-2}$$

式中，A_i' 是标准溶液中待测组分 i 的峰面积；A_{iS}' 是标准溶液中内标物的峰面积；m_{iS}' 是标准溶液中内标物的质量；m'_i是标准溶液中标准物质(i)的质量；f'_i是待测组分的定量校正因子；f'_{is}是标准物质的定量校正因子。

【仪器和试剂】

1. 仪器

气相色谱仪，配有氢火焰检测器(FID)和色谱工作站；微量注射器(1、5 μL)。

2. 试剂

无水乙醇(分析纯)；无水正丙醇(分析纯)；食用酒(市售)。

【实验步骤】

(1) 色谱操作条件　柱温 140 ℃；气化室温度 160 ℃；检测器温度 140 ℃；N_2(载气)流速 40 mL·min^{-1}；H_2流速 35 mL·min^{-1}；空气流速 400 mL·min^{-1}。

(2) 标准溶液的配制　用吸量管准确移取 0.50 mL 无水乙醇和 0.50 mL 无水正丙醇于 10 mL 容量瓶中，用丙酮定容至刻线，摇匀。

(3) 样品溶液的配制　用吸量管准确移取 1.00 mL 食用酒样品和 0.50 mL 无水正丙醇于 10 mL 容量瓶中，用丙酮定容至刻线，摇匀。

(4) 待仪器基线稳定后，用微量注射器取 0.5 μL 标准溶液，注入色谱柱内，记录各色谱峰的保留时间和色谱峰面积，重复两次。

(5) 注入 0.5 μL 样品溶液至色谱仪内，记录各色谱峰的保留时间和色谱峰面积，重复两次。

【数据处理】

(1) 确定该操作条件下乙醇和正丙醇的峰位置。

(2) 由标样色谱图计算以正丙醇为内标物的相对定量校正因子f_i。

(3) 通过内标法计算样品含量。

【注意事项】

(1) 旋动气相色谱仪的旋钮或阀时要缓慢。

(2) 切不可将钢瓶内的气体全部用完，一定要保留 0.05 MPa 以上的残余压力。

(3) 开关钢瓶阀门时，首先弄清方向，再缓慢旋转，防止损坏螺纹。

(4) 进样时保证进样针内没有气泡。抽液时应缓慢上提针芯，若有气泡，可将微量注射器针尖向上，使气泡上浮后推出。

【思考题】

1. 用内标法进行定量分析有何优点？需要满足哪些条件？

2. 用该实验方法能否测定出食用酒样品中的水分含量？

实验 28　气相色谱法测定生物柴油中脂肪酸甲酯

【实验目的】

1. 理解气相色谱仪的基本原理与一般使用方法。
2. 掌握气相色谱程序升温的编制方法。
3. 巩固归一化法进行定量分析的原理和方法。

【实验原理】

　　生物柴油中含有多种脂肪酸甲酯，组成复杂，沸程较宽，分离时间较长，为兼顾高、低沸点组分的分离效果和分析时间，可采用程序升温的方法。程序升温是指色谱柱的温度按照组分沸程设置的程序，能够连续地随时间呈线性或非线性升高，使柱温与各组分的沸点相对应。低温时低沸点的组分得到良好分离，随着温度不断升高，沸点较高的组分逐一被分离。高温的条件使高沸点组分也能较快地流出，因而能够形成与低沸点组分类似的尖锐峰形。程序升温法不仅能够缩短分析时间、提高分离效率，还能够使沸点相差较大组分在色谱柱中都有适宜的保留，并且色谱峰分布均匀、峰形对称。

　　当样品中所有组分都能流出色谱柱，并能给出可以测定的信号时，可以采用归一化法进行定量分析。

　　部分脂肪酸甲酯在 FID 上的相对质量校正因子(基准物：十三酸甲酯)见表 5-1 所列。

表 5-1　脂肪酸甲酯的相对质量校正因子

化合物	f_i	化合物	f_i
棕榈酸甲酯	1.29	亚麻酸甲酯	1.94
油酸甲酯	1.17	花生一烯酸甲酯	1.52
亚油酸甲酯	1.32	芥酸甲酯	1.41

【仪器和试剂】

1. 仪器

　　6890 型气相色谱仪带有氢火焰检测器(FID)和色谱工作站，HP-innowax 毛细管色谱柱(30 m×0.25 mm×0.25 μm)；微量注射器(1、5 μL)。

2. 试剂

　　生物柴油；正己烷。

【实验步骤】

　　(1) 色谱操作条件　气化室温度 280 ℃；检测器温度 280 ℃；载气 N_2，柱头压 60 kPa；氢气 32 mL·min^{-1}；空气 320 mL·min^{-1}；程序升温条件：初始温度 170 ℃，保持 0.5 min，以 5 ℃·min^{-1}的升温速率从 170 ℃升至 200 ℃，然后以 15 ℃·min^{-1}的

升温速率从 200 ℃ 升至 240 ℃，保持时间 5 min；进样量 1 μL。

（2）取一定量的生物柴油样品于 1 mL 的容量瓶中，用正己烷定容后，在上述色谱条件下进行气相色谱分析，记录下各色谱峰的保留时间和峰面积。

【数据处理】

根据色谱图中各峰的峰面积及脂肪酸甲酯在 FID 上的相对质量校正因子，计算各脂肪酸甲酯的百分含量。

【注意事项】

（1）开机时要先通载气后通电，关机时要先关电后关载气。

（2）仪器工作间和气源室要通风良好，并且所有管线必须保证不漏气，以免气体泄露时发生爆炸。

（3）在一个温度程序执行完成后，需等待色谱仪回到初始状态并稳定后，才能进行下一次进样。

【思考题】

简述程序升温法的优点，什么情况下选择程序升温法？

实验 29　气相色谱法测定醇的同系物

【实验目的】

1. 熟悉色谱分析的原理及气相色谱仪的使用方法。
2. 掌握保留时间定性分析方法、归一化法定量分析方法。
3. 学会用分辨率对实验数据进行评价。

【实验原理】

根据不同组分在同一分离色谱柱及相同实验条件下具有不同保留时间的性质，可以进行定性分析；每一组分对应的色谱峰的积分面积与其质量成正比，据此可以进行定量分析。当试样中各组分都能流出色谱柱并显示色谱峰时，可用归一化法测定各组分的质量分数。若样品中共有 n 种组分，质量分别为 m_1，m_2，$\cdots$，m_n，则组分 i 的百分含量为

$$\omega_i\% = \frac{m_i}{m_1+m_2+\cdots+m_n} \times 100\% = \frac{A_i f_i}{\sum\limits_{i=1}^{n} A_i f_i} \times 100\% \tag{5-3}$$

归一化法的优点是计算简便，定量结果的准确性与进样量无关，且不需要严格控制操作条件。但此法的缺点是试样中所有的组分必须全部分离流出，并获得可测量的信号，即使某种组分不需要进行定量分析，也需要获得其校正因子 f_i 及峰面积，因此在

应用的过程中受到一些限制。

本实验用气相色谱法测定甲醇、乙醇、丙醇、丁醇的混合试样。样品中各组分的成功分离是气相色谱法定量分析的前提和基础，可用分离度 R 衡量一对色谱峰分离的程度，其计算公式如下：

$$R = \frac{t_{R1} - t_{R2}}{\dfrac{Y_1 + Y_2}{2}} = \frac{2\Delta t_R}{Y_1 + Y_2} \tag{5-4}$$

式中，t_{R1}、t_{R2} 和 Y_1、Y_2 分别指两组分的保留时间和峰底宽度，当 $R = 1.5$ 时，认为两组分完全分离，实际中 $R = 1.0$（分离度98%）即可满足要求。

本实验选用 TPA 改性聚乙二醇为固定相，是一种强极性的色谱柱，分析效果好。通过对照已知物和待测物的保留时间进行定性分析，采用峰面积归一化法对混合物中各组分含量进行定量分析，计算各峰的分离度。

【仪器和试剂】

1. 仪器

气相色谱仪，FID 检测器，色谱工作站；微量注射器（1、5 μL）。

2. 试剂

甲醇；乙醇；丙醇；丁醇（均为分析纯）；蒸馏水。

【实验步骤】

(1) 操作条件　柱温：初始温度 50 ℃，以 10 ℃·min⁻¹ 的速率升温至 120 ℃；气化室温度 200 ℃；检测室温度 250 ℃；进样量 0.2 μL；载气（N_2）流速 25 mL·min⁻¹；氢气流速 40 mL·min⁻¹；空气流速 400 mL·min⁻¹。

(2) 通载气、启动仪器、设定以上操作条件，在初始温度下，点燃火焰离子化检测器，调节气体流量。待基线平稳后进样并启动升温程序，记录每一组分的保留时间及峰面积。程序升温结束后，待柱温降至初始温度方可进行下一轮操作。

【数据处理】

(1) 定性　程序可将色谱图中的各色谱峰与贮存在"组分表"中的纯物质的信息进行对比、分析，自动给出混合样品中相应组分的名称，使色谱定性分析过程简单、准确。

(2) 定量　通过归一化法对样品中各组分含量进行定量分析，计算各峰的分离度。

(3) 将数据记录在表 5-2 中。

表 5-2　样品测定数据

序号	名称	保留时间 t_R/min	峰底宽 Y/min	峰面积 A_S/mV·s	校正因子 f	含量 c_S	峰分离度 R
1	甲醇						
2	乙醇						
3	丙醇						
4	丁醇						

【注意事项】

（1）气相色谱仪开关次序要严格按照操作规程进行。

（2）进样步骤的正确操作：小心插针、快速注入、匀速拔出、注射器及时归位。

（3）使用钢瓶要注意安全，严格按照高压钢瓶使用规程进行。

【思考题】

1. 简述归一化法进行定量分析的优点及缺点。

2. 为什么选择改性聚乙二醇为固定相的色谱柱分析醇同系物？

实验 30　气相色谱法测定农药残留

【实验目的】

1. 了解毛细管气相色谱仪的分离特点。

2. 掌握外标法进行定量分析的过程和方法。

3. 学习土壤中有机氯类农药残留的气相色谱测定方法。

【实验原理】

有机氯类农药是用来防治植物病虫害的一类含氯有机化合物，急性毒性较小，但容易造成残留，对人类健康造成影响。世界各国对有机氯农药残留量都作了严格的限量要求。六六六和滴滴涕为毒性较高的有机氯农药，虽然我国已禁止生产及使用此类农药，但由于其化学性质稳定，不易分解，半衰期长，因此土壤中还有大量残留。目前对土壤中的六六六和滴滴涕的监测仍是环境监测中的重要内容。

本实验采用外标法对土壤中六六六和滴滴涕等有机氯农药进行定量分析，色谱柱选择石英毛细管柱，检测器选择电子捕获检测器。采用冷浸、超声提取利用硫酸钠溶液破乳，同时通过柱层析净化等方式对土壤样品进行前处理，该方法操作简单，提取效果好，净化较完全，提高了样品的检出率及检测的准确性，能满足环境监测的要求。

【仪器和试剂】

1. 仪器

气相色谱仪（岛津 GC-14C 型），电子捕获检测器，CBP10 石英毛细管柱：15 m×0.32 mm×0.25 μm；微量注射器（5 μL）。

2. 试剂

（1）100 mg·L^{-1} α-六六六；β-六六六；γ-六六六；δ-六六六；pp′-DDE；op′-DDT；pp′-DDD；pp′-DDT 标准溶液。

（2）混合标准工作溶液（4.0 mg·L^{-1}）　准确吸取各标准溶液，用异辛烷将其稀释成所需浓度的混合标准工作液。

【实验步骤】

1. 设置色谱条件

进样口温度 260 ℃，检测器温度 260 ℃。

柱温以 3 ℃·min⁻¹ 的升温速率从 180 ℃升温至 200 ℃，保留 1 min，再以 8 ℃·min⁻¹ 的升温速率从 200 ℃升温至 230 ℃，保持 3 min。

载气高纯氮(99.999%)，柱头压 60 kPa，尾吹 30 mL·min⁻¹，分流比 10∶1。

2. 样品预处理

准确称取 10 g 土壤样品(经风干、研细、过 60 目筛处理后的)于具塞三角瓶中，用丙酮∶石油醚=1∶1 溶剂 15 mL 浸泡 0.5 h，超声波提取 10 min，静置。取浸泡液 5 mL 于离心管中，用 1 mL 水清洗 1 次，上清液用浓硫酸 0.5 mL 净化，弃去磺化层，再用 1 mL 水清洗 1 次，取上层液 2.0 μL 进气相色谱仪分析。

3. 标准色谱分离

空白土壤样品加入标准溶液，在选定的色谱条件下进行色谱分析，确定出峰顺序。其出峰顺序应为 α-六六六、γ-六六六、β-六六六、δ-六六六、pp′-DDE、op′-DDT、pp′-DDD、pp′-DDT。

4. 标准工作曲线

取土壤样置于 350 ℃烘箱中干燥 8 h，放入干燥器中冷却，作为空白土壤样品。取空白土样约 10 g，分别加入不同体积的六六六、滴滴涕标准工作液，使其含量分别为 0、0.04、0.08、0.20、0.40 μg·L⁻¹，按上述方法分析，以六六六、滴滴涕的峰高 h 与其含量 m 进行回归分析，计算其回归方程。

5. 检测限

以基线噪声的 2.5 倍为检测限，计算取样量为 10 g 时的检测限。

6. 精密度和回收率

在空白土壤样中分别加入 0.08、0.20、0.40 μg·L⁻¹ 的六六六和滴滴涕，计算该条件下的精密度和回收率。

7. 土样测定

取 3 种土壤样品，测定其六六六和滴滴涕的含量。

【数据处理】

(1) 计算标准工作曲线的线性回归方程。
(2) 计算土壤中六六六和滴滴涕有机氯农药的残留量。

【注意事项】

(1) 每一次进样前，都要保证程序已经恢复到初始状态。
(2) 使用氢气要注意安全。

【思考题】

1. 使用毛细管色谱柱分析时，采用分流方式会不会使样品组分失真？如何测定分流比？

2. 简述外标法进行定量分析的过程。

3. 简述毛细管色谱法的优缺点。

实验 31 内标法分析低度大曲酒中的杂质

【实验目的】

1. 掌握气相色谱分析的基本原理及气相色谱仪的操作技术。

2. 熟悉内标法定量分析的方法及应用。

【实验原理】

白酒中乙醇和水的含量占 98%~99%，除此之外，有 1%~2% 的酸、酯、醇等有机化合物。本实验采用内标法对试样中少量杂质进行定量分析，其原理同实验 26。可按照下式求出组分 i 的含量：

$$\omega_i = \frac{m_i}{m} = \frac{A_i f_i}{A_{is} f_{is}} \cdot \frac{m_{is}}{m}$$

【仪器和试剂】

1. 仪器

气相色谱仪，配有氢火焰离子化检测器；微量注射器(1.0、5.0 μL)。

2. 试剂

乙酸乙酯；正丙醇；异丁醇；正丁醇；乙酸正戊酯；乙醇(均为分析纯)。

【实验步骤】

1. 设置色谱操作条件

柱温 80 ℃；气化室温度 150 ℃；氢火焰离子化检测器温度 150 ℃；载气(N₂) 0.1 MPa；氢气和空气的流量分别为 50 mL·min⁻¹ 和 500 mL·min⁻¹；灵敏度 1 000；衰减 1∶1。

2. 标准溶液的配制

在 10 mL 容量瓶中，加入约 3/4 体积的 40% 乙醇–水溶液，然后分别加入 4.0 μL 乙酸乙酯、正丙醇、异丁醇、正丁醇和乙酸正戊酯，并用 40% 乙醇–水溶液定容，混匀备用。

3. 加有内标物的样品的制备

取 10 mL 容量瓶，用低度大曲酒润洗，然后移取 4.0 μL 乙酸正戊酯(内标)至容量瓶中，再用大曲酒定容，摇匀备用。

4. 测定

(1) 注入 1.0 μL 标准溶液至色谱仪中分离，记下各组分的保留时间。平行测定三次。

(2) 注入 0.1 μL 标准物至色谱仪中,并配以合适的衰减值,确定它们在色谱图上的相应位置。

(3) 注入 1.0 μL 样品溶液分离,方法同步骤(1)和(2),平行测定三次。

【数据处理】

(1) 确定样品中待测组分在选定实验条件下的保留时间。

(2) 计算以乙酸正戊酯为内标的相对定量校正因子 f_i。

(3) 计算样品中各待测组分的含量(三次测定求平均值,结果用 $mg \cdot L^{-1}$ 表示)。

【注意事项】

整个测试过程中应保证色谱操作条件不变。

【思考题】

1. 内标物的选择应符合哪些要求?

2. 配制标准溶液时,把乙酸正戊酯的浓度定为 0.04% 是任意的吗?将其他各组分的浓度也定为 0.04%,其目的是什么?

3. 能否用同样实验条件分离高度大曲酒?会有哪些影响?

4. 若要知道大曲酒中所有组分的含量,最好采用什么方法?

5.2 高效液相色谱法

高效液相色谱法与经典液相色谱法的主要差别在于固定相的性质和粒度等。高效液相色谱所用固定相颗粒细而规则、孔浅、能承受高压,同时由于使用高压输液设备和高灵敏度的检测器,其分离效率、分析速度和灵敏度都远远高于经典液相色谱法。原则上,只要能溶解在流动相中的物质都可以用高效液相色谱分析,尤其那些不宜用气相色谱分析的难挥发性物质、热不稳定性物质、离子型物质和生物大分子等。在目前已知的有机化合物中,有 80% 的有机化合物能用高效液相色谱法分析。由于此法不破坏样品,因此可方便地制备纯样。液相色谱具有多种分离类型,每种分离类型适用的分离对象不同,了解分离类型和其基本原理对于正确选择分离柱实现最佳分离效果有着重要的意义。液相色谱的分离机理由于使用的固定相不同而差别较大,通常有液-固吸附色谱、液-液分配色谱、离子交换色谱、排阻色谱、亲和色谱法等。

5.2.1 基本原理

高效液相色谱分析的一般流程为:由泵将贮液瓶中的溶剂吸入色谱系统,然后输出,经流量与压力测量之后,导入进样器。被测物由进样器注入,并随流动相通过色谱柱,在柱上进行分离后进入检测器。检测信号由数据处理设备采集与处理,并记录色谱图。废液流入废液瓶。遇到复杂的混合物分离(极性范围比较宽)还可用梯度控制器做梯度洗脱。这和气相色谱的程序升温类似，不同的是气相色谱改变温度，而高效液相色谱改变的是流动相极性，使样品各组分在最佳条件下得以分离。

高效液相色谱的分离过程同其他色谱过程一样，也是溶质在固定相和流动相之间进行的一种连续多次交换过程。它借助溶质在两相间分配系数、亲和力、吸附力或分子大小不同而引起的排阻作用的差别使不同溶质得以分离。

样品加在柱头上，假设样品中含有三个组分，A、B 和 C，随流动相一起进入色谱柱，开始在固定相和流动相之间进行分配。分配系数小的组分 A 不易被固定相阻留，较早地流出色谱柱。分配系数大的组分 C 在固定相上滞留时间长，较晚流出色谱柱。组分 B 的分配系数介于 A、C 之间，第二个流出色谱柱。若一个含有多个组分的混合物进入系统，则混合物中各组分按其在两相间分配系数的不同先后流出色谱柱，达到分离目的。

不同组分在色谱过程中的分离情况，首先取决于各组分在两相间的分配系数、吸附能力、亲和力等是否有差异，这是热力学平衡问题，也是分离的首要条件。其次，当不同组分在色谱柱中运动时，谱带随柱长展宽，分离情况与两相之间的扩散系数、固定相粒度的大小、柱的填充情况以及流动相的流速等有关。所以，分离最终效果是热力学与动力学两方面的综合效益。

高效液相色谱法作为一种重要的分离手段，可以通过色谱柱将复杂的多组分混合物进行有效分离。对经色谱柱分离后组分进一步定性及定量鉴定，是色谱工作者完成分析工作的一个重要环节。

5.2.1.1　定性分析

高效液相色谱的定性鉴定方法与气相色谱法基本一致，目的是要通过保留时间确定色谱图上每一个峰所代表的物质。液相色谱法能对多种组分的混合物进行分离分析，在相同色谱条件下，通过比较未知物和已知物的保留值，即可确定未知物是什么物质。但由于能用于色谱分析的物质很多，不同组分在同一色谱条件下可能具有相同的保留值，所以仅凭色谱峰对未知物定性有一定困难。对于一个未知样品，首先要了解它的来源、性质和分析目的，在此基础上对样品组分做初步判断，再结合下列方法确定色谱峰所代表的化合物。

（1）利用已知标准样品定性

在对试样的组成有初步认识的前提下，预先准备用于对照的已知纯物质(标准对照品)。如在相同色谱条件下测得的待测组分的保留值与已知纯物质的保留值相同，则可以初步判断它们是同一种物质。如果多次改变流动相后二者保留值仍一致则可进一步认定未知组分与已知纯物质为同一种物质。也可使用如下定性技术(包括离线操作)来进行验证：①使用不同原理的多个检测器；②使用二极管阵列检测器；③使用质谱、红外光谱、发射光谱分析、核磁共振波谱及其他方法；④使用化学反应或酶反应或类似方法。标准对照法简便易行，是液相色谱法定性中最常用的方法。

（2）利用光电二极管阵列检测器扫描定性

光电二极管阵列紫外检测器可以在很短时间内完成 200~800 nm 波长范围内的扫描，由此得到吸光度(A)、保留时间(t_R)和波长的三维色谱光谱图。由其最大吸收波长可初步推断未知化合物的类别，如烃类及其衍生物在紫外光谱区（190~400 nm）处几乎不吸收，而含有共轭双键的分子，如芳香烃等则有较强的吸收，而且苯环的数量越多，吸收越强。

（3）与其他技术联用鉴定

由于高效液相色谱的进样量比较大，收集纯组分比气相色谱容易得多，只要在样品组分的分离度足够大的前提下，收集待定性组分对应的流出液，除去溶剂即得该组分纯品。质谱、红外光谱和核磁共振等是鉴别未知物的有力工具，但要求所分析的试样组分很纯。因此将液相色谱仪与红外吸收光谱、质谱或核磁共振波谱仪联用可以实现在线检测。液相色谱可以很好地实现样品组分的分离。质谱可以很快地给出未知组分的相对分子质量和电离碎片，提供是否含有某些元素或基团的信息。红外光谱也可很快得到未知组分所含各类基团的信息，对结构鉴定提供可靠的论据。因此，两谱联用是当前成分复杂样品分析、鉴定的最重要手段。

5.2.1.2　定量分析

样品中的混合组分经色谱分离后，依次进入检测器，被测物组分 i 的质量 m_i 或其在流动相中的浓度与检测器的响应信号（峰面积 A_i 或峰高 h_i）成正比，这是液相色谱法定量分析的依据。由于液相色谱中所使用的检测器，如紫外、荧光等对不同结构化合物的响应差别较大，故常用外标法、内标法等进行定量分析。

（1）外标法

取待测试样的纯物质配成一系列不同浓度的标准溶液，分别取一定体积进样分析。从色谱图上测出响应值，以响应值对含量作图即为校正曲线。然后在相同的色谱操作条件下分析待测样品，从色谱图上测出试样的响应值，由上述校正曲线查出待测组分的含量。

外标法是最常用的定量方法，其优点是操作简便，不需要测定校正因子，计算简单，适用于工厂控制分析和自动分析。外标法结果的准确性主要取决于进样的重现性和色谱操作条件的稳定性，对样品分析整个过程中操作条件的稳定性要求较高，如检测器灵敏度、流动相流速、组成等不能有较大变化。为了使溶液浓度保持恒定，也要求标样溶液及被测溶液做较好地密封。

（2）内标法

内标法是在试样中加入一定量的纯物质作为内标物来测定组分的含量。被测物的质量响应值与内标物的质量响应值的比值不随进样体积或操作期间所配制的溶液浓度的变化而变化，可以有效克服外标法的缺点，得到未知样品较准确的定量结果。

内标物的选择非常重要，应选用试样中不存在的纯物质，加入量应接近试样中待测组分的含量。内标物色谱峰应位于待测组分色谱峰附近或几个待测组分色谱峰的中间，并与待测组分完全分离。选定内标物后先用分析天平准确称取被测组分 i 的标样质量 m_i，再称取内标物 S 的质量 m_S，将二者溶解后形成混合标液，进样后得到峰面积 A_i 和 A_S，则质量响应值 $S_i = \dfrac{A_i/m_i}{A_S/m_S}$。再称取含 i 组分的被测物 W，含 i 组分质量 m_i' 及内标物 m_S'，按同样方法配制成混合液，进样后可得被测组分及内标物的峰面积 A_i' 和 A_S'，同样目标组分响应值：

$$S_i = \frac{A_i'/m_i'}{A_S'/m_S'}$$

$$m_i' = \frac{A_i'}{(A_S'/m_S') \cdot S_i} = \frac{A_i'}{A_S'/m_S'} \cdot \frac{A_S/m_S}{A_i/m_i} = \frac{A_i'/A_S'}{A_i/A_S} \cdot \frac{m_S'}{m_S} \cdot m_i$$

内标法的优点是定量准确。因为该法是用待测组分和内标物的峰面积的相对值进行计算，所以不要求严格控制进样量和操作条件，试样中含有不出峰的组分时也能使用，但每次分析都要准确称取或量取试样和内标物的量。

5.2.2　实验部分

实验 32　高效液相色谱法分析饮料中咖啡因

【实验目的】

1. 熟悉和掌握高效液相色谱议的结构。
2. 了解反相液相色谱原理的理解及应用。
3. 掌握外标法定量及 Origin 软件绘制标准曲线。

【实验原理】

咖啡因又称咖啡碱，是一种黄嘌呤衍生物，化学名称为 1,3,7-三甲基黄嘌呤，是从茶叶或咖啡中提取的一种生物碱。它具有提神醒脑等刺激中枢神经作用，但易上瘾。咖啡因在咖啡中的含量为 1.2%~1.8%，在茶叶中为 2.0%~4.7%。可乐饮料和一些功能饮料中均含咖啡因。咖啡因的分子式为 $C_8H_{10}O_2N_4$，结构式为：

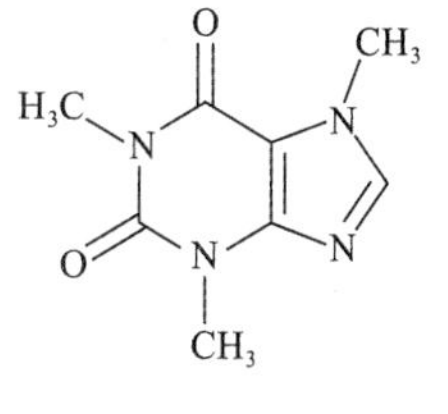

在化学键合相色谱法中，对于亲水性的固定相常采用疏水性的流动相，即流动相的极性小于固定相的极性，这种情况称为正相化学键合相色谱法。反之，若流动相的极性大于固定相的极性，则称为反相化学键合相色谱法，该方法目前

图 5-1　咖啡因的结构式

的应用最为广泛。本实验采用反相液相色谱法，样品在碱性条件下，用氯仿定量提取，以 C_{18} 键合相色谱柱分离饮料中的咖啡因，采用紫外检测器进行检测，以咖啡因标准系列溶液的色谱峰面积对其浓度作工作曲线，再根据样品中的咖啡因峰面积，由工作曲线算出其浓度。

【仪器和试剂】

1. 仪器

岛津 LC-20A 高效液相色谱仪，50 μL 微量进样器；超声波清洗器，混纤微孔滤膜。

2. 试剂

(1) 甲醇(色谱纯)；去离子水。

(2) 市售可乐饮料。

(3) 咖啡因(分析纯)，其标准溶液的配制如下：

标准贮备液：配制含咖啡因 1 000 $\mu g \cdot mL^{-1}$ 的甲醇溶液，备用。

标准系列溶液：用上述贮备液配制含咖啡因 20、40、80、160、320 $\mu g \cdot mL^{-1}$ 的甲醇溶液，备用。

【实验步骤】

(1) 色谱操作条件

色谱柱：C_{18} 柱，150×4.6 mm(ID)，15 cm。

流动相：甲醇：水＝60：40，流量 0.4 $mL \cdot min^{-1}$。

检测器：紫外光度检测器，测定波长 254 nm。

进样量：5 μL。

(2) 将配制好的流动相过滤后置于超声波清洗器上脱气 15 min。

(3) 根据实验条件，将仪器按照操作步骤调节至进样状态，待仪器液路和电路系统达到平衡时，色谱工作站或记录仪的基线呈平直，即可进样。

(4) 标准溶液经过滤后，依次分别吸取 5 μL 的五个标准溶液进样，记录各色谱数据。

(5) 将约 20 mL 可乐试样经过滤后置于 25 mL 容量瓶中，用超声波清洗器脱气 15 min。

(6) 吸取 5 μL 的可乐试样进样，记录各色谱数据。

(7) 实验结束后，按要求关好仪器。

【数据处理】

(1) 记录实验条件　色谱柱与固定相；流动相及其流量；进样量。

(2) 处理色谱数据　将标准溶液及试样溶液中咖啡因的保留时间及峰面积列于表 5-3 中。

表 5-3　咖啡因的保留时间及峰面积

	t_R/min	A/($mV \cdot s$)
20 $\mu g \cdot mL^{-1}$		
40 $\mu g \cdot mL^{-1}$		
80 $\mu g \cdot mL^{-1}$		
160 $\mu g \cdot mL^{-1}$		
320 $\mu g \cdot mL^{-1}$		
可乐饮料		
茶叶		

（3）用 Excel 软件绘制咖啡因峰面积-质量浓度的标准曲线，并计算回归方程和相关系数。

（4）根据试样溶液中咖啡因的峰面积值，计算可乐饮料中咖啡因的质量浓度。

【思考题】

1. 用标准曲线法定量的优缺点是什么？

2. 根据结构式，咖啡因能用离子交换色谱法分析吗？为什么？

3. 若标准曲线用咖啡因质量浓度对峰高作图，能给出准确结果吗？与本实验的峰面积-质量浓度标准曲线相比哪个优越？为什么？

实验 33　内标法测定联苯

【实验目的】

1. 熟悉高效液相色谱仪的基本构造与一般使用方法。

2. 理解内标法的测定原理和优点。

3. 初步学会设计色谱法进行样品测定的实验步骤，并以萘为内标物测定样品中联苯的含量。

【实验原理】

在液相色谱中，若采用非极性固定相(如十八烷基键合相)和极性流动相，这种色谱法称为反相色谱法。这种分离方式特别适合于同系物的分离。萘、联苯在 ODS 柱上的作用力大小不等，分配比不同，在柱内的移动速度不同，因而流出柱子的时间不同。根据组分峰面积大小就可求出各组分的含量。

内标法是一种准确而应用广泛的定量分析方法。内标法克服了外标法的缺点，不仅可以抵消实验条件和进样量变化带来的误差，而且定量准确，应用广泛，限制条件少。当样品中组分不能全部流出色谱柱，某些组分在检测器上无信号或只需要测定样品中的个别组分时，经常采用内标法进行定量分析。

【仪器和试剂】

1. 仪器

高效液相色谱仪(Shimadzu LC-10ATvp 型等)，紫外检测器、柱温箱、六通阀和色谱工作站；C_{18}柱，微量注射器，超声波清洗器 1 台，溶剂过滤器 1 套。

2. 试剂

甲醇(色谱纯)；二次蒸馏水；萘(分析纯)；联苯(分析纯)。

【实验步骤】

1. 色谱操作条件

色谱柱：Shimadzu VP-ODS 柱，150 mm×4.6 mm(ID)，5 μm；

流动相：甲醇：水 = 88：12；

流速：1 mL·min^{-1}；

柱温：40 ℃；

进样量：20 μL；

检测波长：254 nm。

2. 标准溶液的配制

(1) 准确称取 0.030 0 g 萘于 100 mL 容量瓶中，用甲醇溶解、定容，摇匀，得萘标准贮备溶液。准确移取 1.00 mL 此液于 10 mL 容量瓶中，用甲醇稀释、定容，摇匀，得萘内标标准溶液。

(2) 准确称取 0.030 0 g 联苯于 100 mL 容量瓶中，用甲醇溶解、定容，摇匀，得 0.60 mg·mL^{-1}的联苯标准贮备溶液。准确移取 1.00 mL 此液于 10 mL 容量瓶中，用甲醇稀释、定容，摇匀，得 0.03 mg·mL^{-1}的联苯标准溶液。

3. 定量标准溶液的配制

分别准确移取 1.00 mL 萘标准贮备溶液和 0.50 mL 联苯标准贮备溶液(0.60 mg·mL^{-1})于同一 10 mL 容量瓶中，用甲醇稀释、定容，摇匀，得含有 0.20 mg·mL^{-1}的萘内标物的联苯定量标准溶液(0.06 mg·mL^{-1})。

4. 样品溶液的配制

准确移取 1.00 mL 样品溶液和 1.00 mL 萘标准贮备溶液(2.0 mg·mL^{-1})于同一 10 mL 容量瓶中，用甲醇稀释、定容，摇匀，得含有 0.20 mg·mL^{-1}的萘内标物的样品溶液。

5. 测定

(1) 待基线平直后，分别注入 0.20 mg·mL^{-1}的萘内标标准溶液和 0.06 mg·mL^{-1}的联苯标准溶液 20 μL，记录萘和联苯的保留时间。

(2) 注入 20 μL 定量标准溶液，记录色谱图，重复两次。

(3) 注入 20 μL 样品溶液，记录色谱图，重复两次。

(4) 实验结束后，冲洗色谱柱 1 h 后，按要求关好仪器。

【数据处理】

(1) 确定标准溶液和样品溶液中色谱峰的归属，并记录相应的峰面积值。

(2) 用内标法计算样品溶液中联苯的浓度。

【注意事项】

(1) 用微量注射器进样时，必须注意排除气泡。抽液时应缓慢上提针芯。若有气泡，可将注射器针尖向上，使气泡上浮后推出。

(2) 室温较低时，为加速萘的溶解，可用超声波辅助溶解。

【思考题】

1. 什么是反相色谱法？有何优点？

2. 完成色谱分析需要哪些步骤？

实验 34　反相液相色谱法分离芳香烃

【实验目的】

1. 学习高效液相色谱仪的操作。
2. 了解反相色谱的特点及应用。
3. 掌握以保留时间定性的方法，加深对色谱分离理论的认识。

【实验原理】

液相色谱中，若采用非极性固定相(如 C_{18} 柱中的十八烷烃键合相)，而采用极性流动相(如水、甲醇、乙腈等)，这类色谱法称为反相液相色谱法。对于苯的同系物(苯、甲苯、丙基苯、丁基苯)，采用这一方法可实现良好分离；各组分依据其在固定相和流动相间的分配系数 K 的不同，以先后次序流出。

$$K = \frac{\text{组分在固定相中的浓度}}{\text{组分在流动相中的浓度}}$$

保留时间(t_R)，即组分从进样到检出其浓度极大值(峰值)所需的时间。t_R 由色谱过程中的热力学因素决定。一定色谱条件下，t_R 可作为组分定性分析依据。

苯的几种同系物：

苯　　甲苯　　丙基苯　　丁基苯

【仪器和试剂】

1. 仪器

高效液相色谱仪，色谱柱：ODS 柱(C_{18} 柱)，紫外吸收检测器(254 nm)，注射器(10 μL)。

2. 试剂

样品：苯，甲苯，丙基苯，丁基苯；流动相：80%甲醇+20%水；待测样品溶液。

【实验步骤】

(1) 流动相的准备(配制、过滤、超声波脱气)。

(2) 以流动相溶液配制浓度为 10 mg·mL^{-1} 的各芳香烃标准溶液。

(3) 按高效液相色谱仪操作说明，设定适当的色谱条件(柱温：20 ℃，流动相流速：1.0 mL·min^{-1}，检测波长：254 nm，检测灵敏度等)。

(4) 流动相冲洗色谱柱，待基线稳定后，分别进苯、甲苯、丙基苯、丁基苯标准溶液 5 μL；获得其标准样色谱图，记录各自保留时间(t_R)。

（5）进待测样 5 μL，获得色谱图；依据各峰保留时间，判断待测样组成。

【数据处理】

（1）记录高效液相色谱仪器操作、色谱条件。

（2）记录芳香烃标准品保留时间于表 5-4 中。

表 5-4　芳香烃标准品保留时间

芳香烃	苯	甲苯	丙基苯	丁基苯
t_R/min				

（3）记录待测样色谱图中各峰的保留时间，判断其组分组成。

（4）以标准品的浓度–峰面积关系（通常成正比关系）为参考，估算待测样中各组分含量。

【思考题】

1. 考察各芳香烃组分的保留时间，其出峰先后与分子结构有无关系，为何？

2. 若待测样品中的各组分无法基线分离，可从哪些方面考虑改善色谱分离条件？

实验 35　高效液相色谱法测定阿维菌素原料药中阿维菌素的含量

【实验目的】

1. 掌握高效液相色谱仪的基本原理与构造。

2. 了解高效液相色谱仪常用的几种检测器工作原理和使用范围。

3. 学习色谱分析样品的制备方法，初步掌握获取高效液相色谱谱图和数据的一般操作程序与技术，学会优化分析条件。

4. 学习谱图和数据的处理方法，掌握高效液相色谱法的定性、定量方法。

【实验原理】

阿维菌素是一种高效、广谱的抗生素类杀虫杀螨剂。它是由一组大环内酯双糖类化合物组成，对螨类和昆虫具有胃毒和触杀作用。喷施叶表面可迅速分解消散，渗入植物薄壁组织内的活性成分可较长时间存在于组织中并具有传导作用，对螨类和昆虫具有胃毒和触杀作用。主要用于家禽、家畜体内外寄生虫和农作物害虫的杀灭，如寄生红虫、双翅目、鞘翅目、鳞翅目和有害螨等。阿维菌素属高毒杀虫剂，其主要分析方法为高效液相色谱法。

【仪器和试剂】

1. 仪器

高效液相色谱仪，色谱柱，容量瓶，分析实验室常用玻璃仪器。

2. 试剂

甲醇(色谱纯)；超纯水；滤膜；阿维菌素标准品。

【实验步骤】

1. 样品制备

样品制备过程中，首先应考虑将可能干扰待测组分定量的干扰成分尽可能分离除去，同时，当待测组分含量很低时，还要考虑通过样品制备使待测组分在实验样品中的含量得以提高，便于进行色谱分析。

2. 定性、定量方法

保留时间定性；峰高、峰面积定量(归一法、外标法、内标法、标准加入法)。

3. 数据处理

实验中所有测量数据都要随时记在专用的记录本上，不可记在其他任何地方，记录的数据不得随意进行涂改；其平行实验数据之间的相对标准偏差(RSD)一般不应大于5%；实验结果的误差应不超过±2%。

4. 色谱条件

色谱柱：C_{18}反相柱(4.6 mm×150 mm)；

流动相：甲醇：水 = 85：18；

检测波长：245 nm；

流速：1 mL·min^{-1}；

柱温：25 ℃。

5. 标准溶液的配制

准确称取一定的阿维菌素标准品，置于 25 mL 容量瓶中，用流动相溶解、定容，配制成标准溶液。

6. 样品的配制

准确称取一定的农药制剂样品(精确至 0.000 1 g)，置于 25 mL 容量瓶中，用流动相稀释、定容，配制成样品。

【数据处理】

1. 线性相关性测定

配制 6 个不同浓度的阿维菌素标准品溶液，分别进样分析，以浓度为纵坐标，峰面积为横坐标作图，检测方法的线性范围和相关性。

2. 方法的精密度

在要求的色谱条件下，对同一样品分别称取 4 个样进行定量分析，计算含量、变异系数及标准偏差。

3. 方法的准确度

采用标准品加入样品进行回收实验。在已知含量的样品中滴加一定量标准溶液，在要求的色谱条件下进行测定，检测方法的回收率。

【注意事项】

(1) 实验之前必须交预习报告，实验完后每人写一份实验报告。

（2）严格遵守实验室规章制度。

（3）做好实验记录工作。

【思考题】

1. 通过对方法准确度和精密度的考察，说明方法的可行性。
2. 简述高效液相色谱仪的日常维护及其必要性。

第6章 其他仪器分析法

6.1 基本原理

6.1.1 离子色谱法

离子色谱(IC)是以离子型化合物为分析对象的一种液相色谱,属于高效液相色谱的范畴,具有方便快捷,灵敏度高,选择性好,可同时分析多种离子型化合物,色谱柱的容量高且稳定性好等优点。根据分离机理的不同,离子色谱主要可分为离子交换色谱、离子排斥色谱和离子对色谱。

6.1.1.1 离子交换色谱

离子交换色谱主要用来分离亲水性阴、阳离子。它的固定相是离子交换树脂,流动相是水溶液,分离机理是基于离子交换树脂上可电离的离子与流动相中具有相同电荷的待测离子进行可逆交换,根据这些待测离子对树脂的亲和力不同而得到分离。待测离子对树脂的亲和力越大,即交换能力越强,越容易交换到树脂上,在柱中的保留时间就越长;反之,待测离子对树脂的亲和力越小,其在柱中的保留时间就越短。离子交换树脂的交换机理如下:

$$阳离子交换:R^-Y+X^+ \rightleftharpoons Y^++R^-X^+$$

$$阴离子交换:R^+Y^-+X^- \rightleftharpoons Y^-+R^+X^-$$

式中,X 为待测离子;Y 为流动相离子;R 为离子交换树脂上带电离子部分。

通常,凡是在溶剂中能够电离的物质都可以利用离子交换色谱法进行分离。而离子在离子交换树脂上的亲和力主要取决于离子的半径、极化度、电荷数及离子交换树脂的性质等因素。

6.1.1.2 离子排斥色谱

离子排斥色谱主要是用来分离无机弱酸和有机酸,其分离机理是以 Donnan 排斥为基础的分配过程。分离阴离子用强酸性、高交换容量的阳离子交换树脂;分离阳离子用强碱性、高交换容量的阴离子交换树脂。被测物质的解离度越小,它们被固定相的排斥作用越小,因而在树脂中的保留时间越长。

6.1.1.3 离子对色谱法

离子对色谱法的柱填料是具有比表面积大、交联度高的无离子交换功能基的中性聚苯乙烯大孔树脂，其对于有机酸碱等强极性化合物有良好的分离效果。离子对色谱法是在流动相中加入适当的具有与被测离子相反电荷的离子，称为对离子或反离子，使其与被测离子形成中性的离子对化合物，从而控制被测离子在色谱柱上的保留行为。用于阴离子分离的对离子有烷基铵类，如氢氧化四丁基铵、氢氧化十六烷基三甲铵等；用于阳离子的对离子有烷基磺酸类，如己烷磺酸钠等。

目前，离子对色谱的保留机理有各种解释，如离子对形成机理、粒子相互作用机理和动态离子交换机理等。

在离子色谱中可以利用保留时间、紫外和可见光谱与其他分析方法串联对待测离子进行定性分析，也可以将分离的、没有被离子色谱检测器破坏的各个组分收集起来，再用其他方法进行定性分析。对待测离子进行定量分析可采用的方法有归一化法、内标法、外标法等。

6.1.2 核磁共振波谱法

核磁共振波谱法（NMR）是一种利用自旋原子核在外加磁场作用下，以核自旋能级跃迁所产生的吸收波谱来研究有机化合物结构和组成的分析方法，属于吸收光谱分析法。核磁共振技术是有机物结构分析最有用的工具之一，与紫外光谱、红外光谱、质谱等方法配合，还可以对反应的动态过程进行研究，进而了解反应机理，在化学、生物、食品、医学等领域中具有广泛应用。

6.1.2.1 原子核的自旋

原子核是带电荷的粒子，在自旋时会产生核磁矩，但并不是原子核自旋都会产生磁矩。只有原子序数或质量数为奇数的原子核，自旋时才会有核磁矩，才能产生核磁共振信号。各种不同的原子核，自旋情况不同，可用自旋量子数表征，见表 6-1。

表6-1 自旋量子数与原子的质量数及原子序数的关系

质量数(A)	原子序数(Z)	自旋量子(I)	NMR信号	自旋核电荷分布	原子核
偶数	偶数	0	无	—	$^{12}C_6$, $^{16}O_8$, $^{32}S_{16}$
奇数	奇数或偶数	1/2	有	球形	$^{1}H_1$, $^{13}C_6$, $^{19}F_9$, $^{31}P_{15}$
奇数	奇数或偶数	3/2, 5/2, …	有	扁平椭圆形	$^{17}O_8$, $^{33}S_{16}$
偶数	奇数	1, 2, 3, …	有	伸长椭圆形	$^{2}H_1$, $^{14}N_7$

$I=0$ 时，原子核没有自旋现象，在外加磁场中不会产生共振吸收谱，不能用于核磁共振研究。

$I=1/2$ 时，原子核可看作是一个电荷分布均匀的球体，并像陀螺一样自旋，核磁共振现象简单，适宜检测。目前研究和应用较多的是 ^1H 和 ^{13}C 核磁共振谱。

$I>1/2$ 时，原子核可看作是一个电荷分布不均匀的椭圆体，它们的共振吸收复杂，目前在核磁共振的研究上应用较少。

原子核在自旋时会产生角动量，称为自旋角动量 P，是一个矢量，既有大小，又有方向，其大小可用自旋量子数表示：

$$P = \sqrt{I(I+1)}\frac{h}{2\pi} \tag{6-1}$$

式中，h 是普朗克常数（6.626×10^{-34} J·s）；I 是自旋量子数，与原子的质量数以及原子序数有关。

磁矩也是一个矢量，其方向与角动量相互平行，大小与角动量成正比，即

$$\mu = \gamma P \tag{6-2}$$

式中，μ 是磁矩；γ 是磁旋比（rad·T^{-1}·s^{-1}）。

磁旋比（γ）是核磁矩与核的自旋角动量的比值，是原子核的一个特征值，其值越大，核的磁场越强，在核磁共振中越易被检测。

6.1.2.2 核磁共振现象

对于自旋量子数 $I=1/2$ 的原子核（如氢核），其所带电荷均匀分布，当它们围绕自旋轴转动时会产生磁场，相当于一个小磁针。无外加磁场时，磁核在空间的分布是无序的，自旋磁核的取向是混乱的。当将磁核置于磁场强度为 B_0 的外加磁场中，它在外磁场中有 $2I+1$ 个取向。对于 ^{1}H 核来说，$I=1/2$，所以它只能有两种取向，如图 6-1 所示。一种与外磁场平行且同向，此时能量较低，用磁量子数 $m=+1/2$ 表征；一种与外磁场逆平行，此时能量较高，用 $m=-1/2$ 表征。当具有磁矩的核被置于磁场中时，它在外磁场的作用下，核自旋产生的磁场与外磁场发生相互作用，使得原子核的运动状态除了自旋外，还要附加一个以外磁场方向的回旋，其运动情况类似于陀螺的运动。它一面自旋，一面围绕着磁场方向发生回旋，这种回旋运动称为进动或拉摩尔进动。进动时的频率称为拉摩尔频率。自旋核的角速度 ω_0、拉摩尔频率 ν_0 与外加磁场强度 B_0 的关系可用拉摩尔公式表示：

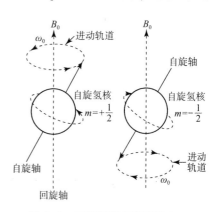

图6-1 自旋氢核在外磁场中的两种取向示意

$$\omega_0 = 2\pi\nu_0 = \gamma B_0 \tag{6-3}$$

氢核在外加磁场中的两种进动取向间的能量差 ΔE 为

$$\Delta E = \frac{\mu B_0}{I} \tag{6-4}$$

因为 $I=1/2$，所以

$$\Delta E = 2\mu B_0 \tag{6-5}$$

无外加磁场时，$I=1/2$ 的原子核具有简并能级；当其被置于外加磁场中时，能级发生分裂，如图 6-2 所示。分裂能级之间的能量差与核磁矩 μ 和外加磁场 B_0 有关。

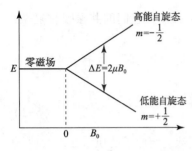

图 6-2 在外磁场中，核自旋能级
　　　　裂分示意

若以具有一定能量的电磁波照射处于外磁场 B_0 中的氢核时，其电磁辐射能量满足下列关系：

$$h \nu_0 = \Delta E = 2\mu B_0 \tag{6-6}$$

此时，氢核与辐射光子相互作用，体系吸收能量，核由低能态跃迁至高能态，这种现象称为核磁共振。式中 ν_0 =电磁波频率=拉摩尔频率。电磁波频率与磁场强度满足以下关系：

$$\nu_0 = \frac{\gamma B_0}{2\pi} \tag{6-7}$$

该式为发生核磁共振时的条件，表明了发生共振时电磁波频率与磁场强度之间的关系。在相同的磁场中，不同原子核，磁旋比不同，发生共振时的频率各不相同，根据这一点可以鉴别各种元素及其同位素。对于同一种核，磁旋比一定，当外加磁场一定时，共振频率也一定；外加磁场改变时，共振频率也随着改变。

6.1.2.3　弛豫过程

当外加磁场不存在时，$I=1/2$ 的原子核对两种可能的磁量子数并不优先选择任何一个，m 等于 +1/2 和 -1/2 的核的数目完全相等。在外加磁场中，$m = +1/2$ 比 $m = -1/2$ 的能态更为有利，处于高、低能态核数的比例服从玻尔兹曼分布：

$$\frac{N_j}{N_0} = e^{-\Delta E/kT} \tag{6-8}$$

式中，N_j 和 N_0 分别是处于高能态和低能态的氢核数；ΔE 是两种能态的能级差；k 是玻尔兹曼常数；T 是热力学温度。

由于磁能级差很小，室温下处于低能态的核仅比高能态的核稍多一些，约多百万分之十。当处于磁场中的核受到合适的射频电磁波照射时，核吸收外界能量，由低能态跃迁至高能态，其净效应是吸收，产生共振信号。此时，处于低能态的核数逐渐减少，能量的净吸收也逐渐减少，共振吸收逐渐降低，甚至消失，使吸收无法测量，这时发生"饱和"现象。但是，由于较高能态的核能够及时回到较低能态，就可以保持信号稳定。这种处于高能态的核通过非辐射的形式释放能量而回到低能态的过程称为弛豫过程。在核磁共振中有两种弛豫过程，即自旋-晶格弛豫和自旋-自旋弛豫。

（1）自旋-晶格弛豫

自旋-晶格弛豫又称纵向弛豫，是指处于高能态的核将其能量转移给周围的分子（固体为晶格，液体为周围的溶剂分子或同类分子）变成热运动，同时自己回到低能态的过程。纵向弛豫可用时间 T_1 表征，它是处于高能级磁核寿命的量度，与核的种类、样品状态等有关。T_1 越小，表示纵向弛豫的效率越高。

（2）自旋-自旋弛豫

自旋-自旋弛豫又称横向弛豫，是指两个相邻的核处于不同能级，进动频率相同，它们相互通过自旋状态的交换而实现能量转移的过程。在此过程中，系统的总能量未发生变化，但某些高能级核的寿命缩短了。横向弛豫时间用 T_2 表征。

根据 Heisenberg 测不准原理，激发态能量ΔE与体系处在激发态的平均时间成反比，而ΔE与谱线宽度$\Delta \nu$存在以下关系：

$$\Delta E = h\Delta \nu \tag{6-9}$$

因此，弛豫时间长，核磁共振信号的谱线窄；反之，谱线宽。一般气体和低黏度液体中的弛豫属于纵向弛豫，弛豫效率恰当，谱线窄；固体和黏滞液体样品，容易实现自旋-自旋弛豫，T_2很小，谱线宽，不利于分析。

6.1.3 色谱-质谱联用技术

联用技术是指将两种或两种以上的分析仪器通过适当的接口装置连接起来，形成统一完整的新型仪器，以实现更快、更有效的分离和分析的技术或方法，其有利于分析复杂试样，是仪器分析未来的发展方向。最常用的联用技术是将分离能力较强的色谱技术与结构鉴别能力较强的质谱结合的联用技术，包括气相色谱-质谱联用和液相色谱-质谱联用。将二者结合起来，充分发挥各自的优势，可同时对复杂试样进行分离与鉴定。

色谱-质谱联用技术是利用色谱作为质谱的进样系统，将复杂试样分离送入质谱仪，质谱仪作为检测器对试样进行定性分析和定量分析。质谱法的基本原理是通过分析离子化样品的质荷比来实现对分析样品的定性和定量分析。当试样经过色谱进入质谱仪离子源，离子源将样品分子离子化，并在电场中加速送入质量分析器，由于这些离子质荷比不同，所以其在质量分析器中的运动轨迹不同，由检测器识别，并通过数据处理系统展现出完整的质谱图。不同分子结构的分子离子化规律与该物质的分子结构有关，因此质谱分析得到的谱图信息就是对物质进行定性分析的依据。气-质联用仪中具有相当数量化合物的标准图谱库，分析工作者可以通过计算机检索对未知化合物进行定性分析。而液-质联用仪没有可供检索的标准质谱图，不能进行库检索定性，只能提供相对分子质量信息，可通过采用串联质谱仪获得碎片信息，用来推断化合物结构。色谱-质谱联用仪进行定量分析的基本方法与普通的色谱法类似。

6.1.4 流动注射分析

流动注射分析（flow injection analysis，FIA）是由丹麦技术大学学者 Ruzicka J. 和 Hansen E. H. 于 1975 年首次提出的，可在非平衡状态下进行溶液自动处理和测定。通常情况下，FIA 同其他分析技术相结合形成一个完整的分析体系，它极大地推动了自动化分析和仪器的发展，使得非平衡条件下的分析化学成为可能。FIA 不仅可以用简单的实验设备在广泛的领域中实现分析的自动化与高效率，还能通过单次测定提供试样与试剂不同混合比例的多种信息。

在流动注射分析中，从试样注入到完成分析，整个过程经历了一个复杂的过程。当把一定体积的试样以"塞子"的形式注入连续流动、无空气间隔的流动液体（试剂或水）载流中时，"试样塞"进入反应管道并从载流获得一定流速而随其向前流动。在该过程中，试样与载流之间产生对流与扩散作用而分散，形成具有一定浓度的试样带。试样带在载流中与试剂发生化学反应生成可检测的物质，被载流带到检测器中连续地检测，并由记录系统记录待测物的响应信号随时间的变化情况。在 FIA 中，载流除了具有推动试样进入反应管道和检测器，与试样待测组分发生反应等作用外，还可以对反应管道和检测器进行自动清洗，防止试样交叉污染。这也是 FIA 方法分析速度快的重要原因之一。

对于一个固定的实验装置，以完全相同的方法顺序处理试样时，包括注入试样的准确体积、定时进样以及从注入点到检测点体系的操作等，在一定的留存时间内，其分散状态总是高度重现的，这就是 FIA 的分析结果重现性良好的根据。

分散系数(D)是 FIA 系统中的一个重要参数，它用来衡量原始试样在 FIA 系统中稀释的程度如何，以及试样从注入读数消耗了多长时间。因此，分散系数 D 定义为：在分散发生前后，试样在产生分析读数的那个流体单元的浓度比。即

$$D = c_0/c \tag{6-10}$$

式中，c_0 是试样在分散前的浓度；c 是试样分散后在某段流体单元中的浓度。

D 描述的是待测试样被载流或试剂稀释的倍数，分散系数 D 越大，说明待测试样被稀释的程度就越大。一般情况下，D 是大于 1 且小于无穷大的一个数值，因为经过分散(稀释)之后，c 不可能大于 c_0。例如，当试样在分散前的浓度 $c_0 = 1$，$D = 2$ 时，表明试样被载流以 1∶1 的比例稀释。当载流作为试剂时，D 能说明试样与试剂的混合比例。

不同的测定方式对试样的稀释程度有不同的要求，Ruzicka 和 Hansen 根据峰值部位所得的分散系数的大小将 FIA 流路划分为低分散、中分散和高分散三个体系。

(1) 低分散体系

$D = 1 \sim 2$，用于把 FI 技术仅作为传输手段的分析。在这类测定中，考虑到测定灵敏度，希望尽量不稀释试样而保持待测物的原始浓度；同时，因为其测定原理所决定，又无需引入试剂。以离子选择性电极、原子光谱和等离子体光谱为检测器的测定常采用此类分散体系。

(2) 中分散体系

$D = 2 \sim 10$，适用于多数基于化学反应的光度测定。这类分析都需要试样与适当的试剂反应以生成可测定的反应产物。适当的分散是为了保证试样与试剂之间一定程度的混合以使反应正常进行。

(3) 高分散体系

$D > 10$，用于对高浓度试样进行必要的稀释及某些 FI 梯度分析技术。

6.1.5　X 射线光谱法

X 射线光谱法是以 X 射线为光源的一种分析方法，属于光学分析法的范畴。与其他光学分析法相比，X 射线光谱法具有谱线简单、干扰少、分析灵敏度高、重现性好、应用范围广、可以进行无损分析、分析速度快、结果准确以及易于实现仪器自动化等优点。X 射线光谱法主要包括 X 射线荧光光谱法(XRF)、X 射线吸收法(XRA)和 X 射线衍射法(XRD)。

6.1.5.1　X 射线的产生

X 射线是一种波长很短的电磁辐射，波长范围在 0.001 ~ 10 nm，具有很强的穿透力。它是由高能电子的减速运动或原子内层轨道电子跃迁产生的。X 射线一般包括连续 X 射线和特征 X 射线。

连续 X 射线：当对 X 射线管所加的外加电压较低时，在高能电子轰击金属靶材的过程中，有的电子在一次碰撞中耗尽其全部能量，有的则在多次碰撞中才丧失全部能量，因为电子数目很大，碰撞是随机的，所以产生了连续的具有不同波长的 X 射线，这一段波长的 X 射线即为连续 X 射线。根据量子理论，首次碰撞就被靶子制止的电子，将辐射出最大能量的 X 射线光子，其波长最短，称为短波限。连续 X 射线谱的短波限仅与 X 射线管的电压有关，升高 X 射线管的电压，短波限将减小，即 X 光量子能量增大。

特征 X 射线：当对 X 射线管所加的外加电压提高到某一临界值，高速运动的电子轰击试样中的原子时，会激发原子内层能级上的电子跃迁到外层高能轨道上，原子内层产生空轨道，使原子处于激发态，为保持体系的能量最低，较外层电子将跃迁到这些空轨道上，并以 X 射线的形式释放出多余的能量，从而产生特征 X 射线。特征 X 射线的产生是由靶原子的结构决定的，是物质的固有特性。

6.1.5.2　X 射线荧光光谱

X 射线和其他电磁波一样，在照射物质时，会发生衍射、吸收和散射等现象。除此之外，X 射线照射物质时，还会产生次级 X 射线，即 X 射线荧光。而照射物质的 X 射线称为初级 X 射线。X 射线荧光的波长取决于初级 X 射线的波长和吸收初级 X 射线的元素的原子内层电子结构。因此，根据 X 射线荧光的波长可以对元素定性分析，根据其强度与元素含量的关系，可以对其定量分析。这就是 X 射线荧光光谱法。

X 射线荧光产生机理与 X 射线的产生是相同的，只是照射原子的能源不同，产生 X 射线的能源是高能量的粒子流，而产生 X 射线荧光的能源为初级 X 射线。显然，只有当初级 X 射线的能量稍大于待测物质原子内层电子的能量时，才能激发出相应的电子，从而产生 X 射线荧光，因此 X 射线荧光的波长一般总比相应的初级 X 射线的波长要长一些。

（1）定性分析

X 射线荧光定性分析的基础是 Moseley 定律。Moseley 发现 X 射线荧光的波长随着元素原子序数的增加有规律地向波长变短的方向移动，他根据谱线移动规律，建立了荧光 X 射线波长(λ)与元素原子序数(Z)的关系定律，称为 Moseley 定律，其数学表达式为

$$\sqrt{\frac{1}{\lambda}} = K(Z-S) \tag{6-11}$$

式中，K 和 S 为常数。因此，只要知道 X 射线荧光的波长，便可求得 Z，从而确定被测元素的种类。目前，除轻元素外，绝大多数的特征 X 射线均已精确测定。

（2）定量分析

X 射线荧光定量分析的基础是其强度与被测元素的含量成正比。在进行定量分析过

程中，试样的基体效应、试样的颗粒大小以及其他谱线的干扰都会影响 X 射线荧光的强度，从而对分析结果造成影响。为了获得比较准确的分析结果，便产生了一些依赖于线性关系这一定量分析基础的分析方法，包括比较标准法、标准加入法、内标法、薄膜法、稀释法和数学校正法等。

6.1.5.3　X 射线衍射分析

X 射线衍射(XRD)分析技术是利用衍射原理研究物质内部微观结构的一种分析方法，其既可以对物质进行定性分析，也可以结合专门的分析软件定量分析。

（1）X 射线衍射分析的理论基础

当一束单色 X 射线入射到晶体时，晶体中规则排列的原子间距离与入射 X 射线波长有相同数量级，所以由不同原子散射的 X 射线相互干涉，在某些特殊方向上产生强 X 射线衍射，衍射线在空间分布的方位和强度，与晶体结构密切相关。衍射线空间方位与晶体结构的关系可用布拉格方程表示，即

$$2d\sin\theta = n\lambda \tag{6-12}$$

式中，d 是晶面间距；θ 是入射线或反射线（衍射线）与反射晶面之间的夹角，称为掠射角或布拉格角，而把 2θ 称为衍射角，为入射线与衍射线之间的夹角；n 是整数；λ 是入射线波长。

布拉格方程是 X 射线在晶体中产生衍射必须满足的基本条件，它反映了衍射线方向（θ）与晶体结构（d）之间的关系。

当 X 射线波长 λ 已知时（选用固定波长的特征 X 射线），采用细粉末或细粒多晶体的线状样品，可从一堆任意取向的晶体中，从每一 θ 角符合布拉格条件的反射面得到反射，测出 θ 后，利用布拉格公式即可确定点阵平面间距、晶胞大小和类型。根据衍射线的强度，可确定晶胞内原子的排布。还可由德拜-谢乐公式估算出粒子的粒径大小：

$$D = \frac{K\lambda}{\beta\cos\theta} \tag{6-13}$$

式中，D 是粒子的粒径；$K = 0.89$，是谢乐常数；β 是 XRD 谱图中最高峰的半高宽；θ 是最高峰对应的 X 射线角；λ 是 X 射线波长。

（2）X 射线粉末衍射分析

使用单色 X 射线与晶体粉末或多晶样品进行衍射的分析称为 X 射线粉末衍射法。组成物质的各种相都具有各自特定的晶体结构，因而具有各自的 X 射线衍射花样特征，也就是说，每种晶体的结构与其 X 射线衍射图之间都有着一一对应的关系，其特征 X 射线衍射图谱不会因为其他物质混聚在一起而产生变化。这就是 X 射线衍射物相分析方法的依据。将待分析样品的衍射花样与标准单相物质的衍射花样对照，从而确定物质的组成相，这就是物相定性分析的基本原理与方法。目前，常用衍射仪法得到衍射图谱，用粉末衍射标准联合委员会(JCPDS)负责编辑出版的粉末衍射卡片(PDF 卡片)进行物相分析。鉴定出物相后，根据待分析相的衍射强度与其含量成正比的关系，就可对各组分进行定量分析。常用的定量分析方法是内标法。

6.2　实验部分

实验36　常见阴离子色谱分析

【实验目的】

1. 掌握一种快速测定无机阴离子的方法。
2. 理解离子色谱仪的工作原理。
3. 了解 DX-120 型离子色谱仪使用方法。

【实验原理】

本实验是用阴离子色谱法测定水样中无机阴离子的含量。因此使用阴离子交换柱，其填料通常为季铵盐交换基团，分离机理主要是离子交换，用碳酸钠/碳酸氢钠为淋洗液。用淋洗液平衡阴离子交换柱，样品溶液至进样口注入六通阀，高压泵输送淋洗液，将样品溶液带入交换柱。由于静电场相互作用，样品溶液的阴离子与交换柱固定相中的可交换离子 OH^- 发生交换，并暂时且选择地保留在固定相上，同时，保留的阴离子又被带电荷的淋洗离子交换下来进入流动相。由于不同的阴离子与交换基团的亲和力大小不同，因此在固定相中的保留时间也就不同。亲和力小的阴离子与交换基团的作用力小，因而在固定相中的保留时间就短，先流出色谱柱；亲和力大的阴离子与交换基团的作用力大，在固定相中的保留时间就长，后流出色谱柱，于是不同的阴离子就达到了分离的目的。被分离的阴离子经抑制器被转换为高电导率的无机酸，而淋洗液离子则被转换为弱电导率的碳酸(消除背景电导率，使其不干扰被测阴离子的测定)，然后电导检测器依次测定被转变为相应酸的阴离子，与标准进行比较，根据保留时间定性，峰高或峰面积定量。本实验采用峰面积标准曲线定量。

【仪器和试剂】

1. 仪器

美国 Dionex 公司 DX-120 型离子色谱仪，Easy200 工作站，AG14 型阴离子保护柱，AS14 型阴离子分离柱，ASRS-ULTRA 型自动再生抑制器，微量进样器(50 μL)。

2. 试剂

(1) Na_2CO_3 为分析纯，其阴离子淋洗贮备溶液配制：称取 37.10 g Na_2CO_3 和 40.00 g $NaHCO_3$ 溶于高纯水中，转入 1 000 mL 容量瓶中，加水至刻线，摇匀。转移至聚四氟乙烯瓶中，在冰箱中保存。此淋洗贮备液为 0.35 mol·L^{-1} Na_2CO_3+0.10 mol·L^{-1} $NaHCO_3$。

(2) NaF、NaCl、$NaNO_2$、NaBr、$NaNO_3$、Na_3PO_4 以及 Na_2SO_4 均为优级纯。分别配制成浓度为 100 mg·L^{-1} F^-、1 000 mg·L^{-1} Cl^-、100 mg·L^{-1} NO_2^-、1 000 mg·L^{-1}

Br^-、1 000 mg·L^{-1} NO_3^-、1 000 mg·L^{-1} PO_4^{3-}和1 000 mg·L^{-1} SO_4^{2-}的7种阴离子的标准贮备液。

（3）纯净水。

（4）待测试样。

【实验条件】

AG14型阴离子保护柱；AS14型阴离子分离柱。

阴离子淋洗液：3.5 mmol·L^{-1} Na_2CO_3+1.0 mmol·L^{-1} $NaHCO_3$；流量1.2 mL·min^{-1}。

检测器：电导检测器。

进样量：10 μL。

【实验步骤】

1. Na_2CO_3/$NaHCO_3$阴离子淋洗液的制备

移取0.35 mol·L^{-1} Na_2CO_3+0.10 mol·L^{-1} $NaHCO_3$阴离子淋洗贮备液10.00 mL，用高纯水稀释至1 000 mL，摇匀。此淋洗液为3.5 mmol·L^{-1} Na_2CO_3+1.0 mmol·L^{-1} $NaHCO_3$。

2. 阴离子单个标准溶液的制备

分别移取100 mg·L^{-1} F^-标准贮备液5.00 mL、1 000 mg·L^{-1} Cl^-标准贮备液2.00 mL、100 mg·L^{-1} NO_2^-标准贮备液15.00 mL、1 000 mg·L^{-1} Br^-标准贮备液3.00 mL、1 000 mg·L^{-1} NO_3^-标准贮备液3.00 mL、1 000 mg·L^{-1} PO_4^{3-}标准贮备液5.00 mL和1 000 mg·L^{-1} SO_4^{2-}标准贮备液5.00 mL于7个100 mL容量瓶中，分别用高纯水稀释至刻度，摇匀。得到5 mg·L^{-1} F^-、20 mg·L^{-1} Cl^-、15 mg·L^{-1} NO_2^-、30 mg·L^{-1} Br^-、30 mg·L^{-1} NO_3^-、50 mg·L^{-1} PO_4^{3-}和50 mg·L^{-1} SO_4^{2-} 7种标准溶液。用同样的方法依次移取不同量的贮备液配制成另几种不同浓度的阴离子单个标准溶液，浓度范围是5~100 mg·L^{-1}。

3. 阴离子混合标准贮备液的制备

分别移取100 mg·L^{-1} F^-标准贮备液5.00 mL、1 000 mg·L^{-1} Cl^-标准贮备液2.00 mL、100 mg·L^{-1} NO_2^-标准贮备液15.00 mL、1 000 mg·L^{-1} Br^-标准贮备液3.00 mL、1 000 mg·L^{-1} NO_3^-标准贮备液3.00 mL、1 000 mg·L^{-1} PO_4^{3-}标准贮备液5.00 mL和1 000 mg·L^{-1} SO_4^{2-}标准贮备液5.00 mL于1个100 mL容量瓶中，分别用高纯水稀释至刻度，摇匀。得到5 mg·L^{-1} F^-、20 mg·L^{-1} Cl^-、15 mg·L^{-1} NO_2^-、30 mg·L^{-1} Br^-、30 mg·L^{-1} NO_3^-、50 mg·L^{-1} PO_4^{3-}和50 mg·L^{-1} SO_4^{2-}混合标准溶液。用同样的方法依次移取不同量的贮备液配制成另几种不同浓度的混合标准溶液，浓度范围是5~100 mg·L^{-1}。

4. 测定

① 按照仪器操作规程开机，设置上述实验条件，至基线平稳即可进样。

② 先后采集阴离子单个标准溶液的谱图和阴离子混合标准溶液的谱图。

③ 注入样品溶液，采集样品溶液的谱图。

④ 实验结束，按要求关好仪器。

【数据处理】

（1）记录实验条件。

（2）将阴离子混合标准溶液的制备列表。

（3）根据保留时间进行定性分析（列表表示）。

（4）用仪器所带软件绘制峰面积-浓度的标准曲线。根据试样溶液中待测离子的峰面积值，计算其浓度（列表表示）。

（5）根据实验数据对测定结果进行评价，计算有关误差（列表表示）。

【思考题】

1. 离子的保留时间与哪些因素有关？

2. 离子的色谱峰会出现一个倒峰？应该怎样避免？

实验 37　核磁共振波谱法研究乙酰乙酸乙酯的互变异构现象

【实验目的】

1. 了解用核磁共振波谱法研究互变异构现象。

2. 学习用核磁共振波谱法测定互变异构体的相对含量。

【实验原理】

互变异构是有机化合物中的常见现象，酮式和烯醇式的相对含量与分子结构、浓度、溶剂的极性及温度等因素有关。用核磁共振波谱法测定异构体的相对含量，具有简单快速的优点，故成为研究互变异构体间动态平衡的有用工具。

乙酰乙酸乙酯的酮式和烯醇式动态平衡反应如下：

$$\underset{(a)}{H_3C-\overset{\overset{O}{\parallel}}{C}-\overset{\overset{H}{\mid}}{\underset{\mid}{C}}-\overset{\overset{O}{\parallel}}{C}-OC_2H_5} \rightleftharpoons \underset{(b)}{H_3C-\overset{\overset{OH}{\mid}}{C}=\overset{}{\underset{\mid}{C}}-\overset{\overset{O}{\parallel}}{C}-OC_2H_5}$$

由于酮式氢（a）与烯醇式氢（b）是磁不等价质子，它们具有不同的化学位移值。因此，用 ^{1}H-NMR 谱能够检测试样中酮式和烯醇式。酮式和烯酮式有相同的分子式，若将酮式氢（a）和烯醇式氢（b）视为同一化合物中不同类别的氢质子，则 ^{1}H-NMR 谱法也能够测定它们的质子比率，进而提供给定溶液中两种互变异构体的比率。酮式的亚甲基氢（a）和烯醇式中烯基氢（b）的峰互不重叠，均为单峰，可选择它们为定量用峰。酮式和烯醇式的相对分子质量相同，总含氢数相同，亚甲基（a）含两个氢，烯基（b）含一个氢，故可用下式计算烯醇式异构体的质量分数：

$$\omega(烯醇) = \frac{A(烯醇)}{A(烯醇) + \dfrac{A(酮)}{2}} \times 100\% \tag{6-14}$$

式中，A(烯醇)是烯醇式烯基的峰面积；A(酮)是酮式亚甲基峰面积。

在极性溶剂中，易形成分子间氢键，酮式异构体相对稳定；在非极性溶剂中，易形成分子内氢键，烯醇式异构体相对稳定。例如，乙酰丙酮在水溶液中时，大约有 15% 为烯醇式，而在正己烷中大约有 92% 为烯醇式。与溶剂效应类似，浓度的改变也会影响两种异构体的相对含量。

【仪器和试剂】

1. 仪器

60MHz NMR 波谱仪，NMR 样品管(直径 5 mm)，液体称样器皿。

2. 试剂

乙酰丙酮(分析纯)；四甲基硅烷(TMS)；四氯化碳(分析纯)；甲醇(分析纯)；苯(分析纯)。

【实验条件】

扫描宽度：1 000 Hz；

扫描时间：500 s；

波谱振幅：0.4；

滤波带宽：4 Hz。

【实验步骤】

(1) 配制摩尔分数为 0.2 的乙酰丙酮溶液

① 0.200 g 乙酰乙酸乙酯与 1.231 1 g 四氯化碳混溶；

② 0.200 g 乙酰乙酸乙酯与 0.625 g 苯混溶；

③ 0.200 g 乙酰乙酸乙酯与 0.265 g 甲醇混溶。

(2) 溶液放置 24 h 以达到平衡。

(3) 认真阅读 NMR 谱仪操作说明书后，在教师的指导下，启动、调节 NMR 谱仪。

(4) 将上述三种试样分别倒入试样管中，达 3/8 处，并在每个试样管中滴加 1~2 滴 TMS 作为内标。

(5) 在下述条件下，记录上述三种试样的核磁共振波谱图。

【数据处理】

(1) 记录实验条件。

(2) 按式(6-14)计算烯醇式的质量分数。

(3) 列出不同溶剂中烯醇式质量分数(表 6-2)。

表 6-2　烯醇式质量分数表

溶剂	烯醇式含量/%
四氯化碳	
苯	
甲醇	

【思考题】

1. 从实验数据说明烯醇式质量分数与溶剂极性的关系。

2. 在本实验中饱和效应对测定结果是否有影响？若测定两种不同化合物的相对含量呢？

3. 为什么实验开始要匀场？

实验 38　油脂中脂肪酸的气相色谱质谱联用分析

【实验目的】

1. 了解气相色谱质谱联用技术的基本原理。
2. 学习气相色谱质谱联用技术定性、定量的方法。
3. 学习油脂中脂肪酸的分析方法。

【实验原理】

质谱法是一种重要的定性鉴定和结构分析方法，但没有分离能力，不能直接分析混合物。色谱法则相反，它是一种有效的分离分析方法，特别适合于复杂混合物的分离，但对组分的鉴定有一定难度。如果把两种方法结合起来，将色谱仪作为质谱仪的进样和分离系统，即混合试样进入色谱仪进行分离，得到的单个组分按保留时间的大小依次进入质谱仪测定质谱，这样就可以实现优势互补，解决复杂混合物的快速分离和定性鉴定。气相色谱质谱联用于 1957 年首次实现，并很快成为一种重要的分析手段，广泛应用于化工、石油、食品、药物、法医鉴定及环境监测等领域。挥发性混合物从气相色谱仪进样，经色谱柱分离后，按组分的保留时间大小依次以纯物质形式进入质谱仪，质谱仪自动重复扫描，计算机记录和存储所有的质谱信息然后将处理结果显示在屏幕上。质谱仪的每一次扫描都得到一张质谱图，色谱组分流入时得到的是组分的质谱图，没有色谱组分时得到的是背景的质谱图，计算机中质谱仪重复扫描得到的所有离子流信号（部分质荷比大小）强度总和对扫描信号（即色谱保留时间）作图得到总离子流图，总离子流强度的变化正是流入质谱仪的色谱组分变化的反映，所以在气相色谱质谱联用中，总离子流图相当于色谱图，每一个谱峰代表一个组分，谱峰的强度与组分的相对含量有关。

【仪器和试剂】

1. 仪器

岛津公司 GC-MC-QP 5050A 气相色谱质谱联用仪，GC-MS solution 工作站，Nist 谱库，微量注射器（1 μL），超声提取器。

2. 试剂

甲醇（分析纯）；正己烷（分析纯）；氢氧化钠（分析纯）。

市售大豆油，甲酯化处理如下：移取 0.5 mL 脂肪油，加入 2 mL 正己烷，再加入 1 mL NaOH 甲醇混合溶液（0.5 mol），置于 70 ℃水浴中回流 10 min。取出冷却后，移至带刻度试管中，加水至 10 mL，振荡、超声提取、离心，取上层清液，待气相色谱质谱联用分析。

【实验条件】

1. 气相色谱条件

色谱柱 DB-5 ms；

载气：高纯 He(纯度≥99.99%)，流量：$1.0\ \text{mL} \cdot \text{min}^{-1}$；

分流比 20：1；

进样温度 280 ℃；

柱温升温程序：初始温度 80 ℃，以 $10\ ℃ \cdot \text{min}^{-1}$ 升至 260 ℃，保持 10 min。

2. 质谱条件

电离方式和电离电位：电子轰击电离 70 eV；

溶剂切割时间：3.0 min；

质荷比扫描范围：m/z 29~500；

接口温度：280 ℃。

【实验步骤】

(1) 开启色谱质谱联用仪　启动 GC MS solution 软件中的 GC MS Real time analysis 程序，按仪器的操作步骤开启仪器的真空系统，等待仪器的真空度达到指定要求后，进行调谐。调谐结果合格后，方可进行分析。

(2) 设置分析条件

① 气相色谱条件：进样温度，柱温，载气流量，分流比。

② 质谱条件：采集模式，接口温度，溶剂切割时间，质荷比扫描范围。

(3) 设定数据采集参数，如试样名称和编号。设置好后，待"gc""mc"均变绿色字体后可进样。

(4) 进样　用微量注射器吸取混合试剂 1μL，由气相色谱仪进样口进样，同时按下开始检测按钮。

(5) 监视测试过程　观察计算机显示屏上实时出现的信号，当总离子流图上出现峰时检测实时的质谱。

(6) 数据处理及谱图解析。

【数据处理】

(1) 记录实验条件。

(2) 待 GC-MS 运行完毕后，打开 GC-MS Postrun Analysis 软件，观察实验所得的色谱峰与质谱图，进行相似度检索，与标准谱库对照，定性分析样品中的组分，用气相色谱数据处理系统，以峰面积归一化法计算各组分的相对含量。

【思考题】

1. 气质联用有哪些优点？

2. 质谱为什么要在真空条件下工作？

实验 39 流动注射分析法测定水中 的痕量 Cr(Ⅲ) 和 Cr(Ⅵ)

【实验目的】

1. 理解流动注射分析的基本原理。
2. 了解流动注射分析的操作技术。
3. 学习标准加入法(直线外推法)定量。

【实验原理】

流动注射分析是一种连续分析技术。它是把一定体积的试样溶液注入一个流动着的非空气间隔的试剂溶液载流中,被注入的试样溶液(或水)流入反应盘管形成一个区域并与载流中的试剂混合、反应再进入到流通检测器进行测定分析。

流动注射分析流程如图 6-3 所示。首先打开蠕动泵,冲洗管路,载液 C 与显色试剂 R 进入管路并充满反应器 RC,此时检测器检测到响应信号由采集卡采集并记录基线。待基线平稳后,用泵将试样 S 送入反应器与显色剂充分混合,立刻发生显色反应,生成有色络合物进入流通池中,由检测器检测到吸光度信号,由采集卡采集并记录,在计算机上显示,采用适当的方法进行定量测定。

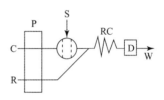

图 6-3 流动注射 分析实验流程

Cr(Ⅵ) 可引起肝、肾病变,为致癌物,且能造成环境污染,危害人类建康,Cr(Ⅲ) 是人体及动植物维持生命所必需的微量元素,是正常糖、脂代谢所不可缺少的,但浓度过高则对生命产生危害。

本实验在 Cr(Ⅵ)-二苯碳酰二肼高灵敏度显色体系下,采用自组装流动注射分析系统对水样中痕量 Cr(Ⅵ) 和 Cr(Ⅲ) 同时测定。因水样中 Cr(Ⅵ) 和 Cr(Ⅲ) 含量很低,所以采用标准加入法进行测定。测定 Cr(Ⅵ) 时,Cr(Ⅲ) 不被测定,另取等量水样,将 Cr(Ⅲ) 完全氧化为 Cr(Ⅵ),测得 Cr(Ⅵ) 总量,差值即为 Cr(Ⅲ) 含量。

【仪器和试剂】

1. 仪器

在线注射分光系统(自制):BT00-300T 型蠕动泵,722 型光栅分光光度计,WD990 微机电源,电磁阀和进样阀(AirTAC),DC-2015 超级恒温槽,Atme189C51 单片机,研华 ADAM-4017 数据采集模块和 RS-485/RS-232 转换器,微机。

2. 试剂

(1) 重铬酸钾为分析纯,其标准溶液的配制如下:Cr(Ⅵ) 标准贮备液:称取在 105~110 ℃烘干后的重铬酸钾 0.141 4 g 溶于纯水中,用 500 mL 容量瓶定容,摇匀、备用，其质量浓度为 100 μg·mL^{-1}。

（2）DPC（二苯基碳酰二肼）为分析纯，其标准溶液的配制如下：称取 0.40 g DPC 溶于 20 mL 丙酮中，待溶解完全后，转移到 500 mL 容量瓶中，用水稀释至刻度，摇匀，此溶液质量浓度为 0.8 g·L^{-1}。

（3）$(NH_4)_2S_2O_8$ 为分析纯，称取 2.5 g $(NH_4)_2S_2O_8$ 于小烧杯中，溶解后用 250 mL 容量瓶定容，摇匀，此溶液质量浓度为 10 g·L^{-1}。

（4）浓 H_2SO_4 为分析纯。

（5）水样　测定水样中 Cr(Ⅲ)含量时，需要将水样进行氧化：取 200 mL 水样，加入 4 mL 的 10 g·L^{-1}($NH_4)_2S_2O_8$，加热反应体系，微沸 25 min，除去过量的$(NH_4)_2S_2O_8$，冷却至室温。

【实验条件】

测定波长：540 nm；
泵转速：30 r·min^{-1}；
进样时间：25 s，冲洗 30 s。

【实验步骤】

（1）打开蠕动泵，冲洗管路。

（2）设置实验条件，至基线平稳，即可进样。

（3）测定 Cr(Ⅵ)的含量　移取 25.00 mL 标准贮备液，以纯水定容于 100 mL 容量瓶中，得 25 mg·L^{-1}的 Cr(Ⅵ)标准溶液。分别取 0、0.2、0.4、0.6、0.8、1.0 mL Cr(Ⅵ)标准溶液于 50 mL 容量瓶中，然后分别加入 0.8 mL 浓 H_2SO_4，用待测水样定容至 50 mL，测定其吸光度，计算待测水样中 Cr(Ⅵ)的含量。

（4）测定 Cr(Ⅲ)的含量　氧化后，其测定方法和条件与测定 Cr(Ⅵ)相同。

（5）实验结束后，按要求关好仪器。

【数据处理】

（1）记录实验条件。

（2）处理数据，将标准加入浓度及对应的吸光度值列于表 6-3 中。

表 6-3　标准加入浓度及对应的吸光度值

Cr(Ⅵ)标准加入浓度/(μg·mL^{-1})	A	A′
0		
5		
10		
15		
20		
25		

A 为水样中 Cr(Ⅵ)对应的吸光度值，A' 为 Cr(Ⅲ)氧化为 Cr(Ⅵ)后水样中总 Cr(Ⅵ)对应的吸光度值。

（3）用 Origin 软件绘制 Cr(Ⅵ)吸光度值–质量浓度的外推直线，直线与浓度轴的交点就是水样中 Cr(Ⅵ)的浓度。分别计算出 Cr(Ⅲ)和 Cr(Ⅵ)的质量浓度。

【思考题】

1. 流动注射分析有何优点？
2. 用标准加入法定量的优缺点是什么？

实验 40　X 射线物相定性分析

【实验目的】

1. 了解 X 射线衍射仪的结构及工作原理。
2. 掌握 X 射线衍射物相定性分析的原理、实验方法以及物相检索方法。

【实验原理】

当一束单色 X 射线照射到某一结晶物质上，由于晶体中原子的排列具有周期性，当某一层原子面的晶面间距 d 与 X 射线入射角 θ 之间满足布拉格(Bragg)方程：$2d\sin\theta = n\lambda$(λ 为入射 X 射线的波长)时，就会产生衍射现象。X 射线物相分析就是指通过比较结晶物质的 X 射线衍射花样来分析待测试样中含有何种或哪几种结晶物质(物相)。

任何一种结晶物质都有自己特定的结构参数，这些结构参数与 X 射线的衍射角 θ 和衍射强度 I 有着对应关系，结构参数不同则 X 射线衍射花样也各不相同。因此，当 X 射线被晶体衍射时，每一种结晶物质都有自己独特的衍射花样，不存在两种衍射花样完全相同的物质。

通常用表征衍射线位置的晶面间距 d(或衍射角 2θ)和衍射线相对强度 I 的数据来代表衍射花样，即以晶面间距 d 为横坐标，衍射相对强度 I 为纵坐标绘制 X 射线衍射图谱。目前已知的结晶物质有成千上万种。事先在一定的规范条件下对所有已知的结晶物质进行 X 射线衍射，获得一套所有结晶物质的标准 X 射线衍射图谱(即 d–I 数据)，建立成数据库。当对某种材料进行物相分析时，只需要将其 X 射线衍射图谱与数据库中的标准 X 射线衍射图谱进行比对，就可以确定材料的物相，如同根据指纹来鉴别人一样。

各种已知物相 X 射线衍射花样的收集、校订和编辑出版工作目前由粉末衍射标准联合委员会(JCPDS)负责，每一种物相的 X 射线衍射花样制成一张卡片，称为粉末衍射卡(PDF 卡，或称 JCPDS 卡)。通常的 X 射线物相分析即是利用 PDF 卡片进行物相检索和分析。

当多种结晶物质同时产生衍射时，其衍射花样也是各种物质自身衍射花样的机械叠加，它们相互独立，不会相互干涉。逐一比较就可以在重叠的衍射花样中剥离出各自的衍射花样，分析标定后即可鉴别出各自物相。

【仪器和试剂】

1. 仪器

Rigaku Ultima Ⅳ型 X 射线衍射仪，主要由 X 射线发生器(即 X 射线管)、测角仪、X 射线探测器、计算机控制处理系统等组成。

2. 试剂

定性分析试样。

【实验条件】

铜靶 X 光管；

管压：40 kV；

管流：40 mA；

扫描范围：(2θ)20°~90°。

【实验步骤】

1. 样品制备

粉末样品用玛瑙研钵研磨至 5 μm 左右，即过 320 目(约 40 μm)的筛子，还要求试样无择优取向。

2. 充填试样

将适量研磨好的试样粉末填入样品架的凹槽中，使粉末试样在凹槽里均匀分布，并用平整光滑的玻片将其压紧；将槽外或高出样品架的多余粉末刮去，然后重新将样品压平实，使样品表面与样品架边缘在同一水平面上。

3. 样品测试

(1) 开机前的准备和检查　将制备好的试样插入衍射仪样品台，盖上顶盖关闭防护罩；开启水龙头，使冷却水流通；检查 X 光管窗口应关闭，管电流、管电压表指示应在最小位置；接通总电源，打开稳压电源。

(2) 开机操作　开启衍射仪总电源，启动循环水泵；等待几分钟后，打开计算机 X 射线衍射仪应用软件，设置管电压、管电流至需要值，设置合适的衍射条件及参数，开始样品测试。

(3) 停机操作　测量完毕，系统自动保存测试数据，关闭 X 射线衍射仪应用软件；取出试样；15 min 后关闭循环水泵，关闭水源；关闭衍射仪总电源及线路总电源。

【数据处理】

(1) 记录实验条件。

(2) 物相检索　根据测试获得的待分析试样的衍射数据，利用 MDI Jade 软件在计算机上进行 PDF 卡片的自动检索，并判定唯一准确的 PDF 卡片，并计算衍射曲线的 d 值(或 2θ 值)、相对强度、衍射峰宽等数据。

【思考题】

1. 试比较 X 荧光与 X 衍射光谱法的异同之处。
2. 阐述物相分析的应用范围，并举例说明。

参考文献

刘约权，2016. 现代仪器分析[M]. 3 版. 北京：高等教育出版社.

张永忠，2014. 仪器分析[M]. 2 版. 北京：中国农业出版社.

杨万龙，李文友，2017. 仪器分析实验[M]. 北京：科学出版社.

张晓丽，2010. 仪器分析实验[M]. 北京：化学工业出版社.

陈国松，陈昌云，2015. 仪器分析实验[M]. 2 版. 南京：南京大学出版社.

董杜英，2008. 现代仪器分析实验[M]. 北京：化学工业出版社.

俞英，2008. 仪器分析实验[M]. 北京：化学工业出版社.

陈培榕，李景虹，邓勃，2012. 现代仪器分析实验与技术[M]. 2 版. 北京：清华大学出版社.

高向阳，2009. 新编仪器分析实验[M]. 北京：科学出版社.

首都师范大学《仪器分析实验》教材编写组，2016. 仪器分析实验[M]. 北京：科学出版社.

周西林，韩宗才，叶建平，2015. 原子光谱仪器操作入门[M]. 北京：国防工业出版社.

蒋挺大，张春萍，1992. 铬分光光度法测定的改进[J]. 环境化学，11(3)：78-80.

乐华斌，罗廉明，刘善新，2007. 分光光度法同时测定水中 Cr(Ⅵ)、Cr(Ⅲ)和总铬的条件优化[J].
    工业水处理，27(5)：73-76.

吴性良，朱万森，2008. 仪器分析实验[M]. 2 版. 上海：复旦大学出版社.

徐晓岭，王蓉华，2013. 概率论与数理统计[M]. 上海：上海交通大学出版社.

钱政，王中宇，刘桂礼，2008. 测试误差分析与数据处理[M]. 北京：北京航空航天大学出版社.

邓海山，张建会，2019. 分析化学实验[M]. 武汉：华中科技大学出版社.

朱明华，胡坪，2008. 仪器分析 [M]. 4 版. 北京：高等教育出版社.

苏克曼，张济新，2005. 仪器分析实验 [M]. 2 版. 北京：高等教育出版社.

郭景文，2004. 现代仪器分析技术[M]. 北京：化学工业出版社.

郁桂云，钱晓蓉，2015. 仪器分析实验教程[M]. 上海：华东理工大学出版社.

卢士香，2017. 仪器分析实验[M]. 北京：北京理工大学出版社.

赵红艳，赵姝，史俊友，2015. 分析化学实验[M]. 北京：化学工业出版社.

北京大学化学系分析化学教学组，1998. 基础分析化学实验[M]. 2 版. 北京：北京大学出版社.

黄朝表，潘祖亭，2013. 分析化学实验[M]. 北京：科学出版社.

袁存光，祝优珍，田晶，2012. 现代仪器分析[M]. 北京：化学工业出版社.

盖轲，齐慧丽，马东平，2008. 仪器分析实验[M]. 兰州：甘肃民族出版社.

张禄梅，茹立军，李文有，2015. 化学原理实验技术[M]. 重庆：重庆大学出版社.

陈晓霞，李国祥，李松波，2014. 新编物理化学实验[M]. 徐州：中国矿业大学出版社.

钟平，胡乔生，2012. 物理化学实验[M]. 南昌：江西科学技术出版社.

卢汝梅，何桂霞，2014. 波谱分析[M]. 北京：中国中医药出版社.

李晓莉，2017. 分析化学[M]. 北京：中国轻工业出版社.

陈怀侠，2019. 仪器分析实验[M]. 北京：科学出版社.

白玲，石国荣，王宇昕，2019. 仪器分析实验[M]. 2 版. 北京：化学工业出版社.

RUZICKA J，HANSEN E H，WORSFOLD P J，1988. Flow Injection Analysis[M]. 2nd Edtion. Chichester，
    Wiley.

附　录

附录1　pH 标准缓冲溶液的组成和性质(美国国家标准局)

溶液名称	标准 物质 分子式	质量摩尔 浓度/ (mol·kg^{-1})	浓度/ (mol·L^{-1})	每升溶液中 溶质的量/ (g·L^{-1})	溶液密度/ (g·mL^{-1})	稀释值 ΔpH $\frac{1}{2}$	缓冲值 β/ (mol/pH)	温度系数 dpH/dt (pH/℃)
四草酸三氢钾	KH$_3$(C$_2$O$_4$)$_2$·H$_2$O	0.050	0.049 62	12.61	1.003 2	+0.186	0.07	+0.001 0
25 ℃饱和酒石酸氢钾	KHC$_4$H$_4$O$_6$	0.034	0.034	>7	1.003 6	+0.049	0.027	−0.001 4
苯二甲酸氢钾	KHC$_8$H$_4$O$_4$	0.050	0.049 58	10.12	1.001 7	+0.052	0.016	−0.001 2
磷酸氢二钠	Na$_2$HPO$_4$	0.025	0.024 9	3.533	1.002 8	+0.080	0.029	−0.002 8
磷酸二氢钾	KH$_2$PO$_4$	0.025	0.024 9	3.387				
磷酸氢二钠	Na$_2$HPO$_4$	0.030	0.030 32	4.303	1.002 0	+0.07	0.016	
磷酸二氢钾	KH$_2$PO$_4$	0.008 7	0.008 665	1.179				
硼砂	Na$_2$B$_4$O$_7$·10H$_2$O	0.010	0.009 971	3.80	0.999 6	+0.01	0.020	−0.008 2
碳酸钠	Na$_2$CO$_3$	0.025		2.092		+0.079	0.029	−0.009 6
碳酸氢钠	NaHCO$_3$	0.025		2.640				
25 ℃饱和氢氧化钙	Ca(OH)$_2$	0.020	0.020 25	>2	0.999 1	−0.28	0.09	−0.033

附录2　缓冲溶液的 pH 值与温度关系对照表

温度/℃	0.05 mol·kg^{-1}邻苯二钾酸氢钾	0.025 mol·kg^{-1}混合物磷酸盐	0.01 mol·kg^{-1}硼砂
0	4.00	6.98	9.46
5	4.00	6.95	9.39
10	4.00	6.92	9.33
15	4.00	6.90	9.28
20	4.00	6.88	9.23
25	4.00	6.86	9.18
30	4.01	6.85	9.14
35	4.02	6.84	9.11
40	4.03	6.84	9.07
45	4.04	6.84	9.04
50	4.06	6.83	9.03
55	4.07	6.83	8.99
60	4.09	6.84	8.97
70	4.12	6.85	8.93
80	4.16	6.86	8.89
90	4.20	6.88	8.86
95	4.22	6.89	8.84

附录3 极谱半波电位表(25 ℃)

电活性物质	底液	价态变化	$E_{1/2}$/V (vs. SCE)
Al^{3+}	0.2 mol · L^{-1} Li$_2$SO$_4$, 5×10^{-3} mol · L^{-1} H$_2$SO$_4$	3→0	-1.64
As(Ⅲ)	1 mol · L^{-1} HCl	3→0	-0.43
		0→-3	-0.60
Bi(Ⅲ)	1 mol · L^{-1}酒石酸钠, 0.8 mol · L^{-1} NaOH	3→5	-0.31
	1 mol · L^{-1} HCl, 0.01%明胶	3→0	-0.09
	0.1 mol · L^{-1} NaOH, 0.01%明胶	3→0	-1.00
$[CdCl_x]^{(2-x)}$	3 mol/L HCl	2→0	-0.70
$[Cd(NH_3)_x]^{2+}$	1 mol/L NH$_3$ · H$_2$O, 1 mol/L NH$_4$Cl	2→0	-0.81
$[Co(NH_3)_6]^{3+}$	2.5 mol · L^{-1} NH$_3$ · H$_2$O, 0.1 mol · L^{-1} NH$_4$Cl	3→2	-0.53
$[Co(NH_3)_5H_2O]^{2+}$	1 mol · L^{-1} NH$_3$ · H$_2$O, 1 mol · L^{-1} NH$_4$Cl	2→0	-1.32
Co^{2+}	1 mol · L^{-1} KCl	2→0	-1.3
Cr^{3+}	1 mol · L^{-1} K$_2$SO$_4$	3→2	-1.03
$[Cr(NH_3)_x]^{3+}$	1 mol · L^{-1} NH$_3$ · H$_2$O, 1 mol · L^{-1} NH$_4$Cl, 0.005%明胶	3→2	-1.42
		2→0	-1.70
$[Cu(NH_3)_2]^+$	1mol · L^{-1} NH$_3$ · H$_2$O, 1 mol · L^{-1} NH$_4$Cl	1→2	-0.25
		1→0	-0.54
Cu^{2+}	0.5 mol · L^{-1} H$_2$SO$_4$, 0.01%明胶	2→0	0.00
Fe^{3+}	0.5 mol · L^{-1}柠檬酸钠, 0.05 mol/L NaOH, 0.005%明胶	3→2	-0.87
		2→0	-1.62
Fe^{3+}	0.1 mol · L^{-1} HCl	3→2	+0.52 (Pt 电极)
$[Fe(C_2O_4)_3]^{3-}$	0.05 mol · L^{-1} Na$_2$C$_2$O$_4$, NaClO, pH5.6	3→2	-0.27
Fe^{2+}	1 mol · L^{-1} KCl	2→0	-1.30
H^+	0.1 mol · L^{-1} KCl	1→0	-1.58
Hg_2Cl_2	0.1 mol · L^{-1} Na$_2$C$_2$O$_4$, 5×10^{-3} mol · L^{-1} H$_2$SO$_4$, 1×10^{-3}mol · L^{-1} Cl$^-$	1→0	0.25
$[InCl_x]^{(3-x)}$	1 mol · L^{-1} HCl	3→0	-0.60
K^+	0.1 mol · L^{-1}四甲基氯化铵	1→0	-2.13
Mg^{2+}	四甲基氯化铵	2→0	-2.20
Mn^{2+}	0.1 mol · L^{-1} KCl	2→0	-1.50
Mo(Ⅳ)	0.5 mol · L^{-1} H$_2$SO$_4$	6→5	-0.29
		5→3	-0.84
Na^+	0.1 mol · L^{-1}四甲基氯化铵	1→0	-2.10
Ni^{2+}	HClO$_4$, pH 0~2	2→0	-1.1
$[Ni(NH_3)_6]^{2+}$	1 mol · L^{-1} NH$_3$ · H$_2$O, 0.2 mol · L^{-1} NH$_4$Cl,	2→0	-1.06
$[Ni(吡啶)_6]^{2+}$	1 mol · L^{-1} NH$_3$ · H$_2$O, 0.5 mol · L^{-1}吡啶, 0.01%明胶	2→0	-0.78
O_2	缓冲介质, pH 1~10	0→-1	-0.05
		-1→-2	-0.94
$[PbCl_x]^{(2-x)}$	1 mol · L^{-1} HCl	2→0	-0.44

（续）

电活性物质	底　　液	价态变化	$E_{1/2}$/V(vs. SCE)
Pb-柠檬酸	1 mol · L⁻¹柠檬酸钠, 0.1 mol · L⁻¹ NaOH	2→0	−0.78
S²⁻	0.1 mol · L⁻¹ KOH 或 NaOH	→HgS	−0.76
Sb(Ⅲ)	1 mol · L⁻¹ HCl, 0.01%明胶	3→0	−0.15
Sn⁴⁺	1 mol · L⁻¹ HCl, 4 mol · L⁻¹ NH₄Cl, 0.005%明胶	4→0	−0.25
		2→0	−0.52
Ti⁴⁺	0.2 mol · L⁻¹酒石酸	4→3	−0.38
Tl⁺	0.02 mol · L⁻¹ KCl, 0.004%明胶	1→0	−0.45
UO₂²⁺	0.1 mol · L⁻¹ HCl	6→5	−0.18
		5→3	−0.94
Zn²⁺	1 mol · L⁻¹ KCl, 1 mol · L⁻¹ NH₃ · H₂O, 1 mol · L⁻¹ NH₄Cl, 0.005%明胶	2→0	−1.02
		2→0	−1.35

附录4　KCl 溶液的电导率 *

t/℃	c/(mol · L⁻¹)			
	1.000 **	0.100 0	0.020 0	0.010 0
0	0.065 41	0.007 15	0.001 521	0.000 776
5	0.074 14	0.008 22	0.001 752	0.000 896
10	0.083 19	0.009 33	0.001 994	0.001 02
15	0.092 52	0.010 48	0.002 243	0.001 147
16	0.094 41	0.010 72	0.002 294	0.001 173
17	0.096 31	0.010 95	0.002 345	0.001 199
18	0.098 22	0.011 19	0.002 397	0.001 225
19	0.100 14	0.011 43	0.002 449	0.001 251
20	0.102 07	0.011 67	0.002 501	0.001 278
21	0.104	0.011 91	0.002 553	0.001 305
22	0.105 94	0.012 15	0.002 606	0.001 332
23	0.107 89	0.012 39	0.002 659	0.001 359
24	0.109 84	0.012 64	0.002 712	0.001 386
25	0.111 8	0.012 88	0.002 765	0.001 413
26	0.113 77	0.013 13	0.002 819	0.001 441
27	0.115 74	0.013 37	0.002 873	0.001 468
28		0.013 62	0.002 927	0.001 496
29		0.013 87	0.002 981	0.001 524
30		0.014 12	0.003 036	0.001 552
35		0.015 39	0.003 312	
36		0.015 64	0.003 368	

注：*电导率单位 S · m⁻¹;

　　**在空气中称取 74.56 g KCl, 溶于 18 ℃水中, 稀释到 1 L, 其浓度为 1.000 mol · L⁻¹(密度 1.044 9 g · L⁻¹),
再稀释得其他浓度溶液。

附录 5　无限稀释时常见离子的摩尔电导率(25 ℃)

正离子	$\lambda_{m,+}^{\infty}/(10^{-2}S \cdot m^2 \cdot mol^{-1})$	负离子	$\lambda_{m,-}^{\infty}/(10^{-2}S \cdot m^2 \cdot mol^{-1})$
H^+	3.50	OH^-	1.98
Tl^+	0.76	Br^-	0.78
K^+	0.74	I^-	0.77
NH_4^+	0.73	Cl^-	0.76
Ag^+	0.62	NO_3^-	0.71
Na^+	0.50	ClO_4^-	0.68
Li^+	0.39	ClO_3^-	0.64
Cu^{2+}	1.10	MnO_4^-	0.62
Zn^{2+}	1.06	$HClO_3^-$	0.44
Cd^{2+}	1.08	Ac^-	0.41
Mg^{2+}	1.06	$C_2O_4^{2-}$	1.48
Ca^{2+}	1.19	SO_4^{2-}	1.60
Ba^{2+}	1.27	CO_3^{2-}	1.44
Sr^{2+}	1.190	$Fe(CN)_6^{3-}$	3.03
La^{3+}	2.09	$Fe(CN)_6^{4-}$	4.44

附录 6　原子吸收分光光度法中常用的分析线

元素	λ/nm	元素	λ/nm	元素	λ/nm
Ag	328.07, 338.29	Hg	253.65	Ru	349.89, 372.80
Al	309.27, 308.22	Ho	410.38, 405.39	Sb	217.58, 206.83
As	193.64, 197.20	In	303.94, 325.61	Sc	391.18, 402.04
Au	242.80, 267.60	Ir	209.26, 208.88	Se	196.06, 203.99
B	249.68, 249.77	K	766.49, 769.90	Si	251.61, 250.70
Ba	553.55, 455.40	La	550.13, 418.73	Sm	429.67, 520.06
Be	234.86	Li	670.78, 323.26	Sn	224.61, 286.33
Bi	223.06, 222.83	Lu	336.00, 328.17	Sr	460.73, 407.77
Ca	422.67, 239.86	Mg	285.21, 279.55	Ta	271.47, 277.59
Cd	228.80, 326.11	Mn	279.48, 403.68	Tb	432.65, 431.89
Ce	520.00, 369.70	Mo	313.26, 317.04	Te	214.28, 225.90
Co	240.71, 242.49	Na	589.00, 330.30	Th	371.90, 380.30
Cr	357.87, 359.35	Nb	334.37, 358.03	Ti	364.27, 337.15
Cs	852.11, 455.54	Nd	463.42, 471.90	Tl	267.79, 377.58
Cu	324.75, 327.40	Ni	232.00, 341.48	Tm	409.40
Dy	421.17, 404.60	Os	290.91, 305.87	U	351.46, 358.49
Er	400.80, 415.11	Pb	216.70, 283.31	V	318.40, 385.58
Eu	459.40, 462.72	Pd	247.64, 244.79	W	255.14, 294.74
Fe	248.33, 352.29	Pr	495.14, 513.34	Y	410.24, 412.83
Ga	287.42, 294.42	Pt	265.95, 306.47	Yb	398.80, 346.44
Gd	368.41, 407.87	Rb	780.02, 794.76	Zn	213.86, 307.59
Ge	265.16, 275.46	Re	346.05, 346.07	Zr	360.12, 301.18
Hf	307.29, 286.64	Rh	343.49, 339.69		

附录 7 原子吸收分光光度法中的常用火焰

火焰类型	火焰温度/℃	燃烧速度/(cm·s⁻¹)	火焰特性及应用
空气-乙炔	2 300	160	火焰燃烧稳定,重现性好,噪声低,安全简单。对大多数元素具有足够的灵敏度,可分析约 35 种元素。但对波长小于 230 nm 的辐射有明显的吸收,对易形成难熔氧化物的元素 B、Be、Y、Sc、Ti、Zr、Hf、V、Nb、Ta、W、Th 以及稀土元素等原子化效率较低
氧化亚氮-乙炔	2 955	180	火焰温度高,具有强还原性气氛,适用于难原子化元素的测定,可消除在其他火焰中可能存在的某些化学干扰,可测定 70 多种元素。但操作较复杂,易发生爆炸,在某些波段内具有强烈的自发射,使信噪比降低,此外对许多被测元素易引起电离干扰
空气-氢气	2 050	320	氢火焰具有相当低的发射背景和吸收背景,适用于共振线位于紫外区域的元素(如 As、Se 等)分析
空气-丙烷	1 935	82	干扰效应大,适用于那些易挥发和解离的元素,如碱金属和 Cd、Cu、Pb 等

附录 8 红外光谱的九个重要区段

波数/ cm⁻¹	波长/μm	振动类型
3 750~3 000	2.7~3.3	ν_{OH}、ν_{NH}
3 300~3 000	3.0~3.4	ν_{CH}(—C≡C—H、Ar—H、R_2C=CH—),极少数可到 2 900 cm^{-1}
3 000~2 700	3.3~3.7	ν_{CH}(—CH_3、—CH_2—、R_3C—H、—CHO)
2 400~2 100	4.2~4.9	$\nu_{C≡C}$、$\nu_{C≡N}$
1 900~1 650	5.3~6.1	$\nu_{C=O}$(醛、酮、羧酸、酯、酸酐、酰胺、酰氯等)
1 675~1 500	5.9~6.2	$\nu_{C=C}$(脂肪族及芳香族)、$\nu_{C=N}$
1 475~1 300	6.8~7.7	$\delta_{C—H}$(各种面内弯曲振动)
1 300~1 000	7.7~10.0	$\nu_{C—O}$、$\nu_{C—O—O}$、$\nu_{C—N}$(醇、醚、酯、羧酸、酚、胺)
1 000~650	10.0~15.4	$\delta_{C=C—H,Ar—H}$(不饱和碳-氢键面外弯曲振动)

附录 9 常见官能团的特征吸收频率

化合物类型	振动形式	σ/cm^{-1}
烷烃	C—H 伸缩振动	2 975~2 800
	CH_2 变形振动	~1 465
	CH_3 变形振动	1 385~1 370
	CH_2 变形振动(4 个以上)	~720
烯烃	=C—H 伸缩振动	3 100~3 010
	C=C 伸缩振动(孤立)	1 690~1 630
	C=C 伸缩振动(共轭)	1 640~1 610
	C—H 面内变形振动	1 430~1 290
	C—H 变形振动(—CH=CH_2)	~990 和~910

（续）

化合物类型	振动形式	σ/cm^{-1}
烯烃	C—H 变形振动（反式）	~970
	C—H 变形振动（>C＝CH₂）	~890
	C—H 变形振动（顺式）	~700
	C—H 变形振动（三取代）	~815
炔烃	≡C—H 伸缩振动	~3 300
	C≡C 伸缩振动	~2 150
	≡C—H 变形振动	650~600
芳烃	＝C—H 伸缩振动	3 020~3 000
	C＝C 骨架伸缩振动	~1 600 和 ~1 500
	C—H 变形振动和 δ 环（单取代）	770~730 和 715~685
	C—H 变形振动（邻位二取代）	770~735
	C—H 变形振动和 δ 环（间位二取代）	~880，~780 和 ~690
	C—H 变形振动（对位二取代）	850~800
醇	O—H 伸缩振动	~3 650 或 3 400~3 300（氢键）
	C—O 伸缩振动	1 260~1 000
醚	C—O—C 伸缩振动（脂肪）	1 300~1 000
	C—O—C 伸缩振动（芳香）	~1 250 和 1 120
醛	O＝C—H 伸缩振动	~2 820 和 ~2 720
	C＝O 伸缩振动	~1 725
酮	C＝O 伸缩振动	~1 715
	C—C 伸缩振动	1 300~1 100
酸	O—H 伸缩振动	3 400~2 400
	C＝O 伸缩振动	1 760 或 1 710（氢键）
	C—O 伸缩振动	1 320~1 210
	O—H 变形振动	1 440~1 400
	O—H 面外变形振动	950~900
酯	C＝O 伸缩振动	1 750~1 735
	C—O—C 伸缩振动（乙酸酯）	1 260~1 230
	C—O—C 伸缩振动	1 210~1 160
酰卤	C＝O 伸缩振动	1 810~1 775
	C—Cl 伸缩振动	730~550
酸酐	C＝O 伸缩振动	1 830~1 800 和 1 775~1 740
	C—O 伸缩振动	1 300~900
胺	N—H 伸缩振动	3 500~3 300
	N—H 变形振动	1 640~1 500
	C—N 伸缩振动（烷基碳）	1 200~1 025
	C—N 伸缩振动（芳基碳）	1 360~1 250
	N—H 变形振动	~800

（续）

化合物类型	振动形式	σ/cm^{-1}
酰胺	N—H 伸缩振动	3 500~3 180
	C=O 伸缩振动	1 680~1 630
	N—H 变形振动(伯酰胺)	1 640~1 550
	N—H 变形振动(仲酰胺)	1 570~1 515
	N—H 面外变形振动	~700
卤代烃	C—F 伸缩振动	1 400~1 000
	C—Cl 伸缩振动	785~540
	C—Br 伸缩振动	650~510
	C—I 伸缩振动	600~485
腈基化合物	C≡N 伸缩振动	~2 250
硝基化合物	—NO$_2$(脂肪族)	1 600~1 530 和 1 390~1 300
	—NO$_2$(芳香族)	1 550~1 490 和 1 355~1 315

附录10　气相色谱常用固定液

固定液名称	商品名称	最高使用温度/℃	溶剂	分析对象
角鲨烷	SQ	150	乙醚、甲苯	(非极性标准固定液)分离一般烃类及非极性化合物
阿皮松 L	APL	300	苯、氯仿	高沸点非极性有机化合物
甲基硅橡胶	SE-30JXR Silicone	300	氯仿	高沸点弱极性化合物
邻苯二甲酸二壬酯	DNP	160	乙醚、甲醇	芳香族化合物,不饱和化合物以及各种含氧化合物(醇、醛、酮、酸、酯等)
β,β'-氧二丙腈	ODPN	100	甲醇、丙酮	分离醇、胺、不饱和烃等极性化合物
聚乙二醇(1 500 至 20 000)	PEG(1 500 至 20 000) Carbowax	80~200	乙醇、氯仿、丙酮	醇、醛、酮、脂肪酸、酯及含氮官能团等极性化合物,对芳香烃有选择性

附录11　气相色谱相对质量校正因子(f)*

物质名称	热导	氢焰	物质名称	热导	氢焰
一、正构烷			壬烷	0.93	1.02
甲烷	0.58	1.03	二、异构烷		
乙烷	0.75	1.03	异丁烷	0.91	
丙烷	0.86	1.02	异戊烷	0.91	0.95
丁烷	0.87	0.91	2,2-二甲基丁烷	0.95	0.96
戊烷	0.88	0.96	2,3-二甲基丁烷	0.95	0.97
己烷	0.89	0.97	2-甲基戊烷	0.92	0.95
庚烷*	0.89	1.00*	3-甲基戊烷	0.93	0.96
辛烷	0.92	1.03	2-甲基己烷	0.94	0.98

（续）

物质名称	热导	氢焰	物质名称	热导	氢焰
3-甲基己烷	0.96	0.98	仲丁醇	0.97	1.59
三、环烷			叔丁醇	0.98	1.35
环戊烷	0.92	0.96	正戊醇		1.39
甲基环戊烷	0.93	0.99	2-戊醇	1.02	
环己烷	0.94	0.99	正己醇	1.11	1.35
甲基环己烷	1.05	0.99	正庚醇	1.16	
1,1-二甲基环己烷	1.02	0.99	正辛醇		1.17
乙基环己烷	0.99	0.97	正癸醇		1.19
环庚烷		0.99	环己醇	1.14	
四、不饱和烃			七、醛		
乙烯	0.75	0.98	乙醛	0.87	
丙烯	0.83		丁醛		1.61
异丁烯	0.88		庚醛		1.30
1-正丁烯	0.88		辛醛		1.28
1-戊烯	0.91		癸醛		1.25
1-己烯		1.01	八、酮		
乙炔		0.94	丙酮	0.87	2.04
五、芳香烃			甲乙酮	0.95	1.64
苯 *	1.00 *	0.89	二乙基酮	1.00	
甲苯	1.02	0.94	3-己酮	1.04	
乙苯	1.05	0.97	2-己酮	0.98	
间二甲苯	1.04	0.96	甲基正戊酮	1.10	
对二甲苯	1.04	1.00	环戊酮	1.01	
邻二甲苯	1.08	0.93	环己酮	1.01	
异丙苯	1.09	1.03	九、酸		
正丙苯	1.05	0.99	乙酸		4.17
联苯	1.16		丙酸		2.50
奈	1.19		丁酸		2.09
四氢萘	1.16		己酸		1.58
六、醇			庚酸		1.64
甲醇	0.75	4.35	辛酸		1.54
乙醇	0.82	2.18	十、酯		
正丙醇	0.92	1.67	乙酸甲酯		5.0
异丙醇	0.91	1.89	乙酸乙酯	1.01	2.64
正丁醇	1.00	1.52	乙酸异丙酯	1.08	2.04
异丁醇	0.98	1.47	乙酸正丁酯	1.10	1.81

（续）

物质名称	热导	氢焰	物质名称	热导	氢焰
乙酸异丁酯		1.85	1-氯戊烷	1.10	
乙酸异戊酯	1.10	1.61	1-氯己烷	1.14	
乙酸正戊酯	1.14		氯苯	1.25	
乙酸正庚酯	1.19		邻氯甲苯	1.27	
十一、醚			氯代环己烷	1.27	
乙醚	0.86		溴乙烷	1.43	
异丙醚	1.01		1-溴丙烷	1.47	
正丙醚	1.00		1-溴丁烷	1.47	
乙基正丁基醚	1.01		2-溴戊烷	1.52	
正丁醚	1.04		碘甲烷	1.89	
正戊醚	1.10		碘乙烷	1.89	
十二、胺与腈			十四、杂环化合物		
正丁胺	0.82		四氢呋喃	1.11	
正戊胺	0.73		吡咯	1.00	
正己胺	1.25		吡啶	1.01	
二乙胺		1.64	四氢吡咯	1.00	
乙腈	0.68		喹啉	0.86	
正丁腈	0.84		哌啶	1.06	
苯胺	1.05	1.03	十五、其他		
十三、卤素化合物			水	0.70	氢焰无信号
二氯甲烷	1.14		硫化氢	1.14	氢焰无信号
氯仿	1.41		氨	0.54	氢焰无信号
四氯化碳	1.64		二氧化碳	1.18	氢焰无信号
1,1-二氯乙烷	1.23		一氧化碳	0.86	氢焰无信号
1,2-二氯乙烷	1.30		氩	0.22	氢焰无信号
三氯乙烯	1.45		氮	0.86	氢焰无信号
1-氯丁烷	1.10		氧	1.02	氢焰无信号

注：＊基准；f_g 也可用 f_m 表示。

校正因子各书符号不一致，通常用校正因子校准时，峰面积与校正因子相乘；用灵敏度（S）校准时，峰面积除以灵敏度。$S = 1/f$ 或 $S' = 100/f$。

附录 12　高效液相色谱固定相与应用
I　全多孔硅胶

类型	代号	粒度/μm	比表面积/(m²·g⁻¹)	孔径/nm	生产厂
1. 无定形硅胶	YWG	3~5 5~7 7~10	300	<100	青岛海洋化工厂

（续）

类型	代号	粒度/μm	比表面积/(m² · g⁻¹)	孔径/nm	生产厂
	LiChrosorb SI-60	5, 10	550	60	E. Merck
	Patisil 5	5	400	40~50	Reeve Angel
2. 球形硅胶	YQG	3, 5, 7			青岛海洋化工厂
	μ-Porasil	10	400		Waters
	Adsorbosphers	3, 5, 7	200	80	Alltech
	Spherisorb	3, 5, 10	220	80	Harwell
	Nucleosil-100	3, 5, 7	350	100	Marcherey-Nagel

<h3 style="text-align:center">Ⅱ 化学键合相（只介绍以全多孔硅胶为载体的固定相）</h3>

种类与型号	键合基团	载体	形状	粒度/μm	覆盖率/%	生产厂
一、化学键合基团						
1. 非极性键合相						
YWG-$C_{18}H_{37}$	$-Si(CH_2)_{17}CH_3$	YWG	无定形	10±2	11	天津试剂二厂
Micropak CH	$-Si(CH_2)_{17}CH_3$	LiChrosorb SI-60	无定形	5, 10	22	Varian
μ-Bondapak-C_{18}	$-Si(CH_2)_{17}CH_3$	μ-Porasil	球形	10	10	Waters
Zobax-ODS	$-Si(CH_2)_{17}CH_3$	Adsorbospher	球形	5~7		DuPont
Adsorbsphere HS-C_{18}	$-Si(CH_2)_{17}CH_3$	Adsorbo spherisorb	球形	3, 5, 7	20	Alltech
Spherisorb ODS-1	$-Si(CH_2)_{17}CH_3$	Spherisorb	球形	3, 5, 10	6	Phase Serpration
YWG-C_6H_5	$-Si(CH_2)_{17}-C_6H_5$	YWG	无定形	10	6	天津试剂二厂
LiChrosorb RP-8	$-Si(CH_2)_{17}CH_3$	Lichrosorb	无定形	10	13~14	E. Merck
Adsorbosphere C_8	$-Si(CH_2)_{17}CH_3$	Adsorbo sphere	球形	3, 5, 7	8	Alltech
Spherisorb C_8	$-Si(CH_2)_{17}CH_3$	Spherisorb	球形	3, 5, 10	6	Phase Serpration
2. 极性键合相						
YWG-CN	$-Si(CH_2)_2CN$	YWG	无定形	10	8	天津试剂二厂
Micropak-CN	$-Si(CH_2)_2CN$	LiChrosorb	无定形	10		Varian
Adsorbosphere CN	$-Si(CH_2)_2CN$	Adsorbsphere	球形	5, 10		Alltech
Spherisorb CN	$-Si(CH_2)_2CN$	Spherisorb	球形	3, 5, 10		Phase Sepration
YWG-NH_2	$-Si(CH_2)_2-NH_2$	YWG	无定形	10	10	天津试剂二厂
μ-Bondapak NH_2	$-Si(CH_2)_2-NH_2$	μ-Porasil	球形	10		Waters
LiChrosorb NH_2	$-Si(CH_2)_2-NH_2$	LiChrosorb	无定形	5, 10		E. Merck
二、离子交换色谱						
1. 强酸性阳离子交换剂						
YWG-SO_3H	$-(CH_2)_2-$ $C_6H_4-SO_3H$	YWG	无定形	10	7	天津试剂二厂
Zorbax SCX	$-SO_3H$		球形	6~8	(5 000)	DuPont
Nucleosil SA	$-SO_3H$		球形	5, 10	(1 000)	Macherey-Nagel

（续）

种类与型号	键合基团	载体	形状	粒度/μm	覆盖率/%	生产厂
2. 强碱性阴离子交换剂						
YWG-R₄NCl	—[N(CH₃)₂— CH₂-C₆H₅]⁺Cl⁻	YWG	无定形	10	7	天津试剂二厂
Zorbax SAX	$-NR_3^+$		球形	6~8	(1 000)	DuPont
Nucleosil SB	$-NMe_3^+Cl^-$		球形	5, 10	(1 000)	Macherey-Nagel

注：1. 固定相的孔径与比表面积等同载体。覆盖率项下括号中数值为交换容量($\mu mol \cdot L^{-1}$)。

2. SCX：阳离子交换剂；SAX：阴离子交换剂；SA：强酸型；SB：强碱型。

3. 各种化学键合相，特别是离子交换剂，只举少数几个，了解了载体的性质引入不同官能团，可以组成各种化学键合相，可以起到举一反三的效果。

Ⅲ 各种固定相的主要应用

固定相	色谱类型	各种流动相*	分析对象(参考)
硅胶	吸附色谱(ISC)	烷烃加极性调整剂	各类稳定分子型化合物，分离几何异构体更有效
十八烷基键合相	RLLC	甲醇-水或乙腈-水	各类分子型化合物
	RPIC	在 RLLC 溶剂中加 PIC 试剂并调至一定的 pH	各类有机酸、碱、盐及两性化合物
	ISC	在 RLLC 溶剂中加入少量的弱酸、弱碱或缓冲盐并调至一定的 pH	$3.0 \leqslant pK_a \leqslant 7.0$ 的有机弱酸与 $7.0 \leqslant pK_a \leqslant 8.0$ 的有机弱碱及两性化合物
苯基键合相	RLLC	甲醇-水或乙腈-水	效果与 ODS 类似，但表面极性稍强
醚基键合相	NLLC 或 RLLC	同 LSC 同 RLLC	在用于 NLLC 时，分离苯酚异构体较好
氰基键合相	NLLC(多用)或 RLLC	同 LSC 同 RLLC	各类弱极性至极性化合物
氨基键合相	RLLC	乙腈-水	糖类分析等
	NLLC	同 LSC	同氰基键合相
阳离子交换剂(SCX)	IEC	缓冲溶液(一定的 pH 及离子强度)	阳离子、生物碱、氨基酸及有机碱等
	IC(抑制柱**为 SAX)	HCl 溶液	阳离子分析(主要是无机阳离子)
阴离子交换剂(SAX)	IEC	同上 IEC	阴离子、有机酸等
	IC(抑制柱**为 SCX)	NaOH 溶液	阴离子分析(主要是无机阴离子)
凝胶	GFC	水溶液	水溶性高分子，如蛋白制剂、人工代血浆等
	GPC	有机溶剂	橡胶、塑料及化纤等

注：*只举常用简单流动相。

** 离子色谱法需两根色谱柱，一根为分析柱，另一根为抑制柱，二者相反。抑制柱串联在分析柱与检测器之间，其目的是交换通过分析柱后剩余离子，使流动相变为水，以降低流动相本底信号。

附录 13 高效液相色谱法常用流动相的性质

I 常见溶剂的极性参数 P' 与分子间作用力

溶剂	P'	X_e	X_d	X_n	组别	溶剂	P'	X_e	X_d	X_n	组别
正戊烷	0.0	—	—	—	—	乙醇	4.3	0.52	0.19	0.29	II
正己烷	0.1	—	—	—	—	乙酸乙脂	4.4	0.34	0.23	0.43	VI
环己烷	0.2	—	—	—	—	甲乙酮	4.7	0.35	0.22	0.43	VI
二硫化碳	0.3	—	—	—	—	环己酮	4.7	0.36	0.22	0.42	VI
四氯化碳	1.6	—	—	—	—	苯腈	4.8	0.31	0.27	0.42	VI
三乙胺	1.9	0.56	0.12	0.32	I	丙酮	5.1	0.35	0.23	0.42	VI
丁醚	2.1	0.44	0.18	0.38	I	甲醇	5.1	0.48	0.22	0.31	II
异丙醚	2.4	0.48	0.14	0.38	I	硝基乙烷	5.2	0.28	0.29	0.43	VII
甲苯	2.4	0.25	0.28	0.47	VII	二缩乙二醇	5.2	0.44	0.23	0.33	III
苯	2.7	0.23	0.32	0.45	VII	吡啶	5.3	0.41	0.22	0.36	III
乙醚	2.8	0.53	0.13	0.34	I	甲氧基乙醇	5.5	0.38	0.24	0.38	III
二氯甲烷	3.1	0.24	0.18	0.53	V	三缩乙二醇	5.6	0.42	0.24	0.34	III
苯乙醚	3.3	0.28	0.28	0.44	VII	苯甲醇	5.7	0.40	0.30	0.30	IV
1,2-二氯乙烷	3.5	0.30	0.21	0.49	V	乙腈	5.8	0.31	0.27	0.42	VI
异戊醇	3.7	0.56	0.19	0.25	II	乙酸	6.0	0.39	0.31	0.30	IV
苯甲醚	3.8	0.27	0.29	0.43	VII	丁丙酯	6.5	0.34	0.26	0.40	VI
异丙醇	3.9	0.55	0.19	0.26	II	氧二丙腈	6.8	0.31	0.29	0.40	VI
正丙醇	4.0	0.53	0.21	0.26	I	乙二醇	6.9	0.43	0.29	0.28	IV
四氢呋喃	4.0	0.38	0.20	0.42	III	二甲基亚砜	7.2	0.39	0.23	0.39	III
特丁醇	4.1	0.56	0.20	0.24	II	四氟丙醇	8.6	0.34	0.36	0.30	VIII
二苄醚	4.1	0.30	0.28	0.42	VII	甲酰胺	9.6	0.36	0.33	0.30	IV
氯仿	4.1	0.25	0.41	0.33	VIII	水	10.2	0.37	0.37	0.25	VIII

II 参考物与被检溶剂间的作用力关系

参考物	乙醇(质子给予体)	二氧六环(质子受体)	硝基甲烷(强偶极)
被检溶剂	质子受体作用力	质子给予作用力	强偶极作用力
作用力类型	(X_e)	(X_d)	(X_n)

注:X_e,X_d 及 X_n 为相对数,三者之和为 1。

III Snyder 的溶剂选择性分组(部分)

组别	溶剂
I	脂族醚、四甲基胍、六甲基磷酰胺(三烷基胺)
II	脂肪醇
III	吡啶衍生物、四氢呋喃、酰胺(甲酰胺除外)、亚砜
IV	乙二醇、苄醇、乙酸、甲酰胺
V	二氯甲烷、氯化乙烯

（续）

组别	溶　剂
VI	(a)三甲苯基磷酸酯、脂肪酮和酯、聚醚、二噁烷
	(b)砜、腈、碳酸亚丙酯
VII	芳烃、卤代芳烃、硝基化合物、芳醚
VIII	氟代醇、间甲酚、水、氯仿

IV　反相洗脱溶剂的强度因子 *S* 值

溶剂	S 值	组别	溶剂	S 值	组别
水	0	VIII	二噁烷	3.5	VI
甲醇	3.0	II	乙醇	3.6	II
乙腈	3.2	VI	异丙醇	4.2	II
丙酮	3.4	VI	四氢呋喃	4.5	III